道德问题
Moral Problems

[英]迈克尔·帕尔默 著　李一汀 译

（第二版）

中国友谊出版公司

图书在版编目（CIP）数据

道德问题 /（英）迈克尔·帕尔默著 ；李一汀译. -- 北京：中国友谊出版公司，2020.2
书名原文：Moral Problems
ISBN 978-7-5057-4868-2

Ⅰ. ①道… Ⅱ. ①迈… ②李… Ⅲ. ①伦理学－通俗读物 Ⅳ. ①B82-49

中国版本图书馆CIP数据核字(2020)第024535号

著作权合同登记号 图字：01-2019-6963
Copyright © Michael Palmer, 1991, 2005

书名	道德问题
作者	[英]迈克尔·帕尔默
译者	李一汀
出版	中国友谊出版公司
发行	中国友谊出版公司
经销	新华书店
印刷	唐山富达印务有限公司
规格	880×1230毫米　32开
	14印张　335千字
版次	2020年6月第1版
印次	2020年6月第1次印刷
书号	ISBN 978-7-5057-4868-2
定价	78.00元
地址	北京市朝阳区西坝河南里17号楼
邮编	100028
电话	(010) 64678009

版权所有，翻版必究
如发现印装质量问题，可联系调换
电话 (010) 59799930-601

献给

我的儿子马克西米兰

以及

我的女儿索菲

再版前言
（2005）

当我得知《道德问题》这本书在我最初预设的层面得到了如此广泛的应用，自然是欣喜万分。基于第一版的成功，我觉得新的增订版并无必要做出大的变动，文本编排方面维持了原版的结构，包含我的评论、原始研究信息、练习、问题和参考文献。不过，我在新版中也增添了两章全新的内容，即"伦理学和神"及"美德伦理学"，此外，我还在很大程度上拓展了第八章伦理学的内容。在初版中，安乐死、堕胎以及动物权利这三个板块的内容被合并在大标题"生命权"中，而再版则对其分别进行了论述，我也得以有较大篇幅进行引证。再版还有一个特点，即穿插了某些著名哲学家的生平简介。

回想我最初和卢特沃斯出版社的总经理艾德里安·布林克论及《道德问题》一书，那还是14年前的事，彼时的我们都未曾预料到这本书竟能获得如此强烈的反响并最终需要修订再版。这部分是因为哲学作为一门学科经历了突飞猛进式的发展，各大高校开设的中等教育水平哲学课程也极大地激发了学生们的兴趣。目前，针对哲学科目，学校提供了丰富多样的学术期刊，除此之外，网络也是传播入门知识我曾在别处描述过本教材的诞生史[①]。一言以蔽之，本书多年来被用作曼彻斯特文法学院的教材，我对其做过多次改进。尤其值得一提的是，在此过程中，我恳请各位学生和同事对本书进行批评指正并提出改善的建议。出版之际，为使本书同时满足中学以及专科院校的教学需求，我又进一步对书中内容进行了扩充。

　　顾名思义，本书并非伦理学理论的纲要，而是一本教科书，旨在为教师、学生和大众读者循序渐进地引介几大主要的伦理学理论，篇章之间互相承转，环环相扣。教育机构在课程安排方面大多深受课时所限，有鉴于此，教材在内容编排方面不可避免地进行了取舍。我也知道，对于部分读者而言，略去某些内容有失严谨，比如存在主义伦理学、马克思主义伦理学和基督教伦理学。我对此的回应只能是，面面俱到并非我的首要任务，在我看来，增加深度、减少广度往往能更好地帮助读者了解伦理分析所涉及的内容。

　　不过，我自始至终都将为读者呈现原汁原味的文字视为己任。一直以来令我颇感诧异的是，一名甚至连边沁或者密尔的著作都没有拜读过的学生竟然会熟知诸如功利主义这样的概念。为此，本书所分析的每一个理论都会包含其原始文献中的摘录，以此作为知识的扩充。

　　我的第二大任务是为广大师生在其做个人的理论分析时提供尽可能多的帮助。为此，针对每个理论，本书不仅用较长的篇幅进行了介绍和评论，而且在文中我认为有所裨益之处穿插了丰富多样的练习，其中每一个板块也包含了一定数量的问答题及一份参考书目。

　　我放在第三重要位置考虑的是如何将伦理学理论和当代问题联系起来，我也因此在本书中编排了讨论板块。在这里，经过检验的伦理

---

① "Philosophy at Manchester Grammar School", *Cogito*, 3, No. 1, 1989, pp. 72-76.

学理论被置于特定的道德两难困境中加以讨论。比如说，本书在论及功利主义理论时附加了惩罚的问题，而在阐释康德的理论时探讨了战争的问题，诸如此类，不一而足。在论述每个当代问题之前，本书都安排了一段引言，进而通过摘选原文中三段简短的文字论述问题本身。该板块试图将理论置于一个为人所熟知的背景环境中，以期由此对其做出更为清晰明了的阐述。人们往往批评哲学和我们的日常生活毫不沾边，我真诚地希望，本书在这方面有助于扭转一些人的偏见。

目录

第一章 伦理学概论

I. 什么是伦理学 / 001

II. 道德行为的原则:规范伦理学 / 004

III. 伦理相对主义 / 009

IV. 案例分析:监狱中的苏格拉底 / 014

V. 讨论:公民不服从 / 028

第二章 利己主义

I. 引言 / 045

II. 什么是利己主义 / 048

III. 心理利己主义 / 052

IV. 伦理利己主义 / 058

V. 讨论:生命权和安乐死 / 069

第三章　功利主义

　　I. 杰里米·边沁的理论 / 097

　　II. 效益原则 / 099

　　III. 快乐计量学 / 104

　　IV. 约翰·斯图尔特·密尔的理论 / 109

　　V. 对功利主义的一些批评 / 120

　　VI. 讨论：惩罚理论 / 137

第四章　伦理学和神

　　I. 引言 / 156

　　II. 柏拉图：尤西弗罗困境 / 160

　　III. 对神命论的一些批评 / 167

　　IV. 讨论：生命权和动物权利 / 189

第五章　伊曼努尔·康德的伦理学理论

　　I. 引言 / 213

　　II. 善良意志 / 217

　　III. 绝对命令 / 221

Ⅳ. 对于康德的一些批评和修正 / 231

Ⅴ. W.D. 罗斯的理论 / 237

Ⅵ. 规则功利主义 / 242

Ⅶ. 讨论：战争的道德 / 253

第六章 美德伦理学

Ⅰ. 什么是美德伦理学 / 273

Ⅱ. 亚里士多德的美德伦理学 / 278

Ⅲ. 对亚里士多德伦理学的一些批评 / 291

Ⅳ. 现代美德伦理学 / 301

Ⅴ. 讨论：生命权与堕胎 / 307

第七章 决定论和自由意志

Ⅰ. 引言 / 334

Ⅱ. 强硬的决定论 / 336

Ⅲ. 自由意志主义 / 342

Ⅳ. 温和的决定论 / 351

Ⅴ. 讨论：行为主义 / 357

第八章　元伦理学

  I. 引言 / 390

  II. 伦理自然主义 / 392

  III. 伦理非自然主义 / 399

  IV. 伦理非认知主义 / 402

译后记 / 429

第一章　伦理学概论

I. 什么是伦理学

我们所有人，在某个时候，都会面临一个相同的问题：什么是我们应该做的？这样的具体例子比比皆是，我们认为应该帮助一名盲人穿过马路或者在对簿公堂时说实话，我们也赞同不应在考试中作弊或酒后驾车。在我们看来，这些"应该"和"不应该"是显而易见的，虽然这并不意味着我们在实际行动中会相应照办。也正因如此，我们会对自己以及他人的行为加以褒扬或者谴责。

在所有这些案例中，我们都在不断地做出一些道德性或者伦理性的判断，并以此判定某个行为的对或错，某个人的善或恶。正因如此，伦理的概念往往局限于人性品格和人类行为这一范畴，而伦理学这个字眼源于希腊语中的 ethikos（与气质或者性格相关联）一词。无论男女，人们总会用"好""坏""对""错"这样的通用词汇来描述自己以及他人的行为与品质，而道德哲学家也会研究这些形容词在涉及人类行为时的内在含义与使用范围。当然了，哲学家关注的并不仅仅是人们那些叙述性的态度和价值观念：比如说"X 认为战争是错误的"或者"Y 认为堕胎是正确的"。某个 X 或 Y 对某些事物的看法或许可以唤起人类学家或者社会学家的兴趣，但道德哲学家对此并不感兴趣,他们关心的并非那个 X 和 Y 相信这些事情本身,而是他们为何会有这种观念。换言之,伦理学的概念很宽,你或我可能会就某个特别的道德问题进行论述,而伦理学远远不止对此做出解释那么简单。我们的道德信仰背后蕴含着一定的逻辑推理,我们会认为自己采纳的特定道德立场正当合理,伦理学恰恰旨在对此展开研究。

伦理学研究分为两大支类。其一是规范伦理学,这方面我们考虑的是,怎样的事物算好,怎样的事物算坏,我们又是如何判定什么样的行为是对的,什么样的行为是错的。这是伦理思考的主流传统,可以追溯到苏格拉底、柏拉图和亚里士多德,同时,这也是本书将要着力描述和探讨的对象。

除此之外,还有一种元伦理学,我们将在第八章[①]中对其进行详细论述。元伦理学旨在对伦理性语言的含义和特征进行哲学性分析,比如说,就"好"和"坏"、"对"与"错"这些词汇的含义进行分析。因此,可以说元伦理学是关于规范伦理学的,它致力于解读后者所应用的各种术语及概念的含义。举例而言,当我说出"拯救生命是好的"这样一句话时,我似乎已然就何时应该、何时不应该做这样一件事开始了一场规范辩论。我想说的是究竟所有生命都应获得拯救

核裁军运动(CND)抵制核武器的海报

---

① 见本书第 390 页。

呢，还是只有部分生命？而在元伦理学中，我在表达"拯救生命是好的"时，人们更多关注的是这句话中"好"这个词的含义。这是否是我能在一些对象中发现的，这样我也就能轻而易举地在某些而非别的对象上觉察到这一点？或者，这是否是我能看到（诸如某种颜色）或者感觉到（诸如一场牙疼）的某些事物？

最近几年中，很大程度上归功于哲学领域对语言分析的高度关注，元伦理学这一分支倾向于在伦理学的探讨中占据主导地位。元伦理学主张，如果未曾对所用术语进行前期分析，那么规范伦理学甚至无从谈起。元伦理学是否必然应当先于规范伦理学展开呢？虽然关于这个问题依然存在大量哲学上的纷争，尚无定论，但确凿无疑的一点是，这两大伦理学的分支具有广泛的交叠领域。

综上所述，我们或许可以这样概括：伦理的陈述是某种特别类型的陈述，它们并非直截了当的实证性陈述，即那些基于经验和观察所得，可证明事实的陈述。如果我们说"核武器杀害人类"，那么就是在陈述一个简单且显而易见的事实，但如果我们说"核武器应当被禁用"，则是在表达我们相信应该发生什么。在第一种情况下，我们很容易判定该陈述句是真还是假，然而在第二种情况下，这显然是不可能的。此时，我们陈述这些事实并非为了赋予某些事实一种价值——而且是一种负面价值。我们是在就某项特定事件表达一种观点，而且也清楚地知道，并非人人都会认同这种观点。这并不是说，所有赋予某些事物价值的命题都属于伦理命题。我们或许会说"劳斯莱斯生产优质的轿车"，或者"那是一个糟糕的轮胎"，但我们这样陈述的时候并未赋予轿车或轮胎道德价值。类似的，在艺术鉴赏领域（或者美学领域），我们可能会用到"好的画作"或者"差的剧目"这样的字眼，通常此时我们并非意指这幅画作或这部剧目的道德意义。所有这些情况中,"好"和"差"这些词汇都未涉及道德层面的含义。

练习 1

"好"这一词汇是被如何应用在下列各句中的?其中又有哪些句子在道德或者伦理上有显著意义?

1. 那音乐挺好
2. 民主是件好事
3. 他是一名好的足球运动员
4. 他对我不好
5. 这是一份好报告
6. 他有一个好工作
7. 他过着好生活
8. 讲真话是好的
9. 你的假期过得好吗?
10. 好好看一下
11. 他的举止很好
12. 见到你真好
13. 神是好的

II. 道德行为的原则:规范伦理学

每当我们试图列举出一些规范或者准则以帮助自己区分行为的好与坏或者人的善与恶时,其实就已然涉足规范伦理学的范畴。我要重申的是,在规范伦理学中,我们试图通过理性的方法得出一系列可被接受的评判标准,继而凭借这些标准,我们得以判定某项行为是"正确"的,或者认为某个特定的人是"好人"。

就拿"不可杀人"这条准则来说吧,反对死刑的人会援引这一准则来支持自己的主张——任何一个人或者一群人都无权夺去另一个人的生命;而另一方面,赞成死刑的人则可能会诉诸其他的标准,比如"杀人者理当偿命"。"史密斯应被处以绞刑吗?"这个问题背后其实暗含着道德行为中的对立准则之争。在证明准则的正当性后,我们不妨将其应用到手头史密斯这一案例中。

规范伦理学大体上分为两大类:

1. 目的论
2. 义务论

哲学家C.D.布罗德对两者定义如下:

义务论认为存在一些下列形式的伦理命题:"无论其结果如何……在这样那样的情况下,这样那样的行为总是对(或错)的。"目的论则认为,一项行为的正确与否总是取决于其倾向于生成的某些结果在本质上的好坏与否。[1]

目的论(源于希腊语telos,意为"结束")因此主张,道德判断应当完全基于某一行为所产生的效果,一种行为之所以被判定为对或者错是和其结果紧密相关的,由此,该理论也被称为**效果论**。毫无疑问的是,这一观点与我们的常识比较契合。我们在考虑一种行动方案时,往往会这样问道:"这会对我造成伤害吗?"或者"这会伤害到他

---

[1]《五种伦理学理论》,基根·保罗,特伦奇:特吕布纳出版公司,1930年,第206~207页。

抗议死刑

人吗？"这种思考方式就是目的论式的。此时，我们是否采取某一行为取决于我们认为其将产生什么结果，我们认为该结果将会是好的还是坏的。当然了，人们对某一特定结果的好坏与否难免有不同的观点，正因如此，所以存在着多种多样的目的论。在某些目的论看来，只有对行为执行人本身有利的行为才是正确的，而另一些目的论则认为这种观点过于狭隘，除了动作执行者以外，行为的效果还应当适用于其他人。

义务论否定了目的论的主张。

某一行为的正确与否并非仅仅取决于其结果如何，因为行为本身可能拥有某些特性并能决定行为的对错。比如说，和平主义者认为无论其结果如何，武装侵略都是错的，而且永远都将是错误的。另有一些人则相信，我们应该将行为背后的"动机"纳入考虑范畴之内。如果行为执行人蓄意造成伤害，那么无论其结果是否真的造成伤害，该行为都是错误的。或者，也有很多人认为，如果某些行为能合乎某些绝对规范就是正确的，比如"恪守你的诺言"或者"始终讲真话"。很有可能，你在遵守这些规范之时并未最大限度地做到惩恶扬善，但是对于义务论学家而言，只要你坚持守诺言或讲真话，就不会影响你最初行为善的本质。

正如我们所看到的，目的论学家和义务论学家之间的不同正是规范伦理学中最为基本的一点差异。简言之，前者会向前看并着眼于他或她的行为所产生的结果，而后者则向后看，关注行为本身的本质。

然而，即便如此，要想采用这种方法将我们的日常决策分门别类也并非总是易事。事实上，我们会发现它们总是同时包含了目的论和义务论的元素。

练习2

下列各项道德命令（你可能表示赞同或者反对）中，哪些是目的论的，哪些是义务论的，或者两者兼而有之？

1. 不要酒后驾车
2. 不要接受陌生人给予的糖果
3. 不要承担不必要的风险
4. 始终服从你的上级
5. 不要杀戮
6. 遭受不公就要报复
7. 讲真话
8. 永远不撒谎，面对敌人除外
9. 爱邻如爱己
10. 遵从你的良心
11. 永远不要信任一个叛徒
12. 不要吃猪肉
13. 不要偷窃
14. 不要被人逮到偷窃
15. 己所不欲，勿施于人

练习3

下列是几个道德两难处境的实例，请就每个案例完成以下任务：

a) 依据某一特定的道德准则申论你的答案；b) 判断一下，该准则是目的论的还是义务论的，或是两者兼而有之；c) 设想出另外一个情景（如果可以），你在该情景中会违反该准则。

1. 制裁和种族主义

你是一国的总理，该国反对 X 国的种族主义。

你会对该国实施制裁吗？即便明知此举将对那里已然贫困潦倒的黑人带来严重的影响。

2. 残暴的独裁者

在一轮公平合法的选举之后，一名新总统当选为某一中非国家的领袖。然而在数月内，他表现出了残暴的本性。他是一个神志失常的暴君，并无情镇压和杀戮所有他的反对者。你有权对他进行暗杀，你会这样做吗？

3. 溺水的男人

有一天，你正在河畔散步，听到呼救声。两个男人正在水中拼命挣扎而且显然正被淹没。你惊慌万分地发现，其中一名溺水者竟是你深爱的父亲，而另一名溺水者则是一位知名的科学家，新闻报道说他快要攻克癌症难题了。

你应该救谁？

4. 小偷

你的同学和你说："我有些重要的事要告诉你，但是你得保守秘密。"你向他承诺会守口如瓶。之后，你的朋友坦白是他在教室里偷了钱。"但是这可太糟了，"你说道，"大卫被认定是小偷，而且因此要被学校开除！你必须立即向校长说出真相！"你的朋友拒绝了。

你应该做什么？

5. 医生

你是一名医生，一名15岁的女孩来你这里就诊。她想请你给她配点避孕药，你和她就此事进行了讨论并发现她之前从未有过性经历，也未曾和她的家人谈过此事。

你应该给她开处方配避孕药还是通知她的家人？

6. 虐待狂

一个虐待狂式的军营司令官向你大声吆喝："除非你先对我的儿子处以绞刑，否则我将亲自对他还有其他的囚犯实施绞刑！"

你该做什么？

7. 市长

一家出售色情书刊的商店即将在你所在的小镇开业。当地的反响非常激烈，某些人认为，你作为市长有义务阻止这类淫秽刊物的销售，另有一些人则认为你无权审查人们阅读什么。

你会怎么做？

Ⅲ. 伦理相对主义

在进一步探讨伦理行为的规范标准，判定其究竟属于目的论还是

阿兹特克活人献祭

义务论之前，我们不得不先解决一个特别的难题，这也正是我们常常会听到的一种观点："对你而言好的，对我而言却并非必然也好。"这种观点即被称为**伦理相对主义**。它主张，由于所有的伦理判断均同时和判断者本人及判断者所处背景环境相关，所以并不存在道德行为的绝对准则。每当我做出一项道德决策时——比如说，当我断定草率性行为是错误的或者我不应该冤枉无辜时，我其实是在未考虑到其义务论或目的论特征的情况下做出的判断，这种判断会因受到个人和社会偏好的左右而不具有任何真正的规范价值。不妨让我们阐释一个具体案例。

风行于 14 世纪的阿兹特克文化信仰，只有向神灵"喂养"人心和人血才能维持日月的交替运行，这就导致了放血和活人献祭的肆行。1521 年，西班牙人抵达特诺奇提特兰——当时世界最大的城市之一。在那里，献祭者（往往是自愿者）会爬上大神庙——这是一座顶部设有两个神龛的大型金字塔状庙宇，被用于敬奉至上神维齐洛波奇特利；接着，神父们会用一把石刀撕开他们的心脏。那些在场的西班牙旁观者，即使对阿兹特克的宗教仪式表示认同，也会感到这种行为实在令人恶心。如今，我们也谴责这种行径并对其深表悲痛。然而，正如相对主义者所说，阿兹特克人的所作所为总是错误的，这并不意味着某一关乎何为对或何为错的道德判断。所有这些揭示的是一种与我们所拥有的迥然不同的道德视角。

伦理相对主义可以有多种形式。其中第一种是个人相对主义，人们更多称其为主观主义，其最为基本和简单的一个版本主张，伦理学不过是一种观点。其更为玄妙的一个被称为情绪主义的版本，我们将在第八章[1]讨论，其主张伦理的陈述是自传式的，它们表达的是我个人的态度。伦理相对主义的另一种形式是文化相对主义，其主张，伦理标准依据个人所处的文化或社会而变（比如说，阿兹特克的活人献祭）。另一种相对主义的形式是根植于马克思主义理论的阶级相对主义，其主张，一个人的道德义务与其所处的经济阶层相关。最后的一种形式是历史相对主义，其主张，我们的道德判断与我们自己所在的特定的历史阶段相关。上述所有不同的版本都一致认为，我们都持有不同的伦理观点，基于这个无可辩驳的事实，根本不可能脱离我们的个性、文化、阶级或者历史背景的影响而存在对我们具有约束力的客观而规范的道德准则。

虽然乍一看，伦理相对主义似乎颇具吸引力，但其实它也存在自身的问题。下列是针对伦理相对主义提出的三大主要批评：

（1）最初在道德准则中貌似表现为差异点的，往往事实上并非如此：这更多的其实是同一准则如何被应用到一系列不同信仰的环境中。举例而言，马克西姆提出"尊重你的父母亲"，两大不同的社会体系可能都会采纳上述道德准则，结果却会迥然不同。这在日本产生了一种接近于崇拜的尊敬感，而在爱斯基摩人中则导致了对父母实施安乐死的行为实践（这源自一种信仰——父母亲应该以一种尽可能健康的状态进入下一世）。于是乎，我们在这个案例中看到，某一共同的准则会在社会差异的作用下呈现伪装，也正如某些人类

---

[1] 见本书第 402~413 页。

学家所指出的,这些准则可能会广泛地依附于此:集体忠诚、勇气和关爱幼者通常饱受褒扬,而欺骗、忘恩负义以及偷盗往往受人谴责。

(2)虽然事实上确实存在多种不同的道德信仰,但这并不意味着世界上不存在客观的伦理标准。乔治认为对的东西并非是约翰认为对的,这一事实并不意味着两者都不对,比方说,我们绝不能因为人们一度相信地球是平的,而现在又认为它是圆的,就因此判定地球根本没有形状。我们至多只能这么说,如果某个人相信某个绝对标准,而另外一个人相信另一个标准,那么其中一人(或者双方)是错的,我们不能因此断言不存在道德的真实标准。正因如此,如果因为个体受到其所在社会影响而具有不同的道德态度就认为道德真理本身是相对的,也不存在道德行为的规范性准则了,那就大错特错了。

(3)如果不存在任何规范性准则,那么无论一个人或者社会有多么令人憎恶,也很难谴责其是不道德的。这反过来又意味着,社会之间将不可能发生道德冲突,要求社会改革的呼声也难以出现。假如存在多种不同的道德准则,而且这些准则仅仅是因为人们的信以为真而被视为正当合理,那么即便人们相信某些行径是错的,也无法对其大加谴责,诸如杀婴、种族主义或者大屠杀,实施者恰恰可以用他们的信以为真为自己辩驳,他们认为自己的行为是正确的。但是我要重申的是:这世上存在很多信仰,并不能说明所有的信仰都是对的,只能表明各方都认为自己所信仰的是正确的。如果相对主义者提出,他们的立场至少表现出了对待不同文化时的宽容态度,并以此回应上述异议的话,那么他们其实也就认同了需要宽容这一具有客观价值的道德观念,而这其实有违相对主义者们的出发点,并将其置于了自我矛盾的危险境地。

正是基于以上主要原因，伦理相对主义被认为在哲学上是站不住脚的，此外我们所拥有的基本道德直觉表明，我们认为某些道德行为的规范性准则具有本质上的重要性，而伦理相对主义与此相违背。

练习 4

如果下列行为在你的社会中是司空见惯的，你会对其表示赞成吗？如果不赞成，原因何在？基于你的回答，你能推论出世界上存在或不存在绝对道德吗？

1. 为了好玩而猎捕狐狸
2. 在学校里，将信仰新教和罗马天主教的孩子实施隔离
3. 同时拥有超过一名妻子
4. 对智障者实施强制性绝育
5. 消灭犹太人，因为他们属于劣等种族
6. 吸食大麻
7. 向神献祭婴孩
8. 穿戴皮毛大衣
9. 取缔妇女的表决权

问题：规范伦理学

1. 伦理的陈述与普通的实证的陈述有何区别？请举例说明。
2. 分别列举四条你认为好的和坏的人性特征。你认为其好或者坏是基于义务论还是目的论的？原因是什么？
3. 分别从义务论和目的论的观点出发，论证一下和平主义和素食主义。

4. 汤姆在一座荒岛上独自一人度过了一辈子。你如何向他解释对与错之间的差别？

5. 你认为是否存在某些道德规范，所有社会都会超越文化差异对其加以采纳？如果有，它们是什么？你又如何解释其普遍被接受性？

Ⅳ. 案例分析：监狱中的苏格拉底

在进一步探讨规范伦理学的各种不同理论之前，首先例证说明一场伦理争辩包含什么和一名道德哲学家是如何着手处理一个特定道德问题将会大有裨益。在哲学历史上，这方面最为著名的一个案例被记录在柏拉图的对话《克里托篇》中，对话双方分别是柏拉图的老师克里托和正在监狱中等待处决的苏格拉底。克里托作为苏格拉底的朋友拜访了他并劝他逃跑，苏格拉底的回应是伦理思考的典范，勇敢无畏且头脑清晰。在阅读完本段摘录后，我们不妨思考一下由该场争辩引发的问题，即我们讨论的主题：个人何时有权违抗国家？

苏格拉底于公元前469年出生于雅典。他的父亲是一名雕刻家，母亲是一名助产士，他的私人生活记载甚少，我们所知道的是，他的婚姻并不幸福，他曾作为"装甲步兵"或步兵参加过数场战役，但即使和他最不共戴天的仇敌也不得不承认，他是一个具有血气之勇的男人。我们还知道，他一生中多数时间几乎一贫如洗，他是如此穷困潦倒，以至于很多同时代作家都以此取笑他，阿里斯托芬在他的剧作《云》中就讽刺了苏格拉底。苏格拉底实际的外在模样也没能给他加分：他矮小、肥胖而且丑陋，然而他却有着令人感到不可思议的亲切和诙谐。他是一个忠诚的朋友，谦逊、虔诚，而且最重要的是，他拥有极不平凡的智慧天赋。在他所有的品性中，恰恰是这最后一点给他招致了毁灭。

一名享有如此声望的卓越人物难免被卷入政治纷争。在公元前406—前405年的一年间，他曾是500人议会的成员之一，而且在公元前404年30人僭主集团的辖域内，他拒绝同意拘捕莱昂，这使得"三十人集团"对其甚是憎恨，后者下达了一条特别法令，禁止其"教导论证艺术"。要不是民主人士的反革命运动，恐怕他早就遭受"不服从罪"的控告了。

极具讽刺意味的是，审讯苏格拉底正是为了保留重建的民主。在民主人士重新掌权后，他们大赦天下，但是到了四年之后的公元前399年，尽管苏格拉底一贯和旧政权的暴行划清界限，但依然以危害公共道德罪被提起控告。原告是诗人迈雷托士、制革工人阿尼图斯以及演说者莱孔，他们都是民主派成员。指控的内容如下："苏格拉底是有罪的，首先，他否认了国家对上帝的认可，并引入了新的神；其次，他还腐化败坏了青年人。"

上述指控背后蕴藏的含义是什么？在苏格拉底的学生、历史学家色诺芬看来，第一条控告基于一个众所周知的事实，即苏格拉底相信自己受到了一股神秘力量的指引，即"神圣之声"，这似乎在很大程度上造成了极为消极的作用：这股神秘力量总是阻止他采取某些行动，但却从未敦促他有所行动。该现象可以一直追溯到其早年生涯，而且据他所知是苏格拉底独有的。倾听这种"声音"，苏格拉底将其称为自己的"守护神"——苏格拉底相信自己是因为一项神圣使命而被控告，即分析了，或者如果有必要的话，揭示了所有被社会称为智者的智慧。毋庸置疑，这一严酷的审讯在既有体制中树敌众多，对他们而言，苏格拉底无异于一个身无分文的好管闲事者，肆意践踏他人视为珍宝的信仰。与此同时，他那些对于宗教、政治以及教育的激进观点，辅之以所向披靡的辩论技巧，吸引了一众年轻人，给人的印象是他是一个新的反传统的颠覆运动的领袖。如今，我们视苏格拉底为哲学探索的创始人和毫无争议的历史伟人之一，但是对于很多与其同时代的人而言，他简直就是一名罪犯，一个背叛了雅典传统的人，没有宗教信仰，而且腐化堕落，因此当时大多数人宣判他有罪其实并没有看起来那么稀奇。

柏拉图的《申辩篇》中记录了苏格拉底的审讯报告。由500人组成的陪审团在第一轮表决中意见未达成一致；280票投苏格拉底有罪，220票投其无罪。迈雷托士要求判处苏格拉底死刑，根据雅典法律，可以轮到被告对此提出反驳了，假设苏格拉底能在此时要求从宽量刑，那么几乎毫无疑问地，他的提议将被采纳。可是恰恰相反，出乎所有法官的意料，也让他的朋友们沮丧万分的是，他竟然满怀自豪地坚持，基于他对国家做出的贡献，他理应获得终身养老金的嘉奖，作为"象征性"的罚金，他提出愿意支付1迈纳（约100英镑）的罚款。苏格拉底的好友柏拉图、克里托以及阿波罗多罗斯马上修正了他居高临下式的提议，表示可以交纳30迈纳的罚金，并且愿为其提供担保。然而为时已晚，法官中有更多的人对苏格拉底做出了死刑判决。之后，苏格拉底就死亡以及对死亡的恐惧做了一场激情洋溢又感人至深的演讲，结束前他说了下面一段话：

> 现在到了离开的时刻，我们各行其道——我去死，你们去活，谁的路更好，只有神知道。

一般情况下会在 24 小时内执行判决，然而苏格拉底的审判恰逢圣船前往提洛岛，每年都会有一艘圣船驶往提洛岛以纪念忒修斯解救了雅典，而在此期间不能执行死刑也就成了一项惯例。正因如此，苏格拉底在监狱里被关了 30 天。这段时间里，可能连他的敌人都暗暗希望他能越狱并逃离这个国家，他的朋友们自然更是敦促他这么做，那么苏格拉底会采纳他们的建议并逃跑吗？就在这个时候，他的朋友之一克里托拜访了监狱中的苏格拉底。

克里托告诉苏格拉底现在已濒临绝境：圣船已从提洛岛启程，这就意味着，除非苏格拉底马上采取行动，否则第二天即被处死。克里托为了说服他的朋友最后一搏，列举了下述几条论据：

（1）大多数人都拒绝相信苏格拉底会选择待在监狱里束手就擒，他们反而会指责他的朋友们不伸出援手，并认为克里托没有出钱将朋友赎出监狱是卑鄙的。

（2）可能苏格拉底会认为，假如他的朋友们帮助了他，最后会受到告密者的背叛，他们将因此支付高额的罚款，甚至失去财产？若是如此，那么他的担心是毫无根据的，已有人准备好用较少一笔金额营救他，而且告密者总是能以很低的金额被收买。

（3）如果苏格拉底死了，他也就等于任由其儿子成为孤儿并剥夺了其受教育的权利，他们只能到别处完成教育。

（4）苏格拉底采用了最为省事的办法来逃避困难，他考虑的行为既不

苏格拉底

勇敢也不高尚，这只会让他的朋友们为整件事感到羞愧和尴尬。

"来吧，下定你的决心，"克里托说道，"我们已经别无选择了，必须在今夜采取行动了，再耽搁就来不及了，一切都太迟了。我恳求你，苏格拉底，无论如何一定要听从我的建议，你可千万不要失去理智。"

苏格拉底的答辩[1]

苏格拉底：亲爱的克里托，我非常感谢你的热忱，我是说，如果这一热忱有正当理由，我将非常感谢，若非如此，则这一热忱越是强烈，我就越难从命。好吧，然后我们必须考虑一下是否应该听取你的建议……就让我们首先回到你所说的人们持有的观点……不妨想一想，一个人不应在意他人持有的全部观点，而只应考虑其中一部分，并排除其他，你不认为这是一条非常有道理的原则吗？你有何意见？难道这不是一则公正的论断吗？

克里托：是的，确实如此。

苏格拉底：换言之，一个人应该看重好的意见而非坏的，是吗？

克里托：是的。

苏格拉底：智者的意见是好的，而傻瓜的意见是坏的，对吗？

克里托：那当然了。

苏格拉底：那让我们接着说，你如何看待我经常采用的那些

---

[1] 柏拉图，《苏格拉底最后的日子》，休·特里德尼克译，哈蒙兹沃思：企鹅出版集团，1969年，第84~96页。

例证？假如一个人训练有素，而且认真谨慎，那么他是会不分青红皂白地对所有褒贬和意见都非常在意呢，还是只会重视一名有资质人士的言论，比如一名真正的医生或教员？

克里托：只重视有资质人士的言论。

苏格拉底：那么他应该只畏惧有资质人士提出的批评，只欢迎有资质人士给予的赞美，而不会将普通公众的言论照单全收。

克里托：显然是的……

苏格拉底：很好。那现在请告诉我，克里托，如果这作为一般规则，具有普适性，我们并不想逐一讨论每个具体案例，而只需先对我们试图决策的行为加以归类：公正的和不公正的，正直的和不正直的，好的和坏的？我们是否理应受到多数人抑或只是某位具有专业知识人士（假设其存在的话）的意见的指引和威慑？或者说这一切都是无稽之谈？

克里托：不，我认为这是正确的，苏格拉底……

苏格拉底：既然如此，那么我亲爱的朋友，我们并不应太顾及一般大众对我们的评头论足，而只需考量专家对我们做出的对错评判，即拥有权威代表了实际真理的人们。鉴于此，当你说到我们应该考虑公众对于是非、荣辱和善恶的意见时，你的观点本来就是错误的。当然了，有人可能会反对说："这反正都一样，他们有权置我们于死地。"

克里托：那是毋庸置疑的！千真万确，苏格拉底，人们确实有可能提出此项异议。

苏格拉底：不过在我看来，我亲爱的朋友；我们刚刚探讨的这条论据几乎不会受此影响。与此同时，我想请你思考一下，是否对以下观点仍表示赞同：真正重要的事情并不是活着，而是活得好。

克里托：当然。

苏格拉底：而活得好也就意味着要活得高尚或正直？

克里托：是的。

苏格拉底：那么按照所达成的这一共识，我们就不得不考虑一下，在没有获得官方释放令的情况下擅自逃脱对我而言是否正确。如果能证明这是对的，那么我们必须做此尝试，若不能，我们就应该放弃这一念头。至于你所提到的费用损失、名声以及养育孩子的问题，克里托，恐怕这些代表了普通人的见解，他们可以漫不经心地置人于死地，如果可以的话，也会同样满不在乎地给人以活路。我想，既然上述观点已为我们指出了一条明路，那么我们的真正职责仅在于考虑这样一个问题，即我们刚才提出的问题：我们将钱支付给那些准备营救我的人并向其表达感激之情，我们越狱或自行安排越狱，这样做究竟对不对，或者说我们做这些完全是错的？如果这样做是错的，我就不得不考虑，我们是否会因此受死或遭受其他恶果，如果我们站稳立场，断然不动，就不应受生死之影响，而只考虑勿冒天下之大不韪。

克里托：我同意你说的，苏格拉底，但是我希望你能考虑一下我们到底应该做什么。

苏格拉底：让我们再共同探讨一下这个问题，我亲爱的朋友，如果你能反驳我的任何观点，请提出来，我愿意听你的，如若不能，作为我的好朋友，就请不要反复劝我擅离此地了……现在，请注意我们此次探讨的出发点，我希望你能对我陈述的方式满意，并在尽可能做出准确判断之后再回答我的问题。

克里托：好吧，我尽力而为。

苏格拉底：我们是不是应该认为，人绝不能蓄意作恶，还是说这得视情况而定？正如我们之前一致同意的，评论某个错误行为是善良或高尚本身是毫无意义的，不是吗？……毋庸置疑，真理就是我们之前常说的，无论公众的意见如何，也不论可供选择的其他意见是比现在的更加讨人欢心还是更加令人难以承受，不变的事实是，干坏事对于当事人而言终归是一种耻辱。这就是我们持有的观点，对吧？

克里托：对的。

苏格拉底：那么不论在何种情况下，人都不应该干坏事。

克里托：当然不应该。

苏格拉底：这样说来，即便一个人在被冤枉时也不能干坏事，尽管大多数人会认为这是理所当然的举动。

克里托：显然也不应该。

苏格拉底：克里托，你再和我说说看，人是否应该伤害他人呢？

克里托：当然不能了，苏格拉底。

苏格拉底：那么告诉我，为了报复而去伤害他人对不对呢？虽然大多人认为这样是对的。

克里托：不，当然不对。

苏格拉底：我想，伤害他人和冤枉他人之间是没有区别的。

克里托：确实如此。

苏格拉底：这样说来，无论受到何种挑衅，人都不应该以冤报冤，以牙还牙。现在请注意，克里托，不要最终违背你的真实信念而承认与你真实信仰相悖的东西……

克里托：……请接着说。

苏格拉底：好吧，我的下一个观点，或者不如说是下一个问题，假若一个人的观点都是正确的，是应该听取他的全部观点，还是可以违背它们？

克里托：当然应该听取这些观点。

苏格拉底：那么请考虑一下这个合乎逻辑的结论吧。如果我们不事先说服国家获得其允许就擅自离开，那么我们是否在伤害国家呢？是否在以伤害为手段报复不合理的行为呢？我们这样做有没有遵循之前所达成的共识呢？

克里托：我无法回答你的问题。苏格拉底，我的脑子全乱了。

苏格拉底：让我们以这种方式看待这个问题吧。假定我们正准备从这里逃跑（或者不管怎么描述这件事情），我们将会面临雅典法律的质问："苏格拉底，现在你打算干什么？你难道能否认，只要你拥有这个权利，你所意欲采取的行动就将摧毁我们，践踏法律甚至损害整个国家吗？如果一个城邦已经公布的法律判决不具备威慑力，可以被私人随意破坏，你觉得这个城邦还能继续生存下去而不被推翻吗？"克里托，我们该如何回答这个或与之类似的质问呢？……难道我们应该说"是的，我确实打算破坏法律，因为国家在对我的审判中通过了错误的裁决，并冤枉了我"？这就是我们的回答吗，还是应该怎么说？

克里托：当然要像你所说的这样回答，苏格拉底。

苏格拉底：但是法律会这样说……"好吧，你以什么名义控告我们和国家，并试图以此摧毁我们？首先，难道不是我们给了你生命吗？不正是通过我们，你的父母才得以结婚并养育了你吗？告诉我们，你有什么理由反对我们关于结婚的法律条文?""不,我没有任何理由反对它。"我只能这样说。"那么,你可以反对关于抚养和教育孩子的法律条文吗?你自己不也正是其中的受益者吗?是我们要求你的父亲给予你文化和体育方面的教育,你难道对此不感激我们的法律吗?""我当然感激你们。"我得说。"很好,那么既然你在法律的庇护下才得以出生,受到抚养和教育,难道你能否认,你以及你的祖辈首先是我们的孩子和仆人吗?如果承认这一点,你是否认为对我们而言正确的事物对你而言也同样正确?无论我们试图对你做什么,你的报复都是正当的?你不可能与你的父亲或者你的主人(假设你有的话)享有同等的权利,使你能对他们进行报复。当他们骂你时,你不能还嘴,当他们动手打你的时候,你不能还手,在其他诸多此类事情上亦是如此。如果我们想对你处以死刑并坚持认为这样做是对的,难道你以为你就有特权反对你的国家和法律吗?你可以竭尽全力摧毁你的国家和法律以此作为报复吗?难道你这类虔诚向善的信徒还要宣称这样做是合理的吗?……不论在战场上、法庭上还是任何别的地方,你都必须服从你的城市和国家的命令,或者遵循普遍的正义来劝阻这一命令,但是要知道,即便是伤害了你的父母,那也是犯罪,而如若伤害了国家,其罪更甚。"对于这些质问,我们又该如何作答,克里托?法律难道说得不对吗?

克里托:我想,法律说的是对的。

苏格拉底:法律可能会继续说道:"那么想一想吧,苏格拉底,我们现在说你意欲对我们采取的行动是不正义的,这种说法是对的吧。虽然我们把你带到了这世界,抚养了你又教育了你,并使你和你的同胞得以分享我们所能支配的一切好东西,然而我们还是准许公开宣布下列原则:任何一个雅典人到了成年,且认清了国家的政治组织和我们的法律,如果对我们表示不满,都允许带上他的财产到他愿意去的任何地方……但另一方面,当他认清了我们如何执法,认清了我们其他的国家机构,那么我们认为他这样做实际上是在试图履行我们告诉他的事情。我们主张,任何不服从者就在下列三方面犯了罪:首先我们作为他的父母,他对我们犯了罪;其次,我们作为他的保护人,他对我们犯了罪;再者,在承诺服从之后,他既没有服从于我们,也未在我们犯错时劝阻我们……这些就是我们对你的控告,苏格拉底,如果你做了你打算做的事就将对此负责,你就不再是你同胞中最少受到谴责的人,而是一个罪大恶极的人了……除了军事远征以外,你从未因为参加节庆活动或其他任何原因离开过这个国家,你从未像别人那样出国旅行,也没有表现出对了解其他国家或体制的热望,你一直都对我们和我们的城市很满意。你已然明确地选择了我们,并同意作为一名公民,在所有行动上都遵从我们,你对我们城市甚为满意的一个突出证据就是,你在这座城市中生养了孩子。进一步来说,即使在你被审判的时候,如果你做出选择,可提出被流放,就是说,你本可以得到国家的批准去做你现在未经允许却想做的事……现在先来回答这个问题:当我们说你的确向我们保证过,即便不是口头上的,你会服从我们,像一个公民那样生活?"那么我们应该怎样回答呢,克里托?我们除了承认以外,是否别无他法呢?

克里托:别无他法,苏格拉底。

苏格拉底:他们会继续说:"那么事实上,尽管你并非在被迫或误解的情况下,也未被迫在有限的时间内与我们订立契约和做出承诺,你却还是破坏了同我们订立的契约,没有恪守对我们做出的承诺，在你七十年的生涯中，如果对我们感到不满或觉得我们之间的契约不公平，尽可以随时离开这个国家……显然，你热爱这座城市以及我们的法律甚于所有其他雅典人，而谁又会喜欢一座没有法律的城市呢？现在，你是不是不准备履行契约了呢？苏格拉底，如果你接受我们的劝告，那么还是准备履行你的契约吧，这样，至少你不至于因为要离开这座城市而受人耻笑。我们希望你考虑一下，如果你背弃你的信念，玷污你的良心，这对你和你的朋友能有什么好处？显然，这会连累你的朋友们，使其面临遭受放逐、被剥夺公民权或被没收财产的风险……这或许还会使这里的审判官们坚信，他们对你的判决是正确的，一个法律的践踏者自然很容易对青年人和愚昧的人造成极为有害的影响……难道没有人会来指责你吗，像你这样一把年纪，残年已屈指可数，还不惜亵渎最威严的法律而苟且偷生吗？如果你没有惹怒任何人，也可能不会受到指责……不过当然了，你想为了你的孩子们而活下去，以便抚养他们，教育他们。的确！首先带他们前往色萨利，使他们成为外邦人，这样他们能获得额外的享受？或者如果你不打算这么办，假如你还活着却身处异乡，他们却仍然在此处被抚养长大，那么由于你的朋友们会代为照管，他们会在没有你的情况下得到更好的照顾和教育吗？当然，如果那些自称为你朋友的人还算可靠，你就该相信他们总会照看你的孩子们。

"不，苏格拉底，请接受我们作为你保护人的劝告，你不用考虑你的孩子们、你的生命或是其他任何俗务，你只需考虑件事情，那就是何为正义，这样，当你到达下一世，你可以在那里的权威面前为自己辩护。显然，如果你逃跑了，你和你朋友们既不会在此世中获得更好的境遇，也不会在下一世中获得好报，因为你们失去了正直的品格，玷污了纯洁的良心。事实上，如果你这样做就将离开这个世界，不是成为我们法律错误判决的牺牲品，而是你那些朋友所犯错误的牺牲品。如果你以那种不光彩的方式离开此地，以冤报冤，以恶报恶，破坏我们之间的协定和契约，伤害那些你最不应该伤害的——你自己、你的朋友们、你的国家以及我们的法律，那么你将在有生之年遭受我们的憎恨，即便死后到了另一个世界，那里的法律知道了你竭尽全力企图伤害我们——他们的兄弟，那么他们也不会友好欢迎你的到来。所以，不要听从克里托的建议，按照我们的劝告去做吧。

"我亲爱的朋友，克里托，我郑重地告诉你，我仿佛听到了法律的言辞，就像听到了一阵阵神秘的音乐般，他们论辩的声音在我的头脑中响亮地回荡，我不得不听他们的。我坚信我的想法是对的，你千万不要再用别的观点来游说我了。当然，如果你认为这么做还有什么益处，不妨继续说下去。"

苏格拉底之死

克里托：不，苏格拉底，我没有什么可说的了。

苏格拉底：那就这样作罢吧，克里托。既然神已指明了道路，就让我们遵循神的旨意行事吧。

苏格拉底用这些论点谴责了他自己。柏拉图在他的对话录《斐多篇》中以简朴而动人的语言讲述了苏格拉底在生命中最后一天的故事。苏格拉底与他的妻子和家人告别，他的朋友们围坐在其身边，之后监狱看守进来了，他对自己将不得不做的事表示深深的不安，并描绘苏格拉底为"所有来到这里的人当中最为高尚、文雅和勇敢的"。尽管克里托依然试图拖延此事，苏格拉底还是接过了盛有毒芹汁的杯子，"相当平静且丝毫未流露出厌恶之情"地将其一饮而尽。看到此景，他的很多朋友都情不自禁地痛哭起来。苏格拉底踱步越过房间，接着躺下，并遮住了自己的脸。

监狱看守捏了捏他的双脚，问他是否有任何感觉，苏格拉底回答说他感觉不到什么。之后，在毒药完全发挥作用之前，苏格拉底掀开遮布露出脸来，并喃喃说道："克里托，我们还欠阿斯克勒庇俄斯（医神）一只公鸡，请别忘了一定要还给他。"他这么说，意在表明对神的救治表示尊敬，并暗示着死亡是对生命的拯救。"我会记得这么做的，"克里托回答道，"还有什么别的要嘱咐的吗？"苏格拉底不再作声，他的同伴们意识到他已经死了。

在叙述这些悲剧性事件时，《斐多篇》的结语或许适合做苏格拉底的墓志铭："苏格拉底，这就是我们密友生命的终结，我们可以公平公正地说，他是这个时代我们所有认识人中最为勇敢，也最为聪慧和正直的人。"

问题：监狱中的苏格拉底

1. 制作一张清单，罗列苏格拉底和克里托所提的论点。他们在何种程度上属于目的论或者义务论，抑或两者兼而有之？

2. 苏格拉底赞同某些道德规范并声称，这些道德规范具有普适性且理应被遵守。这些规则具体有哪些，你又在多大程度上认为其是合情合理的？

3. 对公众舆论的谴责中，苏格拉底在多大程度上是正确的？

4. 在评判对错是非方面是否存在专家？如果存在，他们是谁？如果不存在，苏格拉底如何区分正确与错误的行为？

5. 你是否认为苏格拉底的国家观是守旧和过时的？

6. 你认为在何种情况下苏格拉底会违犯国家法律？你又会在什么时候违背国家法律？

7. 是否存在某些情况，可使报复行为正当合理？

8. 一个被错判有罪的人是否有权越狱？在你的回答中，请考虑苏格拉底给克里托的回答。

9. 合法和道德之间的关系是什么？请举出两者间出现矛盾的一些例子。

10. "我宁可做一名拥有五分钟的懦夫，也不愿在余生中死去。"（一句爱尔兰谚语），请就此进行讨论。

V. 讨论：公民不服从

在与克里托的讨论中，苏格拉底就公民不服从问题向我们提出了一句经典陈述：如果一个人认为法律是不公平的，那么他或她是否有权违犯法律。

正如我们所看到的,苏格拉底的论点基于"社会契约"理论,其主张只要作为一名公民受益于国家,那么他或她就必须遵守该国的法律。虽然这样一来,人们试图改变法律也显得相当合理,但是他们的所作所为不可逾越法律的范围,并且永远不能采取任何触犯或破坏法律的行动,一旦这样做就无异于摧毁了他们之前和国家及法律订立的契约。更为具体地说,即便某个特定的判决有可能不公正,个人也必须接受法院的所有判决。他们可以就裁决提起不服上诉,但是最终,无论结果如何,他们都应服从裁决。这样一来,即便最终维持了某项错误的司法判决,甚至某个无辜的人最终被判以死刑,我们还是必须支持并执行法院的判决。对于苏格拉底而言,如果他不接受判决,那么其后果对社会将是灾难性的,其重要性远远超过对于特定案件中不公正性的考量。

反对轰炸南斯拉夫的示威游行

这并不是说,苏格拉底反对公民所有形式的不服从。他的论点显然表明,比如一个人认为国家的法律败坏,如果这些法律中某一条阻止他离开该国,那么他可以忽视制约他所服从的契约并违犯法律。然而不幸的是,事情并非总是这般直截了当。通常情况下,问题并不在于法律在整体上是否不公正,而在于某个特定法律的不公正性是否比法律在整体上的公正性更为重要。换言之,当一个遵纪守法的公民直面其认为相当难以忍受的法律时，他或她应该做什么？

在接下来的三段文字摘录中，我们将找到有关公民不服从问题的不同观点。当代哲学家约翰·罗尔斯（1921—2002）介绍了一种"社会契约"理论，这种理论和苏格拉底的类似，并且基于他颇有影响力的"公平游戏"观点：如果每个人都应遵循某种方式行事是社会必须的，那么如果有人通过别的做法而获益，这对于其余人而言就是不公平的。从这个角度讲，法律的不公正并不能构成个体不守法的充分理由。然而，亨利·梭罗（1817—1862）却不认同这一观点，他曾撰写过一本著作——马丁·路德·金表示该书曾对他的思想产生了直接的影响。在该书中，梭罗主张人们的行为应当受制于公平正义，而非合法性。与之相应，一旦法律成为不公平不正义的代办人，那么公民不服从也就变得合情合理了。富有革命性的彼得·克鲁泡特金（1842—1921）又有着和上述两者全然不同的观点：需要被证明为合情合理的并非是不服从，而是服从！在一场为无政府主义慷慨激昂的辩护中，他否认了法律规则可以提供任何益处的假设。

摘文 1. 约翰·罗尔斯：公平游戏责任 [1]

正义的基础是公平的理念，当论及公平游戏、公平竞争以及公平交易时，公平理念涉及如何正确对待与他人合作或与他人竞争。当权威不在他人之上的自由者从事一项共同活动，而且他们自己设定并确

---

[1] "作为公平的正义"，《哲学、政治和社会》，彼得·拉斯利特，W.G.朗西曼编辑，牛津：巴兹尔－布莱克维尔出版社，1962年，第144~149页；以及（最后一段）"论公民不服从的正当性"，《公民不服从：理论和实践》，H.A.贝道编辑，印第安纳波利斯＆纽约：珀伽索斯出版社，1969年，第245页。

定各方享有利益和承担责任份额的规则时，公平的问题就随之产生了。如果没有一个人认为他们或其他任何人能通过参与共同活动而从中获益，或者他们被迫屈服于其认为并不合法的要求，那么某种行为就会被当事人视为公平的。这隐含了一层意思，每个人都有一个合法要求的概念，并认为其他人和自己都理应承认这些合法要求……

约翰·罗尔斯

现在，假如某项行动的参与者认为其规则是公平的，也不就此提出任何反对意见，一旦他们开始遵行这些规则，那么各方当事人在按照惯例行动时，对彼此都负有一种……责任（以及享有一种相应的……权利）。如果许多人参与了某项行动，或者依照规则经营了某项共同事业，他们的自由却因此受限，那么当需要时，这些受此限制的人有权要求因其受限而获益的受惠者给予相似的默许。这些情况在该行为被正确地承认为公平的前提下方得以成立，因为只有这样，所有的参与者才将从中获益……但是一般说来，当一个人理应遵守规则时，他并不能通过否认行动公正性的方式而解除承担该义务（遵守一条规则）。如果某人拒绝采取某一行动，那么他应该尽可能地提前声明他的意图，并避免参与其中或享受其中利益。

我将这种责任称为公平游戏，但是应当承认的是，以此方法阐释可能拓展了一般意义上的公平概念。通常情况下，尽管违反规则很难被察觉（欺骗），但是不公平的行动更多情况下倒不是指打破某一特定的规则，而是指从法律的漏洞或模棱两可处钻空子，利用某些未曾预料或者特别的情况趁机使规则对其不再具有强制力，在规则理应暂不实施时坚持要求执行以利于自身,更一般地说,是违背了实践的意图。正是出于这个原因,人们会论及对公平游戏的感知:公平行事远不止遵守规则那么简单。人们会说,所谓公平必须是能经常被人感觉和感知到的。然而,它并不是对公平游戏责任矫揉造作的延伸以使其包含一项义务,即对于那些故意从理应归功于彼此的共同行动中获益的参与者,当大家的行动期满时,他们应当遵照规则行动,这是因为,人们通常会认为,如果某人接受了某项行动的益处却拒绝为维护它而贡献一己之力,那么就是不公平的。这样一来,有人可能会说,偷税者违反了公平游戏责任:他接受了政府给予的益处,却不愿在贡献资源方面尽一己之力,而工会成员经常会说,那些拒绝参加工会的工友是不公正的,他们称其为"搭便车者",因为这些人享受了工会的福利、更高的工资、更短的工时、就业保障诸如此类,然而却拒绝分担相应的职责,比如缴纳会费等。

　　那么,我们现在的观点是,一旦具有道德的系列约束条件以特定的方式被强加于那些理智且互相利己的相关当事人,那么正义的原则或可随之产生。当处于相似境况中或被要求在不知晓其将面临何种特殊条件的情况下提前做出一项坚定承诺时,人们合理地期待所有行动参与者能先于彼此提出或承认某些原则。那么如果某项行动遵守了这些原则,它就是公平的,而如此一来,当这项行动符合了参与各方都认为公平的准则,他们就可在必要的时候就其是非曲直进行一番辩论了。而至于行动参与者本身,一旦他们故意参与了某项他们认为公平的行动并从中受益,那么一旦轮到这么做时,他们理应受到公平游戏的约束从而遵守这些规则,而这也意味着,他们在特定情况下追求自身利益时是受到限制的……

　　难点在于,我们无法设计一个框架以确保只制定公正且有效的法律。这样一来，即便在一部公正的宪法之下，依然有可能通过不公正的法律，实施不公正的政策。某种形式的多数原则是必要的，然而或多或少带有故意的成分，多数也可能在其立法通过的内容中犯错。如果某人赞同一部民主宪法……那么他同时也应接受多数原则。假设这部宪法是公正的，而且我们已经接受并打算继续接受其给予的益处，那么我们有义务和自然责任（或者无论如何称其为责任）去遵守多数人制定的法律，即便它或许并不公正。以这种方式，我们承担了遵行不公正法律的责任，当然了，并不总是如此，前提是假定该不公正并未超过某一限度。我们承认不得不承担由于彼此对不公正理解的缺陷而受苦的风险，只要这种风险或多或少是均匀分配的或者并不过于巨大，那么我们就要准备好担负起这个责任。公平正义使我们有义务遵守一部公正的宪法以及根据该宪法制定的不公正法律，这和我们受到其他任何一项社会安排的约束是完全一样的道理。一旦考虑到各阶段的顺序，那么我们被要求遵守即便不公正的法律也就变得不足为奇了。

问题：罗尔斯

1. 什么是"公平游戏"的原则？借助某个实际案例，说明你在多大程度上认为该原则可使遵守一则不公平法律变得合情合理？

2. 罗尔斯在多大程度上允许对法律的不服从？你能想出一个你觉得在道德上有义务违背"公平游戏"原则的实例吗？

3. 罗尔斯会如何反驳逃税行为？

4. 罗尔斯会如何看待这一主张：宁使法律成为牺牲品，勿让自己沦为法律的牺牲品。

摘文 2. 亨利·梭罗：论公民的不服从 [1]

我由衷地认同这句格言："最好的政府是管得最少的政府。"而且希望它能更迅速更系统地得以执行。一旦执行，我相信它最终会变成，"最好的政府是一事不管的政府"。只要人们准备好迎接它，他们就将会得到这样的政府。政府充其量不过是一种权宜之计，但是大多数政府往往不得计，而所有的政府有时都会不得计。人们对常备军提出很多严肃的反对意见，也值得广泛宣传，但这最终也有可能用意反对常设政府。常备军仅仅是常设政府的一个臂膀，而政府本身只是人民选择用以执行其意志的一种模式，却同样可能在民意借此执行之前被滥用或误用……

毕竟，一旦权力落入人民之手，大多数人被允许长久治理国家的实际理由并非在于他们最可能正确合理，也不在于这貌似对少数人最为公平，而是因为他们在力量上最为强大。然而，即便是一个在所有情况下都由大多数人统治的政府也不可能以正义为立足点，哪怕是人们通常所理解的正义。假设一个政府并不依靠多数人，而是凭借良知判断是非，其中多数人仅仅决定政府的权宜之计适用于哪些问题，这样的政府难道是不可实现的吗？难道公民不得不永远暂时地，或者在最低程度上迫使自己的良心屈服于立法者吗？如果如此，每人都有良心又有何用？我想，我们首先应该是人，其次才是国民。培养人们如同尊重正义那般尊重法律是不可取的。我有权承担的唯一义务就是在任何时候做我认为正确的事情。一个合作团体是没有良心的，但是一个由有良心的人们组成的合作团体是有良心的。法律从未使人变得

---

[1] "论公民的不服从"，《论公民的不服从：理论和实践》，H.A. 贝道编辑，印第安纳波利斯 & 纽约，珀伽索斯出版社，1969 年，第 27~29 页，34~35 页，47~48 页。

更公正些,哪怕是一丝一毫,恰恰由于人们对法律的尊重,甚至是那些好心人也在日益沦为非公正的代办人。过分尊重法律所带来的一个常见且自然的结果就是,你或许会看到一支由士兵、上校、上尉、下士、二等兵和火药搬运工组成的队伍非常有序地翻山越岭、投入战争,然而却违背着自己的意志。唉!也违背着他们的常识和良知,这确实会使他们的行军变得异常

亨利·梭罗

艰险,叫人心悸不安,他们确信自己所卷入的是一桩可恶的差事,他们其实都倾向于和平。那么,现在他们成了什么?还是人吗?或者成了一些小型的可移动堡垒和军用弹药库,效力于那些不择手段的掌权者?……

因此,多数人并非主要作为人,而是作为肉体的机器为国家效劳……在多数情况下,他们自身的判断力或者道德感并未得以自由发挥,他们不过是视自己如同木头、泥土和石块,或许还能制造出同种用途的木头人来,这类人无异于稻草人或肮脏的泥人,他们根本无法获得人们的尊重,在价值上和马或狗并无什么区别,可是这样的人却被普遍视为好公民……

不公正的法律确实存在,我们究竟应当甘愿服从它们,还是在服从的同时努力修正这些法律直至成功,抑或我们应当立即逾越这些法律?目前在这种政府统治之下的人们通常会认为,在说服多数人修改法律之前,他们应当保持等待。他们认为,如果加以抵抗,这种纠正方法将比罪恶的现状更加糟糕,但是造成这种局面应当归咎于政府本身。政府使之越来越糟,它为什么不能事先预计并准备好改革?它为

什么不珍视明智的少数人？它为何在受到伤害之前就号叫抵抗？它为何不鼓励其公民随时指出它的错误并加以纠正从而做得更好？它为何总是把基督钉在十字架上加以折磨，将哥白尼和路德逐出教会，并宣判华盛顿和富兰克林为反叛者？……假如这样的不公正是政府这部机器必要摩擦的一部分，那就让它去吧，让它去吧。或许它会磨去那些不平，当然那时这部机器也会耗损失效。如果这种不公正也有其独有的弹簧、滑轮、绳索和曲柄，那么你可能会想，采取补救办法修正它是否就一定会好过原来谬误的情形呢？但如果其本性就要求你对另一个人施虐，那么我就要说，请违犯法律，用你的生命作为反摩擦的力量来制止这部机器吧。无论如何，我必须保证不出卖自己参与那些我所谴责的勾当……

国家必须将个人作为一种更高且更为独立的力量加以承认，并予以相应对待，因为其所有权力和权威都来自这股力量，在此之前，我绝难想象会存在真正自由和文明的国家。我最终还是顺从自己的心愿想象出了这么一个国家，它能公平对待所有人，能赋予个体尊重犹如邻居，即便有些人离群索居，只要他们不捣乱，也不听命于人，而是完成作为邻居和同胞的所有义务，国家就仍能处之泰然，任其自由。一个国家若能结出这种果实，并坚忍不拔直至其瓜熟蒂落，那它就正在成为一个我所设想的更完善、更壮丽的国家，尽管这样的国家至今依然无迹可循。

问题：梭罗

1. 在梭罗的理论中，"良知"扮演了什么角色？
2. 假如一个国家正面临日益逼近的进攻，你是该国的总统，你需要军队，但是你的很多国民都认为战争是不道德的并拒绝战斗。

3. 梭罗会为你提出什么建议，你会对此表示同意吗？士兵们应当保留抗战的权利吗？梭罗对此会如何作答？你对此又会如何作答？

4. 反对成立常备军的理由有哪些？这些反对意见是否也适用于常设政府呢？

摘文3. 彼得·克鲁泡特金：法律和权威[①]

在现有的国家中，一部新的法律被视为惩恶的良方。人们不再自己动手改变那些恶与坏，取而代之的，他们开始诉诸法律来完成这个任务。如果两个村庄之间无路可通，农民就会说："应当出台一部关于堂区道路的法律"……如果雇主降低薪水或增加工时，还未真正上台的政治家就会大声疾呼："我们必须拥有一部使一切都进入正轨的法律。"简言之，一部适用于任何地方和任何事物的法律！一部有关时尚的法律，一部有关疯狗的法律，一部有关美德的法律，一部阻止一切源于人类懒惰与怯懦的恶习及弊病的法律。

我们所受的教育令人误入歧途，因为尚且是婴孩之时，它便试图扼杀我们的反抗精神，我们现存的法律令我们深受桎梏，因为它规定了生活中的方方面面——我们的出生、教育、发展，我们的爱情和友情——如果这种情况延续不变，我们将丧失所有主动性，丧失一切独立思考的习惯……

确实，千百年来，那些统治我们的人除了换汤不换药地说出"遵守法律，服从权威"以外真的毫无作为。父母们就是在这样一种道德

---

① "法律和权威"，《公民不服从和暴力》，J.G.墨菲、贝尔蒙、哈里发编辑，沃兹沃思出版社，1971年，第131~132页，第134页，140~145页。也可参看克鲁泡特金的《革命小册子》，罗杰·鲍德温编辑，纽约：本杰明·布洛姆，1968年。

氛围中抚养他们的子女，而学校仅仅是加深了这一影响。人们狡猾地将虚假的科学分门别类之后传授给孩子们，以此证实法律的必要性，服从法律成为一种宗教信仰，道德之善和统治之法融为了一体并具有了同等的神威，课堂上所言及的历史英雄不仅自身遵纪守法，并且还会镇压叛乱以维护法律尊严……

然而，时代已变，形势已改。如今，抗法之行为已随处可见，对于法律，若不知晓其源头何在，其用途何在，服从其的义务和奉献其的崇敬又有何依据，人们便不再愿遵从它。我们这个时代对法律的种种反抗正是对至今仍被认为神圣不可侵犯的社会基础的严正批判，而这中间首当其冲的便是那被崇拜的对象：法律。

根据调查研究，为了实现对人类的监管制定有数以百万部计的法律，它们可以被分为三大主要类别：对财产的保护、对人身的保护、对政府的保护。通过对这三类法律分别加以分析，我们得出了一条相同的符合逻辑的必然结论：法律的无用性和伤害性。

社会学家了解财产保护的含义。制定财产法并非为了保障个人或社会享有其自身劳动收益权，与之相反，制定这些法律是为了掠夺生产者创造的一部分成果，并以之确保某些人能从生产者或整个社会中窃取这部分产出并据为己有。比如说，当法律确定了某某先生对一幢房屋的权利，它确定的权利对象既不是某某先生自己为本人建造的一座村舍，也不是他在某些朋友帮助下建造的房子。如果是上述情况，没有人会对他的权利有所争议。与之相反，这部法律确立了他对一幢并非他自己劳动产品的权利，首先，因为这座房屋是某某先生请他人为其建造的，且他并未付足后者劳动的价值；其次，这幢房屋代表了一种某某先生不可能为自己生产完成的社会价值。该法律其实是确定了某某先生对属于一般大众而非某特别个体所属物的权利……而且，恰恰是因为这种盗用以及占有所有带有相同特征的其他形式的财产是一种极大的不公正,所以人们才需要一系列强硬的法律,一整支由士兵、警察和法官组成的军队来维系这种不公,并以此对抗人类内在固有的良知和正义感。

我们的法律中有一半——每个国家的民事法典——其作用仅仅是维持这种据为己有,保障这种仅以部分人利益而非全人类利益为出发点的垄断。法院裁决的案件中有四分之三无非是一些垄断者之间的争吵,即两个强盗就赃物产生的争执……

以上对于财产法所做的评论也同样适用于第三大类法律:那些用以维护政府的法律,也就是宪法。

于是乎,这又产生了一系列完整的法律、判决、条令、枢密令诸如此类,所有这些都旨在保护各种不同形式的代议政府,授权委托书或篡夺强占,人类被压在下面痛苦地翻滚扭动。我们很清楚……所有的政府,无论是君主制、宪法制还是共和制,其任务无一例外的都是通过武力保护和维护统治阶级、贵族、神职人员以及商人的特权。我们的法律中足足有三分之一——而且每个国家都拥有成千上万计这样的法律——是有关税金、消费税、内阁部门及其办公室的组织机构,有关军队、警察、教堂等的基础性法律,这些法律的宗旨无非是为了维护、修补和发展国家这部行政机器,而这部机器反过来又几乎完全服务于保护统治阶级的特权。分析这些法律,日复一日地观察这些法律的运作,你就会发现,其实没有一部法律是值得保留下来的……

彼得·克鲁泡特金

第二大类法律尚且有待考虑，这类法律有关人身保护、侦查和预防"犯罪"，由于多数偏见依附于此，因而这是最为重要的，如果说法律能享有某种程度的尊崇地位，那是因为人们相信，这类法律在维护我们社会安全方面发挥着绝对必不可少的作用……好吧，虽然在这个问题上依然存在各种各样的偏见，对于无政府主义者而言，是时候将这类法律视为与之前所述的几类法律相同，并大胆宣称其为无用和有害的了。

首先，至于所谓的"犯罪"——对人发起的攻击——众所周知，这类"犯罪"中有三分之二，甚至往往高达四分之三都是受到了获得他人财产之欲望的唆使。一旦某天私有财产不复存在，那么这类庞大的所谓的"犯罪和不端行为"将消失不见。不过，有人会说，"总存在那么些粗暴残忍的人，如果没有相关法律去约束他们，没有相关惩罚去制止他们，他们就会攻击自己同胞的生命，他们会在每次争执中手握匕首，稍被惹怒就不惜谋杀复仇"，每每社会的惩罚权受到质疑时，上述问话就会被反复提出。

然而，在这方面，我们无法忽视一个现如今已完全确定的既成事实：惩罚的严厉性并没有减少犯罪量。换句话说，对四分之一的谋杀犯处以绞刑，但谋杀犯的数量并未因此有丝毫的减少。另一方面，废除死刑也不会使谋杀犯多增加一人，而只会更少……此外，还有一个众所周知的事实，从未有一个谋杀犯会出于对惩罚的恐惧而终止自己的罪行，一个为了报复或出于穷困而杀死自己邻居的人可不会对后果思量太多，也少有谋杀犯不是信心满满地认为，他们将逃脱法律的制裁。

我们不断地被告知，法律和惩罚能给我们带来益处，而另一方面这些施加于人类的惩罚也会导致堕落和败坏，但是发表这些言论的演说家可曾尝试着在这两者之间寻找平衡？……人类是地球上最为残酷无情的生物，如果不是国王、法官以及牧师有法律的武装，他们还会肆意纵容和发展这种甚至在猴子中也是闻所未闻的残暴天性……最后，不妨想一想贪污腐败吧，正是在服从理念的作用下，人们才会持有这种堕落的思想，而法律、惩罚、权威有权在无视良知、不顾对朋友尊重的情况下做出审判，刽子手、监狱看守和告密人的存在是必不可少的，这一系列的真正核心恰恰是服从理念。总而言之，这要归咎于法律和权威的一切基本属性。好好思考下这一切，你自然会赞同我们的主张：一部招致惩罚的法律是令人憎恶的且应当废止。

正因如此，没有政治组织的人比我们更为正直，他们能很好地理解那些被称为"罪犯"的人只不过是单纯地不幸罢了，所谓补救和纠正并不是拷打他、封锁他，或者将他扼杀在绞刑台上或监狱中，而是借助兄弟般的关怀、基于平等的对待、宣扬诚实正直者的生命价值来帮助他。我们期待在下一轮的革命中，这一呐喊能越发嘹亮。

"焚烧断头台，拆除监狱，驱逐法官、警察和告密者——这一地球上道德最为败坏的一撮人，对待由于一时冲动而对同胞犯下恶行的人，我们要亲如兄弟。总之，减少中产阶级赋闲无事招致的种种卑劣影响，避免浓墨重彩地美化他们的种种恶习，并且坚信，即便为数不多的罪行也将玷污我们的社会。"

犯罪的主要支撑点是赋闲无事、法律和权威，法律是指有关财产和政府的法律，有关惩罚和不端行为的法律，而权威则承担了制定和执行法律的责任。

不要再有法律了！不要再有法官了！自由、平等和切切实实的人情才是我们用以抵制某些人心中反社会本能唯一有效的屏障。

问题：克鲁泡特金

1. 克鲁泡特金认为法律是无用和有害的，你认同这一观点吗？

2. 克鲁泡特金认为当今法律保护的是统治阶级的社会和政治特权，你在多大程度上同意他的这一观点？请列举实例说明。

3. 根据克鲁泡特金的观点，为减少犯罪量应该采取哪些社会调整？

4. 克鲁泡特金认为当今的教育扼杀了个性，你对此表示认同吗？

问题：公民的不服从

1. "个人出于良知而不服从是值得赞美的，一百万个人出于良知而不服从则是叛乱。"罗尔斯、梭罗和克鲁泡特金对此两难推理会分别做何解释？

2. 你所在的国家已经采纳了下列你表示反对的政策：a) 种族隔离；b) 就核武器征税。我们的三位作者就此会给你提出什么建议，你又会采纳谁的建议？

3. 马丁·路德·金或许是现代社会中公民不服从理念最为知名的倡导者。下段文字中，他阐释了抵制、静坐抗议以及游行示威的合情合理性。请分析他的论点并讨论你会采取哪些行动来抵抗一部不公正的法律（如果你认为有的话）。

马丁·路德·金

一部不公正的法律是多数人欺压少数人且不对自身构成约束力的法典，这就导致了差异，并使这种差异合法化。我们还可以说，一部不公正的法律是多数人欺压少数人，且少数人无权参与其制定和创造的法典。由于少数人在许多情况下都不具有投票权，于是制定这些法律的那些立法机关也就并非通过民主选举而产生……同样的道理，公正的法律恰恰与上述情况相反。一部公正的法律是理智使之合法化，多数相信该法典的人因为自己本身愿意服从于此，于是以强力迫使少数不相信该法典的人也去遵守它，所以说这是理智使之合法化。正因如此，那些坚持公民不服从基本原理的人意识到，他们其实也承认了有些法律是公正的，有些法律是不公正的。现在，他们并非无政府主义者，他们相信有些法律必须遵行，他们也不再企图规避法律。对于很多自称为种族隔离主义者而且不惜触犯法律而坚持种族隔离的人而言，他们正企图规避法律，而这一行为过程将引诱他们进入无政府状态。归根到底，他们试图遵循的是一种粗野的不服从，而非公民不服从。我还认为，那些由于良知告知他们不公正而违背法律且愿意接受牢狱之灾直至法律有所变更的人，他们此时是在向法律致以最为崇高的敬意。①

4. 1984 年，黑人积极分子 A. 菲利普·伦道夫拒绝在美国部队任职，他在俄勒冈州参议员韦恩·摩尔斯面前捍卫自己的立场。你在多大程度上赞同伦道夫的主张？你的政府采纳了一系列社会政策，你对其中哪些抱有相似的立场？

参议员摩尔斯：不妨让我对此直言吧，你的提议是完全建立

---

① 马丁·路德·金，"爱、法律和公民不服从"，《希望的见证》，詹姆斯·梅尔文·华盛顿编辑，纽约：哈珀&罗出版公司，第 48~49 页。有关金著名的蒙哥马利巴士抵制运动的故事，其所提到的道德问题收录于《走向自由：蒙哥马利的故事》，纽约：哈珀出版公司，1958 年。

在下列信念基础之上的：你的政府由于种族、肤色或者信条而未给予你一定的社会、经济和种族保护，让你免受歧视，因此你觉得，即便到了国难当头的紧急时刻，即便你的政府和国家本身到了生死存亡的紧要关头，在这些情况下，你依然可以合情合理地对任何民众（无论是有色人种，还是如你在声明中所称的带有同情心的白种人）宣称"不要在国难当头时为了保护你的国家而扛起武器"？

伦道夫先生：这一陈述是正确的，参议员先生。对此我还可加以补充，我深深相信你，坚持这一主张就是在为我们的国家做出巨大贡献。我们的国家以民主的道德领袖形象出现在世界面前，而且这样一来，它紧锣密鼓地筹备自卫队和侵略军就有了理论基础，即它不得不这样做以保护世界的民主。

好吧，现在我想，如果这个国家并不在国内推进民主进程，虽然提议建立军队捍卫人们的利益，却不通过给予其民主的方式完成民主进程的任务，那么这种民主就不是我们应当为之奋斗的民主。而且事实上，在武装部队以及我们生活的各个方面所实施的种族隔离政策恰恰是当今俄罗斯和国际共产主义手中掌握的最大的宣传资料和政治武器。①

---

① 《国会议事录》，第94卷，第4312~4313页，第八次代表大会第二次会议，参议院，1948年4月12日。转载于《美国的公民不服从：一部记录性的历史》，大卫·R.韦伯编辑，伊萨卡&伦敦：康奈尔大学出版社，1978年，第207~208页。

第二章 利己主义

I. 引言

"我应该接受克里托的建议并越狱吗？"苏格拉底通过援引某些原则回答了这个问题，为了服从他所坚持的原则，苏格拉底最终留在了监狱中。就这一点而言，苏格拉底的申辩正是义务论式思维方式的实际案例——而且就其给苏格拉底造成的影响来看，它还是这方面的极端案例。之所以称其为义务论的，是因为这些申辩关注的仅仅是某些规则的有效性以及苏格拉底遵守这些规则的义务，它们并未改变苏格拉底的结局。

轻而易举就能改变苏格拉底的回答使之成为一个目的论式思维方式的案例：

版本 A

我亲爱的克里托，我不得不说你的论点是最具说服力的。我知道自己在审判中的行为愚蠢至极，是故作勇敢而不够冷静理智的，但即便如此，所有人一致赞同控告我的证据，显然是错的。除此之外，正如你所阐明的，如果我越狱就能畅享更为悠长的人生，陪伴着孩子们接受教育，依然能与朋友们会面，而且最为重要的是能继续我的工作。公众舆论会消失在我身后，我怀疑，甚至连我的那些仇敌私下里也暗暗希望我能离开这个国家——我的死亡对他们而言会造成极大的政治困窘。所以，克里托，就由你来安排吧，我按照你说的来做。

上述版本显示是目的论的，因为苏格拉底的决定仅仅取决于其行为的结果，他的谋划即刻执行、令人愉悦而且总体上是有益的。然而，我们还可以呈现另外一个更为有趣的版本，其中，苏格拉底虽然进行了目的论式的申辩，最终却选择了死而非生。

版本 B

我亲爱的克里托，我对你的所言感激万分，但是你却忽略了一种可能性：相较于生，我或许能从死中获取更多的满足感。人们往往容易忽略这种备选方案，因为他们总是倾向于认为不管怎样总好过死亡。现在请听好，你也认同，如果我遵循了你的计划，就将因打破某些我们双方都认为正当有效且值得尊重的规则而有罪。一旦我打破了这些规则，我又如何得以继续苟活下去，无论是今生还是来世？我的内心将永远不得安宁，无论在我自己眼里还是在旁人看来，我都将失去作为一个可信可敬之人的名声。请相信我吧，克里托，死并非易事，但比起打破这些规则而言，终究还是简单一些，而且能带来更多的满足感。事实上，有些人如我一样认为这些规则是公平的且值得为之而死，若我知晓自己已经尽职尽责并且因此收获了那些人的尊敬，那么我死亦安乐。

上述两个版本虽然在结果上迥然不同,但都是目的论的。在这两种情况中,苏格拉底在决策时都没有首先确定应当遵守的道德原则,即一项义务论式的论证。取而代之的,他是基于遵从或违背这些原则将为其带来的后果做出决策的,即一项目的论式的论证。在版本 A 中有一点是显而易见的:如果他遵从就将死,如果他违背就能活,但是这在版本 B 中却似乎不那么明显。如果进一步观察,我们在这里也能发现,苏格拉底并不是依据规则本身做出决策,他也并未考量其决定是否代表了最伟大的普善。绝非如此,他现在所关心的是,考虑采取的行动是否最能让他感到愉悦,对他自己有利。因此需要重申的是,这是遵从或违背这些关乎苏格拉底的规则对他个人产生的影响,而非对规则本身。正因为苏格拉底相信,一旦遵从这些规则,他将得以捍卫自尊甚至收获一些死后的声誉,所以他才选择了死亡。

不过,上述两个版本之间还有另外一个联系点:大家可能会一致认为,这两版所呈现的苏格拉底都不似柏拉图最初版本中所表现的那般高尚或英勇。毕竟,我们可以说,在一个版本中,我们的主人公挺身而出拯救皮肉,而在另一个版本中,我们的主人公全力以赴拯救名声,但总而言之,我们并未看到一个特别具有教育和启迪意义的形象。但是为何如此呢?主要的原因在于,我们总倾向于挖掘人们所展示出来的思想态度:一种表明"关心一己私利"或"按自己意图行事"的态度。很多人认为这种态度缺乏道德价值,并且接近于我们常说的"自私自利"。很多思想家和哲学家对此论断都不敢苟同。他们认为,此处我们所谈论的并非什么不道德的事,而是相当自然和无可厚非的事,确实,它包含了对人类动机的一种基本深刻理解,即一个人，无论他或她多么希望或试图采取别的做法，但最终总会选择最有利于他们自身的做法。这种理解构成了利己主义——最为流行和普遍的规范道德行为理论之一的基础。

II. 什么是利己主义

利己主义主张，每个人的行为都理应使他自己的长远利益或幸福最大化。换言之，利己主义者也就是这样的人，他认为人们唯一的义务是为了他们自己，唯一的责任是服务于他们自己的私利。当然了，至于什么才算是自己的利益，不同的人自然有不同的看法。对于一个小偷，这可能指避免被捕获，对于一名水手，这或许是能够游泳。我们也已然看到，在 A 和 B 两个版本中，苏格拉底所做的决定差异何其之大：这并不是因为论点有所不同——事实上我们发现两者何其类似——这是因为在两种情况下，苏格拉底就何为他自己最佳利益有着不同的见解。然而事实上，对于利己主义者而言，人各有志倒是无关紧要的，也绝不会影响到他们所提出的一般理论。他们并没有要求每个人都具有相同的目标，而只是主张，每个人应当且仅当在该行动有利于促进他们自身的长远利益时才加以执行。如果某项行动对其有利，他们就该执行，否则，他们不执行是合乎道德的。

由此得出，利己主义者并非总是贪图享乐而不顾未来，否则就是无视原先定义中小心翼翼被纳入的"长期"这个词了。利己主义者并不必然是短视的：他们非常清楚自身利益不仅有赖于当前的目标，也同样取决于长远利益。毕竟，史密斯可能每天都想一醉方休，但是这将不利于他的长远利益，诸如过上一种积极而健康的生活。于是乎，一个利己主义者并非如他最初表现出来的那样,他们并不认为你总是应该想做什么就做什么,原因很简单,做你想做的可能最终并不利于实现你自身的最大利益。

利己主义者并非直接的贪图享乐者。从历史上说,希腊哲学家伊壁鸠鲁的职业生涯和学说可谓是这方面最为显著的一个案例,他本人也可能是古典世界晚期利己主义最具影响力的倡导者。

伊壁鸠鲁(前341—前270)在柏拉图死后的第七年生于萨摩斯岛。18岁时,他前往雅典,并在那儿度过了生命中绝大部分时光。一开始,他着力研究柏拉图学派,不过很快就形成了自己的一套哲学,他的教学讲坛是一处收购不久的花园,在那里,他作为一个卓越社会中受人崇敬的首领举行见面会。深受留基伯以及德谟克利特的"原子论"的影响,他认为空间是无限的,无始无终,从一个无限多的尚未产生且不可分割的粒子(atomoi)发展而来。包括人类在内的所有物体和事件也因此都是这些坚不可摧却互相碰撞的元素的物理化合物。没有任何东西是被设计出来的,并不存在必然的命运,一切的产生都源于偶然。这一结论确立了伊壁鸠鲁的伦理立场。由于当前的一生是唯一的——死亡将是完全和最终的消灭——只有使自己远离那些外在的影响方能获得幸福。对于真正快乐的测试在形式上是消极的:一个人必须去除所有使自己痛苦的东西,无论精神上还是肉体上的。伊壁鸠鲁的学说朴素简单而极具魅力,他的哲学也吸引了众多的追随者和伊

伊壁鸠鲁

壁鸠鲁派人。

伊壁鸠鲁的利己主义表现为一种特定的享乐主义（源于希腊语hedone，意为"快乐"），他相信单纯的快乐是美好且值得追求的。有人可能会由此得出结论，伊壁鸠鲁必定终生致力于追求快乐、放纵和无节制的生活——毕竟，连他的名字都源于"epicure"一词，意为美食佳饮的爱好者。但事实却恰恰与此相反，他的生活极为简朴，据说还饱受胃病之苦，于是只能摄入极清淡的饮食（"寄给我一块海螺奶酪，"他这样和一个朋友写道，"这样我就可以大快朵颐一顿了。"）。他的学说非常强硬，没有丝毫妥协的余地。他谴责对爱欲的追求，认为获得长远快乐的最佳方式是对哲学和艺术的沉思，肉欲的实质性缺失，远离担忧或痛苦的普遍自由。他自己过着简单而朴素的隐居式生活，正是对不惜一切代价追求快乐的否认。对于伊壁鸠鲁而言，快乐来得越是猛烈，之后就会产生越是令人难过的结果。在给墨诺叩斯的信中，他这样写道：

> 快乐是我们最基本也是最类似的追求。它是每一次选择和每一种规避的出发点，也是我们的归结点，因为我们感觉这是赖以评判每样美好事物的规则。快乐是我们最基本也是最自然的追求，而且正因如此，我们并不会盲目地选择任意一种快乐，假如随着快乐接踵而来的是一种更大的烦恼，那么我们往往会忽略很多种快乐，很多时候，如果长期屈服忍受某种痛苦能在之后给我们带来更多快乐的话，我们通常也会将痛苦置于快乐之上。因此，虽然所有快乐自然地贴近我们而且那么美好，但并非所有快乐都值得我们选择，正如虽然所有痛苦都是令人讨厌的，但并

非所有痛苦都是不利的,所有这些都应通过对便利和不便的审视加以判断。有时,我们会视善为恶,而与之相反的,却视恶如善……

于是乎,当我们说快乐是终点和目标时,并不意指那些奢侈挥霍的快乐或者耽于声色的快乐,有些人出于无知、偏见或者蓄意的歪曲事实会这样理解我们。所谓快乐,我们指的是身体没有痛苦,灵魂不受烦扰。它并不是接连不断的酒宴和狂欢,也不是性爱或者享用奢侈宴席上的美味佳肴,它是冷静清醒的推理,寻找每一次选择和每一种规避的原因所在,并且相信最伟大的美德就是审慎。正因如此,审慎是一种更为珍贵的东西,甚至超过哲学,其他所有美德均来源于此,它教导我们既不能过一种虽然充满快乐却有失审慎、道义和公正的生活,也不能过一种虽充满审慎、道义和公正却有失快乐的生活。因为这些美德已经和一种愉悦的生活融为一体,而快乐的生活也无法与之分离。[1]

在现代哲学术语中,伊壁鸠鲁在此对内在的善和工具的善做出了区分。为了其本身而值得拥有的那些事物被称为内在的善,而其本身并不一定善,却因能通往善的事物而被称为工具的善。对于伊壁鸠鲁而言,快乐是一种单纯的内在的善,而其余所有的都可能是工具的善。不过这并不是说,快乐本身往往就是工具的善,因为很多情况下,眼前的一时之快乐并不能通往长期的快乐。比如说,酒精能令人

---

[1] 第欧根尼·拉尔修,《著名哲学家们的生活》,R.D. 希克斯翻译,剑桥,马萨诸塞州:哈佛大学出版社,1950 年,第 11 卷,第 123~124 页。欲知更多有关伊壁鸠鲁的信息,参见《伊壁鸠鲁精选:信笺、主要学说、梵蒂冈语录以及片段》,尤金·迈克尔·奥康纳,普罗米修斯翻译,1993 年;以及霍华德·琼斯,《伊壁鸠鲁的享乐主义传统》,1992 年。

快活而带来内在的善,但考虑到其导致的最终后果,酒精并不能带来工具的善。从另一方面讲,截肢本身并不能带来内在的善,但它能通过给人带来身体恢复和健康的快乐而通往善。

练习1

你对下列事物如何归类?它们属于内在善或内在恶,还是工具善或工具恶?给出你的原因。

仁慈	疫苗接种	自由	美丽
谋杀	尽职责	惩罚	报复
财富	嫉妒	知识	忠诚
服从	虐待狂	勇气	疾病
讲真话	吸毒		

Ⅲ. 心理利己主义

很多人认为利己主义是唯一一种精准描述何为人类的伦理学理论,并由此成为利己主义者。他们声称,利己主义基于对人之本性的一种基本的深刻理解,或者更具体地说,它是一种真实可靠的基于人类行为的心理理论,该理论也被称为心理利己主义。它主张,人类在心理上不能或不会做任何不利于他或她自身利益的事情。

心理利己主义本身并不是一种伦理准则,而是一种有关人类动机的理论:它告诉我们人类是如何构造而成的,而非他们的行为是对或错。如果心理利己主义是真实可靠的,那么任何一种引导我们应该去做那些无法促进自身利益的伦理体系都是错误的。这样一个体系公然违抗下列事实：它要求人们去做那些他们不能做的事。因此，心理利己主义的重要性在于，它要求拒绝所有本身不利己的伦理学理论。

"应当即能够"这句话完美阐释了心理利己主义和一般伦理学之间的关系。如果我们说，有人应该执行某个行动，我们其实就是在清楚地暗示，这个人如果愿意的话可以这么做：这是一种对他们而言可能的行为，他们面临一个选择——做或者不做。但假如这个人无论如何努力都根本不能执行该行动，那么我们依然坚持说他们应该这样做就显得毫无意义。毕竟，我们不能期待别人去做他们不能做的事。如果史密斯不会游泳，他就不能搭救溺水的儿童。那么是否就应该埋怨史密斯，认为他应该搭救这个孩子呢？史密斯可以合情合理地回答，这一指责简直荒唐至极：他只能为自己能做却没做的事遭受非议，但却不能为自己本来就无力做的事遭受指责。那么，与之相似的，用心理利己主义的话说，一个人在心理上只能执行那些促进其自身利益的行动，这就暗含着一层意思，他不能也无法被期望采取别的做法，如果没有采取别的做法，他也不能因此受到指责。于是：

1. 如果我们应该做的是我们有能力完成的；
2. 而且，如果我们有能力做的将促进我们的自身利益；
3. 那么所有我们应该做的都将促进我们的自身利益；
4. 因此利己主义是真实可靠的。

我们应该清楚这里未曾明确提出的一点。心理利己主义并不是主张所有人的行为都是自私的：该理论也没有否定某些行为，比如说，有些人全心全意地帮助他人。换言之，如果有人经常性地采取慈善行为（比如有助他人的行为），他们不能假装举止仁慈（比如假装

亚伯拉罕·林肯

为了那些受益者的利益)。人类的构造就是如此,他们在行动时总是情不自禁地服务于自身利益,即使在帮助别人时也不例外。因此,心理利己主义并不排斥无私的行为,而仅仅是无私的欲望。下面这个故事很好地阐释了这一点:

有一次,林肯先生在一架脏兮兮的旧式大马车上对一同乘车的人说道,所有人都是出于自私驱使才会行善,同车的人都反对他的观点。此时马车正好路过一座跨越泥沼的木桥,在翻越桥身的时候,他们正好看到岸边有一只老的尖背野母猪,它的小猪崽陷入了泥沼并正沉下去,母猪因此发出了惨烈的号叫。当这辆老马车就要爬上山丘时,林肯先生大声叫唤起来:"车夫,你就不能停下来一会儿吗?"之后林肯跳出车外,跑回去将这些小猪崽拎出了泥沼,把它们置于岸边。当他再次折回时,他的同伴们纷纷说道:"现在你倒说说,亚伯,这个小插曲中的自私表现在哪里呢?""哎呀,我的天,艾德,这可恰恰是自私的真正本质呢,要是眼睁睁看着那只为了小猪担心不已,痛苦不堪的老母猪而不顾,我在接下来一整天里都会感到良心不安,我这么做是为了让自己内心安宁,你没看到吗?"[1]

练习2

思考一下,下列情境是否属于心理利己主义的案例?是否有可能

---

[1]《道德推理》,恩格尔伍德·克里夫斯,N.J.,普伦蒂斯·霍尔出版社,1981年,第151页。被维克多·格拉森援引。

将其都视为心理利己主义的案例?

1. 一个人匆匆赶往事故现场,并想着:"有一天,这事可能会落到我头上呢!"

2. 一名医生匆匆赶往事故现场,并想着:"这是我大显身手的一个好机会。"

3. 一位牧师匆匆赶往事故现场,并想着:"上帝命令我这么做。"

4. 一个人看到路上有块砖并将其移开,想着:"这里可能发生过一场事故。"他没有自己开车,并将在第二天离开这个国家。

5. 司机对没有目睹事发过程的警察说:"警官,这是我的错。"

心理利己主义曾一度被哲学家普遍接受,如今却又差不多遭受到一致的谴责。要想知道其中原因,不妨让我们再看一看它的一个核心论断:"所有人都服务于他们自己的私利"。

首先要考虑的一点是,这涉及的是人类动机,而非伦理学:它并不是对某些行动方针大加褒奖并告诉我们,人类是怎样的,他们会如何不可避免地采取些什么行动。诸如这样的论断被称为实证的主张,也就是说,它是基于我们的经验给出有关这个世界的信息("实证"一词源于希腊词汇中的"经验")。于是乎,如果和经验及观察相吻合,该实证命题就是真的,反之即是假的。下列均为实证性陈述:

1. 我有一个鼻子。
2. 挪威有峡湾。
3. 一些人有胡子。
4. 所有的猫都有胡须。

基于现有的种种证据，以上所有陈述都被认为是真的，而同样的证据使得下述实证性陈述为假的：

  1. 我有一张鸟嘴。
  2. 挪威有沙漠。
  3. 一些人有鳍。
  4. 所有的猫都有翅膀。

不过，如果我们进一步仔细思考这四条陈述会发现，根据证据，它们并非具有同等的可验证性。我们可以说，前三条陈述在结论上是可被验证的——也就是说，有足够的证据表明，毋庸置疑它们是真的，但这并不适用于第四条陈述"所有的猫都有胡须"。如果我们要说这条陈述在经验上是真的，那就意味着它是普遍成立的，它适用于每一只猫，但是凭借观察是否可能证实这样的一条论断呢？显然，不可能。无论我们观察了多少只猫，依然有可能没有观察尽所有的猫。事实上，有些猫我们确实观察不到。那么，我们此处的论断便是基于我们目前观察到的都是如此。于是乎，我们永远不能排除一种可能性，即在某个拐角处正躲着一只没有胡须的猫！

一旦意识到心理利己主义的核心论断无异于"所有的猫都有胡须"这句话，那么我们也就能看到它的致命弱点所在了。"所有人都服务于他们自己的私利"这句陈述也是一种经验的概括化——对于人性行为本质的概括化，而且这也是以经验和观察为基础的。但是这又怎么可能的？只有在有证据显示之前从未有过且将来也不会有任何无私的行为时，该论断才是真的，而心理利己主义者无法提供这一证据。他们如何肯定，一个为了朋友牺牲生命的人是行为自私的呢？或者一个穿越麻风病人隔离区的医生这么做是出于私利呢？当然，我们不能排除这些人出于自私动机这么做的可能性，但假如心理利己主义者不能提供相关的证据，那就必须允许他们并非出于自私动机这么做的可能性的存在，而单单是这种可能性就足以否定其"所有人都服务于他们自己的私利"这一命题。

确实，我们或许可以更进一步认为，虽然该命题自称为实证的，却压根算不上是一个经验命题。经验命题是基于现有证据被判定为真或假的，然而心理利己主义的论断却根本不允许证明为假这种可能性的存在。不妨让我们看一个具体案例，假设 X 必须在两种行动 A 和 B 之间做出选择，其中 A 通常被我们称为"自私"的行为，而 B 则是"无私"的行为。如果 X 选择了 A，心理利己主义者就会说，这正好证明了其理论是真的，但假如 X 选择了 B，心理利己主义者就不会视其为反证而改变其理论，而只是会简单地重申这种选择必然也是自私的，因为 X 是一个人，而所有人都无一例外地这样做。因而，基于这种推理，心理利己主义者的论断并不是一种决定该理论的证据，而是对人类的一项定义，并且还排斥任何对其真实性的否认。从这点来讲，"所有人都服务于他们自己的私利"这一论断并不是实证的，它并不和证据相吻合，而是使证据与之相吻合。

这里提出的批评不过是指出了一般命题所包含的一些困境，诸如"所有奶牛都是黑的""所有的猫都有胡须"，或者"所有人都服务于他们自己的私利"，或者那些任何包含有诸如"任何"或者"每个"这类字眼的绝对的经验命题。正如心理利己主义者所说的，假如人们无论如何也逃脱不了自私的品性，那么必须说，无论男女，人们在任何情况下都拥有这种自私性。于是乎，心理利己主义者就被迫陷入了一个站不住脚的境地，他们首先不得不确认，他们在对某一特定事物

（人）的描述中，已经穷尽了任何可以预见的其描述为真或假的任何可能情况。其次，他们所拥有的事实性知识在这方面能够覆盖所有情况，不可能存在任何未被预见到的情况会推翻或修改他们的描述。然而，经验知识是不可能具备这种绝对性的。

Ⅳ. 伦理利己主义

虽然我们拥有充分的理由支持心理利己主义是伪的，但这并不意味着我们应该将利己主义一笔抹杀。确实有很多利己主义者同样不满于心理利己主义学说，他们拒绝对人做出精准的分析，也因此非常能接受一个事实，即人类会在行动时违背自己的私利。如果理解得当的话，这部分人的观念中，利己主义其实和人实际怀有的动机并无关联，而与人们应该怀有的动机相关。换言之，利己主义的真正价值在于它的伦理，而非心理形式，且因此最好以另一版本，即伦理利己主义的形式呈现给世人。伦理利己主义主张，每个人都应该在行动上服务于他或她自己的私利。该命题一方面认同了一个现象，即某些人确实可能在行动时违反自己的私利，但一旦出现这样的行为，它也对此予以了谴责。

如果说伦理利己主义者在证明自身观点合情合理时并不依赖于心理利己主义，那么他们的依据又何在呢？毫无疑问，这部分基于一种信仰，即这样一种学说将有利于产生一个更加欢乐的世界。如果那些追求自身利益的人能获得更多的快乐和回报，那么自然这样做的人多多益善。上述推理并没有排除那种通常被我们称为"道德"的行为——举例而言，为人诚实，不行偷盗，帮助邻居——但是这样的行为之所以能被利己主义者接受，仅仅是因为它们能为代理人赢得红利，而不是因为这些行为本身是善的或值得赞赏的。如果你帮助了他人，他人亦会帮助你，如果你不偷盗，他人亦不会偷盗，依此类推。古今哲学家都常常提出这类论证，我们中的大多数也对此甚是熟悉，其经典形式呈现在伊壁鸠鲁的伦理学说中，根据上述所提内容，衡量行动正确性唯一有效的标准是避免痛苦或令人不快的种种经历。现代

扉页：《利维坦》

最为知名的该论断支持者是托马斯·霍布斯（1588—1679）。在名为《利维坦》的书中，霍布斯写道："善和恶是两个名字，它们分别象征着我们的嗜好和厌恶。"也就是说，我们喜欢或渴望的是善，而我们不喜欢或竭力避免的是恶。这就解释了，公民为何会要求自己履行遵守法律的义务，这不是因为法律本身是善的，而是因为法律主张通过保护个人免受他人可能的侵袭而保障其安全性。由此看来，遵守法律的义务其本身就建立在私利的基础之上。

练习 3

你是一家制药公司的总经理。在出现下列情况时，你会做出什么决定？又是基于什么理由做出这些决定？你会认为这些决定是自私自利的吗？如果不是，请给出原因。

情况 1. 你发现你公司的 Y 产品有令人不适甚至有害的副作用，而你竞争对手的产品却没有这些副作用。你会停止 Y 产品的生产吗？

情况 2. 你公司的产品 Y 是市面上同类药物中唯一可买到的产品，

许多患者已从中受益，不过也有一些人因此罹患癌症。你会停止 Y 药物的生产吗？

情况 3. 你公司的产品 Y 经测试有有害的副作用。虽然目前为止没有发现有不良反应的患者，但在完成这些测试之前，该药物不能在本国出售。与此同时，你会在国外市场出售该产品吗？

情况 4. 你承认你公司的产品 Y 有潜在引发癌症的可能。然而，外国的安全管制并不十分严格。你会在国外市场出售该产品吗？

情况 5. 你公司的产品 Y 虽然在国内可以安全使用，但由于不发达国家的卫生标准往往较低，在这些国家使用该药品却十分危险。你会在这些国家出售该药品吗？

伦理利己主义并非没有自身的弊端，主要的批评认为其有着内部矛盾性，它主张所有人都应该照顾好他们自己，但如果这会导致自己不能照顾好自己的话，显然该论断就是自相矛盾的了。举例来说，比如琼斯和我都罹患了某种特别的疾病，除非获得某种特别疫苗的救治，否则我们俩都必死无疑。进一步假设，现在手头只有唯一的一小瓶疫苗。如果我是一名伦理利己主义者，我必须努力争取这小瓶疫苗仅仅为我所用，但与此同时，如果被询问起，我也同样要建议琼斯这么做；也就是说，我必须建议琼斯服务于他的利益而非我的利益。但是我一旦这么做了，就违反了伦理利己主义的基本原则，因为如果我给琼斯提出那样的建议的话，显然没有服务于自身的最大利益，我说服琼斯服务于他的自身利益，但这些利益却有损于我的利益，这显然对我不利。确实，在这个个案中，我的最佳策略将是说服他放弃自己的利己原则并采用一种更为利他的行为。这样一来，我们就遇到了一种特殊的境况，在此之中，作为一名伦理利己主义者，在我宣称伦理利己主义是一种伪学说的情况下,我的个人利益才得以最大化!

这是哲学家库尔特·拜尔提出的对伦理利己主义的一种抨击。他说,在遭遇利益冲突的情况下,伦理利己主义不能做出决策。不妨思考一下下述案例:

> 假设A和B是某个国家总统职位的候选人,且让我们假定,无论谁当选都将从中获利,但两人中只有一人能够胜出。这样一来,如果B当选就将有利于B而不利于A,反之亦然;正因如此,如果A被淘汰将有利于B而不利于A,同样,反之亦然。但是由此为出发点的话,B就应该淘汰A,若他不这样做就是错的,在他淘汰A之前就是没有"尽他的职责",而且反之亦然。与之类似,一旦A知道自己被淘汰将有利于B并预计B的企图很有把握得逞,就应该采取措施阻止B的行为。如果他不这么做,就是他的错,他在确信阻止B的行为之前就是"没有尽到自己的职责"。如此看来,如果A阻止了B淘汰自己,就不得不说他的行为既是错的又不是错的——说其错是因为这阻止了B应该做的,即B的职责,若B不这么做就是错的;说其不错是因为这是A应该做的,即A的职责,若A不这么做就是错的。但是同一个行为(从逻辑上讲)不能同时既是不道德的,又是道德的。
>
> 这显然是极为荒谬的,由于道德本就应该适用于存在利益冲突的情况,但假如道德的出发点是自私自利,那么针对利益冲突的情况就永远没有符合道德要求的解决方案了。①

---

① 《道德观点》,伊萨卡,纽约:康奈尔大学出版社,1958年,第189~190页。

托马斯·霍布斯

拜尔批评的价值在于，如果我们将自己置于法官的立场，决策利益的冲突，其中 A 和 B 想要同一样东西（可能是总统的职位、孩子的抚养权、一块土地或是随便别的什么）。如果该法官是一名伦理利己主义者，由于在他看来，两个人都有权追求自身的利益，而且有权以任何手段追求这些利益，所以法官将永远无法解决 A 与 B 之间的问题。这样一来，伦理利己主义的原则不仅无法决定谁有正当的要求，也不能判定任何行为的合法化——合法的或非法的——涉事人无法通过这种方法得其所愿。

此外，还有一种批评声音认为，伦理利己主义者在不考虑被建议者个人特定价值或优点的情况下就给出建议，这是毫无意义的。比如说，如果这个人这么做确实实现了他的目标，而且假设这个人的利益并不和他们的利益相冲突，那么他们就不应对其行为是好或坏做出道德评判。就拿拜尔的案例来说吧：假设你是一名伦理利己主义者，并建议 A 和 B 争取获得总统职位，至于具体谁当选对你而言并无差异。这样一来，你会建议 A 去消灭 B，B 去消灭 A。如果你和 A 在一起，那就以 A 的利益为重；如果你和 B 在一起，那就以 B 的利益为重。但是此时你并不能做出判断，即如果 A 而非 B 当选总统会更好，反之亦然，因为每个人都拥有力争获取总统职位的平等权利，而且我们所呈现的私利使得这种权利合情合理。如此一来，你就无法决定谁应该当选总统了，因为这里并不存在道德决策的问题。只要他们的利益并没有对你造成不利，那么在评判每个人候选资格的公正与否时，你就必须保持中立，无论那个候选人是圣人还是罪人。

假如在出现利益冲突的情况下,自身利益原则既不能做出评判,也不能给出建议,那么是时候质问伦理利己主义究竟算不算一个伦理体系了。正如我们所见,利己主义者只有一个原则——促进他们自身的利益——因此他们应该做的总是他们认为最有利于自身的。他们对何为对何为错的理解会随着他们利益的变化而变化:某个行为在某个时刻是值得称赞的,而到了下一时刻就是当受谴责的。这种态度上的波动使得伦理利己主义作为一种规范伦理学,显得非常差强人意。如果一名利己主义者认为违犯法律对其有利,即便这会涉及偷盗以及谋杀,他也会违犯法律,但是这并不意味着他赞成犯罪,而是说他仅仅在此情况下赞成犯罪。正因如此,人们并不能确保做出前后一致的道德判断。最后要说明一点,我们之所以认为某些行为应受谴责,也因此很难认同任何一种伦理体系允许这种行为的存在,其原因在于,他们根本不考虑那些被影响者的快乐和幸福。

总而言之,伦理利己主义理论因为忽视了道德中一个显然至关重要的组成部分,也就是说,道德行为的规范性原则是用于每个人的,互相平等,彼此相似,某些个体并不享有超越他人的特权,也因此不能一味追求自身利益和置他人的利益于不顾。

练习4:巨吉斯的神话[①]

柏拉图在《理想国》中提出了反驳道德最为著名的论据之一。在这段对话中,格劳孔和阿第曼图斯向苏格拉底发起了挑战,要求他给出合情合理的说明,为何一个人应该过一种有道德的生活。他们是以一个故事的形式提出该疑问的,人们称之为巨吉斯的神话。阅读这个

---

① 柏拉图,《理想国,五段重要的对话录》,本杰明·乔伊特译,纽约:瓦尔特·J.布莱克出版社,1942年。

故事并做出决策：

1. 如果你拥有了巨吉斯的指环，你将会做什么？
2. 如果不使用指环，请给出你的理由。

据传说，巨吉斯是服务于吕底亚国王的一名牧羊人。他正在放羊时遭遇了巨大的风暴，一场地震就在他牧羊处的地面上撕开了一道口子，他被眼前的这幕景象惊呆了，并坠入了地面的裂口中。在那里，他在一大堆奇珍异宝中看见了一匹中空的黄铜马，它有自己的门，他驻足在那里向内观望，里面有一个人般大小的死尸，他感觉并不像是世人。它全身上下赤裸着，只有一个金指环。巨吉斯从死者手指上摘下了这枚金指环，并重新爬了上来。据传，那些牧羊人集合在一块，他们要向国王呈递牧羊的月报。在集合的时候，巨吉斯抵达时手上戴着这枚指环，当坐到人群中时，他把指环上的宝石座转到了自己的手内侧，突然之间，他就在其余同伴们面前消失了，而那些人开始谈论起他，好像他压根不存在似的。他对此感到万分诧异，接着他又触碰指环，并把宝石座重新转到外侧，于是他重新现身了。他这样来回试了几次，结果都是一样——每当他将宝石座转向内侧，他就隐身了，宝石座转向外侧时他又现身了。于是，他设法被选中，成为一名被遣送前往朝廷的信差，他一抵达那里就诱奸了皇后并在后者的帮助下密谋策反。巨吉斯继而杀害了国王并夺取了王位。

假设现在有两枚这样的魔法指环，分别赐予了一个正义的人和一个不正义的人，很难想象有人会以钢铁般的意志坚决维护公平正义。如果可以安全地从市场上取走自己喜欢的东西，或者可以走进屋子尽情地和任何人撒谎，或者可以凭其所好任意地杀死或释放监狱中的囚犯,那么没有人会保持手脚干净,而且无论从哪方面看,他们都会犹如众人中的神一般。这样一来,公正的行为和不公的行为之间并无差异,两种情况下,他们都会殊途同归。我们似乎可以确凿无疑地认定,一个人之所以公平正义,并非出于自愿或者因为他认为公平正义对他个人有利,而是出于必需,因为无论什么情况下,任何人只要认为自己可以虽不公正却很安全,那么他就会不公正。所有人都由衷地相信,不公正将比那些公正的人更加有利可图,那些我假定对此有所争议的人也会认同他们是对的。不妨设想一下,假如有人在获得这种隐身不见的本事之后却坚持不做任何错事或触犯他人利益,那么在旁观者看来,他简直就是个可怜的傻瓜。当然了,人们还是会当着旁人的面对他赞美有加,并且彼此顾全面子,这是因为,他们害怕自己也会遭受不公的待遇。

练习 5:霍华德·罗克的演讲[①]

另一条支持利己主义的论点是由当代哲学家安·兰德(1905—1982)提出的。她的小说《源泉》中,建筑师霍华德·罗克同意为另一个建筑师彼得·吉丁设计一个名为科特兰德花苑的住宅项目:罗克的唯一要求就是此项目必须完全依照他的设计建造。然而,这项协议被打破,于是罗克将大楼炸毁。在审判庭上,罗克为自己

安·兰德

[①] 安·兰德,《源泉》,纽约&印第安纳波利斯,鲍勃斯-梅尔里公司,1943 年。本段转载于兰德之后的著作《致新知识分子》,纽约:兰登书屋,1961 年,第 82~85 页。

的行为辩护。

你在多大程度上认为罗克的论证是合法的?

人世间首要的权利便是自我的权利。人类首要的职责就是为自己尽心尽力。他的道德法则绝不是将自己的首要目标强加于他人身上。假如他的希望根本不依赖于他人的话,他的道德职责就是去做他自己所希望做的事情,包括他创造能力的整个领域,他的思想及他的工作,但是这并不包括恶棍、利他主义者和独裁者。

人能独立思考,独自工作,人不能独自掠夺、剥削或者统治他人。掠夺、剥削和统治都是以受害者为前提的。它们本身就暗含着依赖性,它们是二手货的职责所在。

统治者并不是自我主义者,他们并没有创造任何东西。他们完全是通过他人而存在的。他们的目标就在于他人的屈服,在于奴役他人的活动。他们如同乞丐、社会工作者以及匪徒一样有赖于他人,至于他们以何种形式依赖他人,那无关紧要。

可是人们却被教导说,要将这些二手货——暴君、皇帝和独裁者当作利己主义的代表。通过这种骗局,唆使人们去毁灭自我,毁灭他们自己,毁灭他人。这一骗局的目的就是要毁灭创造者,或是驾驭他们,这两者其实是一回事。

从人类历史的一开始,这两个对抗者就面对面地站在那儿:创造者和二手货。当第一个创造者发明了车轮时,第一个二手货便做出了回应。他发明了利他主义。

创造者——尽管遭到否认和反对,受到迫害和剥削,却在继续前进着,以自己的能量负载着整个人类向前迈进,而二手货们除了为人类的发展设置障碍之外没有丝毫贡献。这种对照还有另外一个名字：个体主义对集体主义……

而今，在我们这个时代，集体主义这个二手货和二流品的信条，这个古老的怪物，又挣脱束缚出来胡作非为了。它使人们陷入了一种前所未有的境地——知识分子的沉沦。它造成了史无前例的恐怖，它毒害了每一颗心灵，它已吞噬了大部分的欧洲，它正在吞没我们的国家……

现在，你们知道我为什么要炸毁科特兰德花苑了吧。

是我设计了科特兰德，我把它交给了你们，我又毁灭了它。

我之所以毁灭它，是因为我本来并没有选择让它存在。无论从形式上还是含义上，它都是一个双重的怪物，我不得不将它们都一并毁掉。其形式已经被两个自以为有权进行改进的二手货擅自修改了，而他们改动的却是他们既没有创造也没有能力去创造的东西。他们之所以被允许这么干，凭借的是那种普遍的暗示——该建筑因为出于利他主义的目的便可置任何权利于不顾，而且我无法与之抗争。

我同意设计科特兰德花苑不是出于别的原因，只是为了看到它按照我所设计的原样修建起来，那时我为自己的工作开出的条件，却没有得到应有的回报……

我到这里来，就是想说，我并不承认任何人有权占有我生命中的任何一分钟时间，或是我任何一部分精力，无论其人数有多么庞大，也无论他们的需要多么迫切。

我来这儿希望说明，我是一个并非为他人而存在的人。

我不得不说的是，世界正在这种无节制的自我牺牲中毁灭。

我来这儿想说明，一个人创造性工作的整体性比任何慈善事业都更为重要。正是你们当中不懂这一点的人在毁灭这个世界。

问题：利己主义

1. 你认为最重要的三种长期快乐是什么？

2. 何为道德异议，如果存在，对于"花花公子"的道德异议是什么？

3. 对于伊壁鸠鲁而言，避免痛苦比获取快乐要重要得多。既然如此，为什么不倡导（正如享乐主义者赫格西亚那样）自杀，因为它能给人带来一种毫无痛苦的状态？对此加以讨论。

4. 构想一个道德情境，你认为心理利己主义无法在其中得到应用。请给出你的理由。

5. 为什么说"所有人都服务于他们自己的私利"这一陈述并非是一条实证性陈述？请就伦理利己主义中的利益冲突进行讨论并举例阐释。你认为该冲突是反驳该理论的决定性理由吗？

6. 如果你事先知道你不会被逮捕，也不会受到惩罚，那么你在何种情况下会采取不道德的行为？

7. "追求一个人自己的私利是一项很好的商业实践：它能创造工作并提升生活水准"，就此进行讨论。

8. 你是一家公司的董事长，该公司已经发现了不少珍贵的矿藏。你是否会以现在的市场价格买下这块土地，并且不告诉土地现在的所有人其真实的价值。

9. 请思考下列案例。你会采取什么别的选择方法（如果存在的话）？如果其中有一名船员拥有航海经验的话，会带来哪些不同吗？

1884年5月19日，一艘名为木樨草号的私人游艇从南安普顿起航驶往澳大利亚的悉尼,该游艇将在悉尼被交付给其主人。船上共有四人,均为船员:杜德利,船长;史蒂芬斯,大副;布鲁克,海员;帕克,一个年仅 17 岁的客舱服务员兼实习水手。游艇在南大西洋沉没,船上所有人都上了一条 13 英尺长的救生艇。他们在艇上待了 20 天,其间除了雨水以外并没有别的淡水,在最后八天中他们弹尽粮绝,杜德利在史蒂芬斯的赞同之下,杀死了那个男孩,而布鲁克则对此表示了反对。在此之后,剩余的三个人依靠男孩的躯体为食又支撑了四天,到了第五天,他们终于获救。根据陪审团的裁决,当时如果不杀死其中一个人并以此为食的话,所有人都没有可能存活下来,那些被救者也这样认为。[1]

V. 讨论:生命权和安乐死

人们可能认为,利己主义者既然已经宣称每个人都应该促进其自身的长远利益,那么他们会接着说,每个人都有生命的权利。原因如下,如果一个人的根本职责在于为自己服务的话,那么自保生命必然是首要的任务,如果连生命都不复存在的话,那么也就没有可以为之服务的私利了。然而,这一假定却是错误的。由于利己主义是规范伦理学中的目的论,利己主义者对待自己以及他人生命权的态度将取决于此,即他是否相信该权利能为其带来利益,如果不能,就应撤销该权利。正因如此,利己主义者们有可能需要另外一个人的死亡以增进其自身利益,有时甚至是他们自己的死亡,当然前提是他们认为活着

---

[1] 选自《医学中的伦理学》,A.J. 迪克, W.J. 柯伦编辑, 剑桥, 马萨诸塞州: 麻省理工学院出版社, 1977 年,第 663 页。

已然难以忍受，也根本不会给他们带来任何益处。于是，如果我知道自己正要进入奥斯维辛集中营的话，我就有权自寻了断，我甚至有权帮助其他要进入那里的人实施自杀。与之类似的，假如我知道某个邪恶独裁者的死亡将使那些无辜百姓不再饱受折磨，那么我就有权暗杀他，诸如此类，皆是如此。在所有这些案例中，剥夺任何一个人，包括我自己在内的生命权，这其中道德性的评判是基于未来利益的，值得补充说明的是，政府也会沿用类似的逻辑加以争辩。由于国家并不视公民的生命权为某种绝对的道德权利，而是视为一种法律权利，某种可由法律撤回的东西，这体现在以下这些案例中，个人可能因犯谋杀罪而被剥夺生命，他们的生命或许也会在战争中岌岌可危，而至于国家做这些事是否合情合理又是另外一码事了，对此我们将在之后的章节中加以讨论。

另一方面，对于义务论者而言，生命权是一项不可剥夺的权利，它不可能被另外的个人或群体合理地剥夺。因此也就是说，人们拥有生命权意味着，一个人但凡杀了人，这种行为在道德上就绝不可能是合情合理的，无论结果如何，这样做绝对是错误的。按此说法，一个人无论有多么渴望，都既不能自杀，也不能帮助他人实施自杀，除此之外，为他人牺牲自己或期望他人为自己做出牺牲也都是不可以的。这种绝对的生命权有助于解释，为什么我们当中很多人都认为杀人是而且总是错误的，而即便是那些不这么想的人为了证明杀人合情合理也总需要提供非常特别的理由——比如战争以及自卫。这两类人其实都一致认为，杀人本身是错的，是邪恶的，是有违人类最基本天性的。人是否拥有生命权这一问题引发出很多严肃的道德问题，这一点也不足为奇，其中有三个特别值得关注，它们分别是**安乐死**、**堕胎**和**动物权利**。对于后两个问题，我将在之后章节中加以论述，首先让我们来研究一下安乐死这个道德上的两难困境。

生命权又在其他方面生成了某些责任,其中有两条特别值得一提:不干涉责任以及服务责任。不干涉责任说的是,任何人都不得以威胁的方式干涉他人的生命,如果有人企图开枪射杀我,我就有权阻止他这么做。我的生命权也允许我要求他人履行某些责任,即服务责任,而那些被要求履行这些责任的人旨在维系我的生命(医生、消防员、救生员)。上述两项责任都有一项先决条件,即活着本身具有价值且生命值得保留,也就是说,挽救某人的生命或至少不缩减它是有利于这些人的。

通常情况下,这一点是正确的,但也并非全然如此。相对于活活饿死,被子弹射杀可能更好些,一个饱受折磨而死的囚犯也几乎不太可能想获得一份续命药,也正因如此,挽救或者延长某个人的生命并不总是会有利于他们:在某些情况下,对他们而言,早死或许还比晚死更好些。或者,可以从另一方面来看待这个问题,我们说某个人拥有生命权,这一点是对的,但这并不一定意味着行使该权利将为其带来益处,或者说那些捍卫该权利的人就是他们的恩人。最为关键的应当是他们生命的质量以及他们对待生命的态度,而这两者都有可能对不干涉责任及服务责任提出挑战。原因在于,有可能发生一些情况,其中不干涉责任应当予以取消——他们的生命被蓄意终止,这种取消是以某些个人的利益为出发点的,不仅如此,不执行该责任的人恰恰是那些对其负有服务责任的人。

这样的一些案例就引发了安乐死(euthanasia)的问题。这个词最初源于希腊语 eu(好的)以及 thanatos(死亡),和暴力死亡或痛苦死亡相反,其意为"一种安宁而轻松的死亡"。最近,它的意思更多的是"引发一种温和且轻松的死亡的行为",也因此主要指那些通常由医生执行的蓄意终止或缩减某个个体生命的行为。由此引发的死亡必须在某种程度上终止被实施人遭受痛苦并因此对其有利,于是这类行为也被称为"怜悯致死术"。

然而,无论这种想法有多么无私和利他,安乐死的反对者们在此援引了"滑坡谬误"论据加以反驳:这种实践的合法化将不可避免地导致其滥用,有些人觉得活着对其而言已然是沉重的负担并试图合法地寻求死亡,而另有些人因为被社会视作他人的负担而被杀死,这两者间的区分模糊不清。在此,这些反对者还会列举一场可怕而颇具影响力的历史先例加以证明。

1939 年秋季,在希特勒的密令下,纳粹政府在菲利普·波尔和卡尔·勃兰特博士的指导下发动了一项安乐死计划,该计划提供所谓"安详和乐的死亡",却完全不是为了减少人们遭受痛苦。执行该活动的总部位于柏林的动物园大街 4 号,而该活动的代号也因此得名:T4 行动。此举旨在系统性杀害那些未符合政府种族优生、种族纯洁性和国民健康标准的人,因此,该活动的杀害对象不仅仅包含那些所谓的"劣等种族",比如犹太人和吉卜赛人,还涉及了那些不健康的雅利安人。精神病院被要求记录所有人都患有一系列各种各样的精神障碍——诸如精神分裂、癫痫、梅毒或脑炎——而且所有这些人都有严重缺陷,精神上无行为能力或已连续在禁止外出的机构待满五年。这些人经由特殊的运输方式被送往六个医疗中心,并在那里被杀死,其中一处为临近科布伦茨的哈达马医院,最初它是一处被用来接纳释放囚犯的惩教所,1939 年 8 月末开始收纳病人。那里的地下室里安装有一个毒气室和一个配有两个火化室的火葬场,每天有 100 个人在此被杀害,亲属们则会收到一份伪造的死亡证明和一封吊唁信。根据希特勒的命令,该项杀害行动于 1941 年 8 月 24 日暂时停止,不过不久后就重新开始了，只不过优先采用了注射死亡的方式。直至1944年，在哈达马医院被杀害的总死亡人数已接近万人。战后，该事件的所有责任人都接受了法庭的审理，却又都在20世纪50年代得以赦免。T4行动中遇害的总人数至今已无人知晓，但根据估计应在10万至27.5万人之间。

这种用心险恶的可能性引发了人们对安乐死的频繁讨论。很多人相信，一旦这种杀人的形式被合法化，它将导致一些别的后果，诸如杀婴、对那些不善社交者或政治上的离经叛道者实施安乐死术，这种行为并不是为了减轻目标对象的痛苦，而是对那些出于某种原因被认为负有社会责任者的谋杀。另外，有些人指出一种风险，即家庭成员以及所有可能从老人或病人死亡中牟利的人都有可能滥用这种安乐致死术，对于那些具备医学专业知识的人而言，该问题显得更为紧迫。有些医生拒绝实施安乐死，他们认为自己的工作是挽救生命而非杀人，而且他们还指出一种永远存在的可能性，即当下的诊断是错误的或之后还会出现某种新型的疗法。与此同时，其他一些人还认为，由于医学科学几乎能无限期地延长生命，如今需要全力加以维护的并非个人的生命权，而是个人的死亡权。如果仅仅是因为技术上可以实现就将病人置于一种非自然的缓慢且往往也是痛苦的身体恶化处境，这不仅是不文明的，缺乏对病人及其家庭的同情和怜悯，而且也是对个人自由的侵犯。2002年4月，黛安·普雷蒂女士在欧洲人权法院前就着力提出上述观点。普雷蒂女士是两名孩子的母亲，她已到了运动神经

哈达马医院

元病的晚期并饱受其苦,她申诉说,英国法院拒绝她的丈夫协助她实施自杀,这是在侵犯她的人权,然而,欧洲法院却提出,普雷蒂女士的死亡权并不意味着能使其丈夫从其违法行为所导致的后果中得以赦免,他甚至将因此面临长达 14 年的牢狱之灾。后来,普雷蒂女士于 2002 年 5 月 12 日死亡。

安乐死可被应用于两类不同的人群,因此,关于安乐死的争议也显得越发复杂:那些有能力行使死亡权的人以及那些由于身体或精神的原因无法行使死亡权的人。对于第一类人,他们身体上虽已到了疾病的晚期,但思维依然健全敏锐:因为他们清楚自己正在死去,而且往往痛得厉害,那么是否应该允许这些人更快而不是更迟地死去呢?这群人也包括那些虽未处于疾病晚期,却因为一些别的情况,可能是某些严重的事故而变得完全瘫痪或依赖于器械:他们就要死去了,如果这样可能就不会遭受痛苦,但是他们同样也对自己身体的恶化状况具有意识,那么是否应该允许这些人终止自己遭受痛苦呢?在第二类人中,我们指的是所有那些处于不可逆性昏迷状态的人,他们凭借维持生命的仪器方才得以存活,而那些在技术层面被定义为脑死亡者则不在此列,包括在此范围内的还有那些正遭受着极端严重阿尔茨海默病的老人以及那些患有不可治愈基因缺陷的婴儿。由于这些人自己无法执行死亡权,那么是否别人可以为其代行呢?如果可以的话,又该由谁来执行呢?

鉴于此处所涉及问题的复杂性,而且任何两个案例都不可能一模一样,因此并无可能存在一个囊括所有可能情况的简单的安乐死理论。不过,哲学家们对各种不同类别的安乐死做出了一系列实用的区分,就算没有达到被普遍接受的程度,这种区分已然得到了广泛认可。其中第一种就是自愿和非自愿安乐死之间的区分,所谓自愿安乐死是指一名精神健全者要求自身的死亡——很多道德学家认为这是应当获得准许的，因为这等价于协助自杀——而与之相反的，非自愿自杀适用于那些无法为自己做此决定的人。第二种区分是直接和间接安乐死，两者都涉及导致死亡的方法。直接安乐死指采用某些特定的物质引发安乐死，而间接安乐死中，死亡是作为治疗的一种副作用出现的（比如说，注射致死剂量的吗啡以减少痛苦）。第三种区分是主动和被动安乐死，这也正是下面詹姆斯·雷切尔随笔中讨论的对象。主动安乐死和直接安乐死一样，这是一种怜悯致死术的故意行为，但被动安乐死却不是杀害而是任其死亡，即对病人不给予或终止本可维系其生命的治疗。很多医生认为，这是所有类别的区分中最为重要的一种，而毫无疑问的，人们在实践中常常采用的是那种被动安乐死，甚至连罗马天主教会也接受这种观点，即有的时候应当允许任病人死亡的做法。教会认为，任何人无权杀人，但同样地，也没有人有义务无限期地延长人的生命。但是，雷切尔却认为这种常为人所用的区分方法是伪的，也因此不具备道德意义。在他看来，主动和被动安乐死其实是一回事，基于此点，如果人们允许被动安乐死的执行，那么主动安乐死同样应当得以准许。

在我们之后的第三篇文摘中，邦妮·施泰因博克对雷切尔的这一观点表示反对。雷切尔的错误在于，其声称，蓄意杀人和任其死亡两者间并无显著的道德差异，这就要求可以鉴定采取了中断治疗的被动安乐死。但是她又提出，至少存在两种情况，其中人们无法确保可以做出此鉴定。第一种情况与病人的拒绝接受治疗权有关，从法律角度表达，这可被称作身体上的自我决定权。然而，该权利并非是决定生死权的同义词，而第二种情况与医生的拒绝治疗权有关，医生之所以这样做是因为持续治疗只会给病人带来更大的痛苦。需要重申的是，这并不属于被动安乐死的一个案例,因为其宗旨并非是终止生命,而是减少毫无意义的痛苦。

然而,我们接下来首先要援引一个被广为宣传——有些人还认为是臭名昭著的——蒂莫西·奎尔博士的案例,他来自纽约的罗切斯特市。我们的开篇文摘中描述了他是如何协助一名白血病病人黛安自杀的,虽然1991年《纽约时报》在头版对此做了报道,但蒂莫西·奎尔并未受到法律诉讼。对此事件的反应表明,至少在公众看来,这样的协助自杀是负责任的行为,它在道德上是合情合理的。

文摘1. 蒂莫西·奎尔:死亡和尊严[1]

黛安感到疲倦,而且身上起了疹子,这是很常见的,但某种潜意识中的担忧还是促使我给她检查了血球计数。她的血细胞比容为22,白细胞计数为4.3,并带有一些晚幼粒细胞和不正常的白细胞。我内心希望这是由滤过性毒菌引起的,试图否认眼前这令我瞠目结舌的一幕,或许在新一轮的计数中,这就会消失无踪了呢?我叫来了黛安并告诉她情况可能比我之前预想的要严重——我们需要重复检测,如果她感到更加不适,我们就得赶快行动了。当她催问我到底怎么了时,我只好勉强地告诉她是罹患了白血病,一听到这个字眼,她似乎感受到了它的存在,"我的天哪,真见鬼!"她说道,"不要告诉我这个。"唉,糟糕!我想着,我真希望我倒是没有告诉她这个消息。

黛安并不是个普通人(虽然我曾认识的每个人都不能算是普通)。

---

[1]《新英格兰医学杂志》,第324卷,第10期,1991年3月7日,第691~694页。摘自迈克尔·帕尔默《医学中的道德问题》,剑桥:卢特沃斯出版社,1999年,第58~62页。

她生活在一个父母酗酒的家庭，生命中很多时候都感到非常孤独。在年轻的时候，她就罹患了阴道癌，成人以后的多数时间里，她又不得不和抑郁症和自己的酗酒顽强斗争。在过去的八年中，她面对这些问题并逐步克服了它们，我对她深表尊敬和钦佩。她在思考和交流时表现得头脑清晰，甚为坦诚，她在掌控自己生活的过程中逐渐培养出很强的独立性和自信心。在之前三年，她的艰辛付出得到了回报，她彻底戒了酒，和她的丈夫，到了上大学年龄的儿子以及数个好友感情更加深厚，她自己的事业和艺术工作也蒸蒸日上。这是她生命中第一次感到真正生活得充实。

然而，不出预料，第二次血球计数的结果依然为异常，而更为细致的外周血抹片检测则显示为中幼粒细胞。我建议她去医院，并向她解释我们需要进行一项骨髓活检并立即做某些决定。她抵达医院时已经知道了我们的检测结果，她看上去惊恐、生气又有些沮丧。虽然我们心中很清楚战胜这个疾病的概率，但是依然抱着一丝渺茫的希望，希望这并不是真的。

骨髓活检却证实了最糟糕的结果：急性粒－单核细胞白血病。面对这个不幸的事实，我们还是寻找希望的曙光。在该医疗领域，技术干涉的手段曾经成功过，远期治愈率有25%。当我正在探查此类治疗手段的成本时，又听说了一种诱导化学疗法（在医院三周，这能够延缓嗜中性白细胞减少症，但75%接受该疗法的患者反馈这会引发感染性并发症和掉发，另25%患者无此现象），其中的幸存者将继续接受巩固性化疗（具有相似的副作用，另有25%死去，净存活率仅为50%）。那些尚且活着的人为了争取获得长期存活的机会还需进行骨髓移植（住院治疗2个月，接受全身射线照射以彻底杀灭骨髓，考虑到感染性并发症以及移植物抗宿主病的可能性，存活率约为50%，即原始患者组存活率仅为25%）。虽然血液学家就其确切百分比可能还有争议，但是他们放弃治疗的结果是毫无异议的——在数日、数周或至多数月之后就会死亡。

因为觉得耽误治疗会非常危险，于是我们的肿瘤学家立马告知了黛安这个消息，他计划在当天下午为其插入希克文导管并开始诱导化疗。之后不久我就见到了她，肿瘤学家没有征求她的意见就自行假定其愿意接受治疗，她对此感到愤怒不已，而最终的诊断结果给了她致命的一击。此时她只想回家，和家人待在一起，她对治疗没有提出进一步的问题，事实上，她的决定是不接受任何治疗。我们俩一起对她的不幸和人生遭遇的不公唏嘘不已。在她离开之前，我觉得有必要确认一下，她及她的丈夫确实清楚延误治疗的风险，而且这并不能使问题消失，我们需要在接下来的数日内继续好好考虑一下，于是我们约定两天后再次会面。

两天后，她带着丈夫和儿子回到我的面前，他们已然就这个问题和几种选择做了全面的探讨，她依然很冷静地表达了自己不想接受任何化疗的愿望，宁可留在院外，能活到什么时候就什么时候。在进一步探讨她的想法时我们发现，她深信自己会在治疗期内死去，而且在治疗过程中将苦不堪言（住院治疗、无法控制她自己的身体、化疗带来的副作用以及各种疼痛和苦恼）。虽然一旦她选择了治疗，我会提供帮助，也将竭尽全力减少她的痛苦，但我并不能保证她不受这些苦。事实上，我们医院接收的最近四个急性白血病患者都在各个治疗阶段内经历了极为痛苦的死亡过程（我并没有将此告诉她）。她的家人虽然希望她能选择治疗，但最终也悲痛地接受了她的决定。接着，她非常清楚地表述，是她本人不愿承受治疗带来的种种副作用，考虑到她对化疗和住院治疗的预期，而且也没有高匹配度的骨髓捐献者，即便在经历了有毒副作用的治疗之后，那25%的存活概率对她而言亦不乐观。我让她重复了对治疗的理解，存活的概率以及对不治疗的预期。我澄清了少数几处误解，但是她很好地理解了几种不同的选择及其分别意味着什么。

长期以来，我一直都提倡病人要得到完整的信息，并主动选择是否接受治疗，也希望维护病人尽可能有控制力有尊严死亡的权利。即便如此，黛安的选择依然令我感到些许不安，她若放弃了25%的长期存活机会就等于选择了死亡。我曾看到黛安的顽强抗争，她用强大的心智战胜了酗酒和抑郁症，我仍然有些期待她能在接下来的一周内改变主意。为了实施有效治疗，留给我们的时间余地并不多，在那周我们又密集会面了几次，后来我们进行了第二次血液学会诊，详细讨论了接受治疗、放弃治疗的含义和各种可能结果，她也和过去的心理医生进行了交流。我慢慢能从她的角度理解她的选择了，也开始认为这对她而言是最好的选择。我们安排了家居安宁疗护（虽然那时候，黛安的感觉还相对不错，还挺有活力，看上去也比较健康），我做好了她在任何时候改变主意的准备，并试图预备着如何能使她在离开时舒适些。

就在我逐渐适应接受她的决定时，她的案例又引导我对一个新的问题展开了深入思考。对于黛安而言，在余下的生命里保持自我的控制和尊严是极为重要的。一旦这无法实现，她宁可去死。作为提供临终安宁服务的前主任，我知道如何使用一些止痛药来帮助病人感觉舒适并减少痛苦。我向黛安阐释了舒适护理背后的哲学态度，对此我本人也深信不疑。虽然黛安能够明白这一点，她也知道有些人徘徊在这种所谓的相对舒适之中，而她还是不想继续下去。当大限将至时，她希望能以最不痛苦的方式结束自己的生命。她渴望拥有独立性并决定保持对自我的控制，在得知这一点后，我觉得她的要求可谓意义非凡。我认识并挖掘了这种内心希望，但又觉得这超出了目前可被接受的医疗实践领域，也超出了我可以提供或承诺的范围。在我们的讨论中，有一点变得逐渐明朗，徘徊在死神前的这段时间里，沉浸在惧怕和惶恐之中会影响黛安从余下的生命中有所收获，除非她能找到一种确保其死亡的安全方式。我害怕暴力性死亡会对其家庭不利，自杀未遂又可能恰好使她徘徊在最不希望逗留的那种状态，那么是否有可能强制要求一名家庭成员协助她完成，并愿意承担所有的法律和人身后果呢？她与她的家人就此进行了详细探讨，他们都认为应该尊重她的决定。脑子里有了这个概念，我告诉黛安，铁杉协会提供的一些信息可能会对她有帮助。

一周之后，她给我打电话并要求开些巴比妥类药物助眠。我知道这种药物正是铁杉协会自杀法中的一种重要成分，于是我约她来办公室谈一下，出于对我的保护，她很愿意就失眠问题和我说些客套话，但是对我来说，重要的是得知她打算如何使用这些药物，而且还要确保她没有因为绝望或被击垮而歪曲自己的判断。在我们的讨论中，显然她确实有睡眠的障碍，但同样不可忽视的是，手头备有足够剂量的巴比妥类药物，一旦大限将至即以此来实施自杀，这将让她产生足够的安全感并关注当下。显然，她并不沮丧失望，事实上，她反倒和家人和亲密的朋友加深了感情和联系。我确信她知道该如何使用巴比妥类药物助眠，而且她也清楚完成自杀所需的剂量。我们约定此后经常性地会面，她也答应在结束生命之前会和我见面，以证实的确已经别无他法了。我为她开了处方，心中感觉自己正在探索着精神、法律、专业和人身方面的界限并由此感到惴惴不安，但与此同时，我也深信帮助她获得了解脱，她能最有价值地度过她的余生，并能按照自己的意愿保持自尊和自控直至死亡。

之后的数月对于黛安既紧张又关键。她的儿子待在家里没有去学校，这样他们就能待在一起，并和她说很多之前没机会说的话。她的丈夫选择在家工作，这样他和黛安就可以共度更多的时光，她还和那些亲密的朋友共处了很多时间。后来，我请她来医院和我们的住院医师一起开会，会上她以个人的名义极为深刻地阐释了病人知情决策和拒绝接受治疗权的重要性，她也详细说明了疾病和医疗干涉导致的人身效应。这其中同样还包括情感和身体上的痛苦，她周期性地感到悲伤和愤怒，好几次她都变得非常虚弱，但她作为一名门诊病人接受了输血，之后症状又得到明显改善。她曾遭遇两次严重的感染，不过在服用口服抗生素后都神奇地得以好转。在经过了狂风暴雨式的数月之后，她经历了相对平静而舒适的两周，似乎一个梦幻般的奇迹就要浮现。

然而，不幸的是，我们并没有迎来奇迹。骨痛、虚弱、疲劳还有高烧开始萦绕她的生活，尽管临终关怀护理员、家人和我都竭尽全力帮她将痛苦降到最低并尽可能让她感到舒适，但显然她的大限还是将临了，她马上就面临一些自己担心的问题：越来越不适、依赖性、痛苦和药物镇静之间的艰难选择。她给最亲密的几个朋友打电话，请他们过来并与之告别，在征得我们同意之后，她也让我们得知了她的情况。我们见面时，显然她很清楚自己正在做什么，尽管为即将离开人世感到悲伤和害怕，但是留下来遭受痛苦更让她感到惊恐。在我们泪水涟涟的告别中，她向大家保证，将来一定会在日内瓦湖畔她最喜欢的那个地方和大家重逢，那里会有蛟龙聚游在夕阳之下。

两天之后，她的丈夫打电话告诉我黛安的死讯，她在那天早上和自己的丈夫及儿子道了最后一声别，并请他们让她独自待上一小时。

在这似乎被拉成永恒的一小时之后,他们看到她躺在长沙发上,非常平静,盖着她最喜欢的披肩,从迹象上看貌似没有经历过挣扎,她看上去很安详,他们打电话给我是想问问接下来该怎么办。当我抵达他们的住处时,看到黛安确实非常安详,她的丈夫和儿子也很平静,我们谈了一会儿,都觉得她是了不起的人。虽然她遭受疾病的不公以及最终的死亡对我们大家都是很大的打击,但似乎他们并未质疑过黛安的选择或者给予她的配合。

我打电话给一名法医,告诉他这儿有名临终病人死了。当被问起死因时,我说了"急性白血病"。他说好的,我们应该打电话给一名丧葬礼仪师。虽然急性白血病确是事实,但这并非故事的全部,不过只要稍稍提到自杀,那么就会引发警察介入调查,还很可能叫来一整辆救护车的医护人员前来进行复活救治。黛安将成为一个"验尸官手中的案例",根据法医的判断,有可能决定对她进行尸体解剖,而她的家人及我都会成为刑事诉讼的对象,我还会就支持黛安选择方面所扮演的角色接受专业的审查。尽管我坚信她的家人和我都已给予她最好的护理,尽其所能地允许她界定自己的极限和方向,但我不确定法律、社会或者医学专业是否对此表示认同,于是我说了"急性白血病"以保护我们所有人,这保护了黛安,让她的过去免受干扰,让她的身体也可不被侵犯,外界也不会得知人在经历死亡时往往会遭受的痛苦。考虑到目前的种种社会制约,即便是一名能干又有爱心的内科医生给予悉心的介入干预,也只能在某种程度上减少而绝不可能消除病患的痛苦,或使疾病转为良性。

黛安教会了我一点,假如我很了解某些人,而且允许他们坦言自己内心想要的,那么我可以提供他们的帮助范围是不一样的。她就生命、死亡、诚实以及如何掌控和直面不幸事件给我上了一课,她还教育了我，对于确实了解和在意的人，我能够为其承担一些小的风险。虽然我没有直接协助她完成自杀，但我确实间接地使之成为可能，使得这一过程顺利并且相对无痛。虽然我知道我们确实有些措施可帮助控制痛苦和少遭罪，要想让病患在死亡的过程中免受痛苦依然是天方夜谭。延长死亡偶尔也可能是平静安宁的，但更多的情况下，内科医生和家人的作用至多仅为减少而非消除病患遭受的折磨。

我自己想着，有多少家庭和内科医生在面对痛不欲生的病人时，会秘密帮助患者跃入死亡。我想着，有多少正罹患重症或奄奄一息的病患会悄悄地自杀，在绝望中独自死去。我想着，黛安最终独自死去的一幕是否会在她家人的心头萦绕不去，或者他们还会更多地记住她死前与其共度的紧张而充满意义的数月。我想着，黛安是否在生命中最后一个小时有所挣扎，而铁杉协会自杀的死亡方式是否是最温和的办法。我想着，为什么像黛安这样一个人，一个为我们那么多人苦心付出的人，在她生命最后一个小时就只能那么孤零零地死去吗？我想着，我是否会与黛安重逢，在沉浸在夕阳中的日内瓦湖的岸边，恰有蛟龙聚游在地平线上。

问题：奎尔

1. 蒂莫西·奎尔的做法正确吗？针对你的观点，就可能提出的异议进行辩护。

2. "如果内科医生拥有杀人的许可证，他们就会永远失去病人的信任和尊敬。"就此进行讨论。

文摘 2. 詹姆斯·雷切尔斯：主动和被动的安乐死 [1]

主动和被动的安乐死被视作医学伦理学中的一种重要区分，其观点是，不予治疗任病人死亡可获准许，至少某些情况下是如此的，但绝不容许采取任何事先设计的行动去杀害病人。这种学说似乎能被大多数医生所接受……然而，有一个案例却是对它的强有力反驳。在下文中，我将列举几条相关论据，也恳请医生们能对此加以考虑。

我们先说说一种类似的情况，某病人正因罹患一种不可治愈的癌症而奄奄一息，他的咽喉因此遭受着剧烈的疼痛，而且没有令人满意的办法可以遏止这种疼痛。即使继续眼下的治疗，他也一定是活不过这几天了，但是由于剧痛难以忍受，他连这几天都不想活了。于是他恳请医生终止他的生命，他的家人也表达了同样的诉求。

假设医生同意不予治疗，按照传统学说他也可以这么做。他这样做之所以合情合理是因为病人正在承受极度的痛苦，而且无论如何他都是死路一条，徒然延长他承受痛苦的时间是错误的。不过现在请你注意一点，如果医生仅仅是不予治疗，或许这个病人会隔更久时间才死，相较于采取更为直接的行动及注射致死，前者或会令病人承受更多的痛苦。基于这一事实，我们有充分理由认为，一旦做出了初步决策不再延长他的极度痛苦，那么主动安乐死确实比被动安乐死更为可取，要不然就相当于认可了一种会招致而非减少痛苦的选择，之前决定不再延长病人的生命正是出于人道主义的考虑，而这样做就会有违这一初衷……很多人都会认为主动和被动安乐死两者间有着重大的道德差异，其中一个原因在于，他们觉得从道德角度上看，杀害某人比

---

[1] "主动和被动的安乐死"，《新英格兰医学杂志》，292，1975 年。转载于《道德问题》，詹姆斯·雷切尔斯编辑，纽约 & 伦敦：哈珀 & 罗出版公司，1979 年，第 490~407 页。

任某人死亡要糟糕得多，但是真的如此吗？杀害本身真的就比任其死亡更糟吗？为了研究这个问题，我们可以在此思考两个极为相似的案例，只不过一个案例中涉及杀害，另一案例中仅仅是任其死亡，接着，我们可以问一问，该差异是否会在道德评级方面导致任何差异。有一点非常重要，即这两个案例仅在这一点上有所差异，否则很难确保是该差异而非别的因素导致了对两者评价的差异。好了，现在让我们来看一下这对案例：

第一个案例中，如果史密斯六岁大的表弟发生任何不测，那么史密斯将获得一大笔遗产。一个晚上，当这个孩子正在洗澡时，史密斯偷偷摸摸地进入了浴室并将他溺死了，然后他处理了现场，使其看起来就像发生了一场意外一样。

第二个案例中，如果约翰六岁大的表弟发生任何不测，那么和史密斯一样，约翰也将获得一大笔遗产。约翰潜入了浴室，并计划在洗澡中将表弟溺死。然而，在他正打算进入浴室时，约翰看到那孩子滑倒在地并撞了头，恰好脸朝下没入了水中。约翰暗自窃喜，他就站在旁边袖手旁观，如果有必要的话，他时刻准备着在孩子的头上按一把，但事实上并无此必要，只是稍微挣扎了几下，那孩子就自己溺死了，而约翰在一旁看着，什么也没做。

现在，史密斯是杀死了孩子，而约翰"仅仅是"任孩子死亡。这是上述两个案例中唯一的差别。那么按照道德观点，这两人中哪一个的行为更好些呢？如果说杀人致死和任其死亡两者间差异本身在道德上是至关重要的，那么我们应该说，史密斯的行为比约翰的行为更应受到谴责，但是真的有人愿意这么说吗？我并不这样认为。首先，这两个人的行为动机如出一辙，即个人私利，而且两个人一旦行动将会导致完全一样的结果。我们或许可以从史密斯的行为中推断出他是一个坏人，当然若能了解到有关他的其他一些事实——比如说，他患有精神疾病，那么或许会撤回原先的评判。可是，难道我们从约翰的行为中就不能推断出同样的结论吗？难道不需要同样对其做出进一步考虑，评判不需要因此做出相应的调整吗？而且，如果约翰为自己辩护说："毕竟，我什么都没有做，只不过是站在一边看着那孩子溺死罢了，我并没有杀害他呀，我仅仅是任其死亡。"此处需要重申的是，如果任其死亡确实要比杀人致死要好一些的话，那么约翰的这一辩护至少是有些分量的，但事实却并非如此，他的这一"辩护"只会被视作道德推理上一种令人可笑的曲解。从道德上讲，这压根不算是一种辩护。

现在，或许有人会非常合理地指出，之前医生们所考虑的安乐死案例与此完全不同。它并不牵涉个人私利或毁灭正常又健康的儿童。医生们在安乐死案例中关心的仅仅是其病人的生命对其不再具备价值，或者病人的生命依然或很快即将变成其沉重的负担。然而，这些案例中体现的观点是一样的：杀人致死和任其死亡两者间差异导致道德差异。如果一名医生出于人道的考虑任其病人死亡，另一名医生出于人道的考虑给病人注射致死，那么两者在道德立场上是一样的。如果他的决策错了——比如说，如果患者的疾病原本是可治愈的——那么无论使用了哪种方法，每种决策都有可能造成遗憾，而如果医生的决策对了，他所用方法本身并不重要……

很多人都觉得难以接受这种评判。我觉得其中一个原因在于，有两个问题很容易产生混淆，第一个问题是杀人致死本身是否比任其死亡更糟，另外一个问题则迥然不同，大多杀人致死的实际案例是否比大多任其死亡的实际案例更糟。大多数杀人致死的实际案例显然是非常可怕的（想一下新闻报纸成天报道的那些谋杀案），而且每天都能听到很多这样的案例。另一方面，我们几乎很少听到任其死亡的案例，除非是那些出于人道主义原因而这么做的医生，正因如此，我们会觉得杀人致死要比任其死亡糟糕得多，但这并不意味着杀人致死本身含有什么东西，使其比任其死亡更为糟糕，因为杀人致死和任其死亡间的区别并不是导致这些案例有所差异的唯一原因。事实上，其他一些因素——比如说，谋杀犯牟

詹姆斯·雷切尔斯

取私利的杀人动机和医生出于人道主义考虑的杀人动机相互对照——这一差异是人们对不同案例产生不同反应的重要原因。

我曾论述，杀人致死本身并不比任其死亡更为糟糕。如果我的论点是对的，那么由此可以得出，主动的安乐死并不比被动的安乐死更糟。那么另一方面，又会有什么相反的论述吗？我觉得最为普遍的是下列论述：

> 主动和被动安乐死之间的重要差异在于，在被动安乐死中，医生在令病人死亡的过程中没有采取任何行动。医生无所作为，那么病人无论患有何种疾病，他就是死于本来就受其折磨的疾病。在主动安乐死中，医生采取了一些行动令病人死亡：他杀了病人，是给罹患癌症患者注射致死的那名医生本人导致了其死亡，而假如他仅仅是终止治疗的话，是癌症夺走了患者的生命。

在此需要做出几点说明。首先，要说医生在被动安乐死中什么也没做其实并不完全正确，因为他其实做了一件相当重要的事：他

任病人死亡。从某些方面看,"任某人死亡"自然不同于其他类的行动——这主要是因为它是一种通过不采取某些别的行动而实现的行动。举例而言,一个人可以通过不予服药的方式任病人死亡,正如一个人可以通过不与其握手的方式而侮辱他,但在做任何道德评价的时候,这依然可被视作一种行动。杀病人致死这一决定受制于道德评价,同样的,任病人死亡这一决定也受制于道德评价:这种行动也许被评价为明智或不明智的,富有同情心的或残酷无情的,正确或错误的。如果一个病人正罹患某种一般情况下可被治愈的疾病,但其医生却蓄意任其死亡,那么该医生的此举当然应受谴责,这无异于该医生毫无必要地杀死这个病人,于是此时指控该医生就是合情合理的。既然如此,如果该医生以"自己什么也没做"作为辩词也根本无济于事了。事实上,他已经做了些很严重的事情,因为他眼睁睁地任其病人死亡。从法律的角度来看,确定死者的死因是非常重要的,因为这或可判定医生是否应被提起刑事指控,但是我并不认为这个观点可用于反映主动和被动安乐死两者间的道德差异。某人的死因之所以被认为是坏的,其原因在于人们首先觉得死亡是一种极大的不幸——就是这样。然而,如果在某些情况下已可判定安乐死——甚至被动安乐死是被期待和渴望的,而且这种立即死亡并不比病人的持续生存更为糟糕。一般情况下人们总是对死因有所忌讳,但如果满足上述条件的话,这一点并不适用于此。

最后还需说明,医生可能觉得所有行为仅仅是出于学术兴趣——这正是哲学家们所担心的,但他们又无法对医生自己的工作施加什么切实的压力。毕竟,医生必须考虑到自身行为的法律后果,而主动安乐死显然是被法律严禁的,但即便如此,医生们也应顾及一个事实,即法律强加于他们一个也许根本站不住脚的道德学说,并因此对他们的实践活动产生重大的影响。

问题：雷切尔斯

1. 分析一下雷切尔斯论据的目的论特性，义务论式的回答可能会是怎样的？

2. 主动和被动安乐死两者间的差异是什么？你认为该差异在道德上是合情合理的吗？这对于医学专业而言蕴含着什么实践意义吗？

文摘3. 邦妮·施泰因博克：生命的蓄意终止[①]

雷切尔斯的错误在于，他将被动安乐死或者蓄意地任其死亡等同于中止延长生命的治疗……而至少存在两种情况，其中，中止延长生命的治疗是无法等同于某人蓄意终止另一人生命的。

第一种情况关乎病人的拒绝接受治疗权。雷切尔斯列举了一个案例，其中病人正因罹患某种不可治愈的疾病而奄奄一息，伴随着不可减轻的剧痛，他想终止这种无法治愈其疾病而只能延长他痛苦生存状态的治疗。他们或许会问，为什么医生可以答应病人停止治疗的要求，却不能为处于相同境况中的病人注射致死呢？答案在于病人的拒绝治疗权。一般情况下，一名有法律能力的成人拥有拒绝治疗权，即便该治疗对于延长生命是必不可少的。事实上，即使病人拒绝治疗的原因被普遍认为是不充分的，其拒绝治疗权依然得到认可。不过，这种权利亦可被否决（比如说，该病人拥有受抚养子女），一般而言，若你不同意，没有人可在法律上强迫你接受治疗。"历史上，外科手

[①] 转载于《实践中的道德》，詹姆斯·P.斯特巴，贝尔蒙编辑，加州：沃兹沃思出版社，1994年，第183~188页。

术上的介入被视为施加于病人的一种技术蓄电池,若征得病人同意,此举可被赦免或视为合理,若出于当时情况所迫,此举也可被视为合理……"①

此时,如果某人有权拒绝接受延长自己生命的治疗,那么出于一致性的要求,某人也就应拥有结束自己生命的权利并可在采取该行动时获取帮助,这也许会遭到反对。这种观点认为,拒绝接受治疗权在某种程度上即意味着一种自愿安乐死权,让我们来看看为什么有人可能会这么想。法律作家曾将拒绝接受治疗权视为隐私权的一个例子,或者更确切地说是人对自己身体的决定权。你有权决定自己身体上发生些什么情况,这是一个更为笼统的概念,而拒绝接受治疗权仅仅是其中的一个实例。不过,既然你有权决定自己身体上发生些什么情况,那么你是否也应该有权选择终止你的生命,甚至有权在这么做时获得帮助呢?

然而,认清一点非常重要,即拒绝接受治疗权既不等同于也不蕴含着自愿安乐死权,尽管这两者都源于人对自己身体的决定权。拒绝接受治疗权本身并不是一种"死亡权",这与一个人可以冒死,甚至为了求死而选择行使该权利是不相干的。拒绝接受治疗权并不旨在赋予人们决定生死的权利,而是为了保护他们,避免其在不希望的情况下受到来自他人的干扰。我们或许应该更为宽泛地诠释身体的自我决定权,其中就包括死亡权;但是这将是对我们当下所理解的身体自我决定权概念的极大延伸,而并非其简单的推论。一旦自愿安乐死权得到承认,那就意味着,我们认可了人们不仅有权独处而不受干扰,也有权被杀。暂且把实质性的道德问题抛在一边,我只想简单地声

---

① 大卫·W.迈耶斯,"自愿安乐死的法律问题",《安乐死的两难困境》,约翰·本克及西塞拉·博克编辑,纽约:安克尔丛书,1975年,第56页。

明，除了"使病人死亡"以外，中止能够延长生命的治疗还可以另有其因。

还有第二种情况，其中，中止延长生命的治疗无法等同于蓄意终止他人的生命，即连续治疗几乎无法改善病人的状况，无法减轻反而只能加重其痛苦。

这里的问题在于，特定案例中，何种治疗才是恰如其分的。一名癌症专家是这样加以描述的：

> 我的基本准则是，只要病人反馈良好，并有机会在一定程度上获得良好的生活品质，那我就会给予治疗，但假如我已采取所有可行的治疗办法，而病人依然表现出迅速的恶化，相对于癌症本身，持续治疗可能导致病人遭受更多的痛苦，此时起，我会建议手术、放射疗法或者化疗，而这些仅仅是减少病人痛苦的手段，但如果在停止主动治疗之后，病人的病情重新得以稳定，而且看来他还能获得一些有质量的生命，那么我将立即重启主动治疗。停止癌症治疗的决定从来就不是铁板钉钉和一成不变的，往往，求生欲会促使病人做出努力并再次呈现好转，有时甚至会延长生命好多天。[①]

这里我们做出了一项停止癌症治疗的决定，但其不应被视为令病人死亡的决定，也不能将其理解为蓄意终止生命，它是为当下病人提供的一种最为合适的治疗方式。雷切尔斯提出，中止治疗的关键点在于蓄意终止生命，但在此处，不持续给予治疗的关键点并不在于令病

---

① 内斯特·H.罗森鲍姆，《带着癌症生活》，纽约：普雷格出版社，1975年，第27页。

人死亡，而是免其遭受治疗的痛苦，因为持续治疗将比癌症更令人难过，而且病人也几乎不可能从中受益。符合该描述的治疗往往被称为"特殊的"。这个概念是很灵活的，在某种情况下可被称为"特殊的"治疗在另一种情况下却可能稀松平常。采用呼吸机与某种呼吸类疾病进行抗争，并以此维系病人的生命是很正常的，但假如某个病人因严重脑损伤而处于不可逆昏迷状态，使用呼吸机来维系他的生命就被视为"特殊的"。

与特殊治疗相对的是普通治疗，即人们在一般情况下期待医生所给予的治疗。未能提供普通治疗可能是出于疏忽，具有法律义务提供却未提供治疗的，甚至可被理解为蓄意伤害。普通和特殊治疗两者间的区分极为重要，这部分是因为它和医生的意图相关。一个病人已无望治愈，持续治疗只会徒然使其遭罪，那么取消特殊治疗可被视为一项令病人免受其苦的决定，于是，医生可以说，"我们必须对普通和特殊的治疗手段加以区分。如果能让一名婴儿更为舒适，我们定会竭尽全力，我们绝不会剥夺一名父母会给予的关爱，我们绝不会杀害一个婴儿……但我们可以决定是否采取某些并不具有价值的冒险性的介入。"[1]

在整个讨论中，我一直在强调，除非医生中止治疗是有目的性地致死病人，否则，故意中止延长生命的治疗并非蓄意的终止生命。

有人可能就此提出反对，觉得我错误地为蓄意终止生命刻画了一些条件。他们认为，也许只不过是当医生预见到病人将死时决定采取的行为，也许中止治疗的原因和蓄意终止生命行为的特征描述毫无关系。我觉得这种意见简直令人难以置信，但还是愿意思考一下支持

---

[1] B.D. 科伦，《卡伦·安·昆兰：永生时代的生与死》，纳什，1976年，第115页。

该论述的理由。

雷切尔斯其实并没有太多的论据：事实上，他显然在蓄意终止生命方面是认同我的观点的。不妨想一下，他之所以声称中止生命的延续就是蓄意终止生命，那是因为"如果不这样主张，他的其他论述就无从谈起了"。雷切尔斯认为"这些案例中"中止治疗的关键点在于，令病人死亡，他指出，如果不需要考虑这一点的话，医生又为什么要中止治疗呢？然而，我却已经说明，中止治疗的关键有可能并不在于病人的死亡，由此我也反驳了雷切尔斯的观点，即中止延长生命的治疗等同于蓄意终止生命。

此时，有些人可能会说：就算不予治疗并非蓄意终止生命，这在道德层面上又有什么不同呢？如果说为了孩子好而取消延长生命的治疗，那么是否同样的，难道就不可以为了孩子好而提供安宁而轻松的死亡吗？若不对患有脊柱分裂的儿童进行手术，他可能在数月甚至数年后才会死亡。"眼睁睁看着那些'躺着等死'的孩子，我感到难受万分"，有一名医生曾这样记录，"之前社会和医学界总是认为不予治疗在伦理层面不同于终止生命，但现在是时候做出改变了，社会应该开始探讨一种新的机制，对于那些无法帮助的患者，我们可以借此减轻他们的疼痛和苦难。"[①]

我并不否认，在有些案例中，死亡对于病人而言是最有利的。在这些情况下，快速而无痛的死亡可能是最好的选择。然而我并不认为，一旦中止积极主动的治疗，对于徘徊在死亡边缘的病人而言，快速死亡总是更好的选择。我们看到那些有缺陷的儿童奄奄一息会感到难过，但依然需要在决策时保持谨慎。眼睁睁看着他们等死对于父

---

① 约翰·弗里曼，"有没有权利去死——快点"，《小儿科》杂志，80，第905页。

母、医生和护士而言是很艰难的——但孩子本身并不必然对此感到艰难。不予手术的决定并不意味着对其忽视，我们有可能使这个孩子在余下的几个月生命中尽可能过得舒适些、愉快些，并用爱温暖他。如果有可能选择这种方案，相对于杀死这个孩子，这自然是更为得体和人道的做法。在这样的情况下，当预见到孩子即将死亡时停止治疗在伦理层面并不等同于杀死孩子，我们也不能将对前者的认可移用到后者身上，但如果在道德层面，主动安乐死被视为等同于停止延长生命的治疗的话，我担心即将出现前后两者互相混淆的情况。

问题：施泰因博克

1. 请就施泰因博克对雷切尔斯的回答做出评论。她认为停止治疗并不等同于蓄意的终止生命，你认同此观点吗？

2. 施泰因博克就对病人实施的普通和特殊治疗做出了区分，请仔细检查该区分，这种区分又在她的论点中扮演了什么角色？

问题：安乐死

1. 你是如何理解"滑坡谬误"这一论点的？如果将安乐死合法化，你会预见到什么危险，人们又如何克服这些危险情况？

2. 如果动物处于某种极为痛苦的状态，我们会选择仁慈地终止其生命使其解脱，那么我们不允许任何人生存在该种状态中。就此进行讨论。

3. 人拥有自杀权吗？如果他们拥有该权利，那么国家是否应该为其提供实现自杀的手段？

4. 一方面有人反对安乐死，另一方面有人反对死刑，如何比对这两者？

5. 安乐死之所以被认为合情合理，是因为它将有限的资源从"徒劳无效"的案例中剥离出来吗？是否应该在医保患者和非医保患者间做出区分呢？

6. "如果由上帝独自决定我们何时该生何时该死，那么无论是在救治还是杀害病人时，我们都在'扮演上帝'"（大卫·休姆）。有人在宗教上反对安乐死，你在多大程度上认为该言论对其构成决定性的反驳呢？

7. 请思考下列案例：

> 我曾在位于马里兰州贝塞斯达的国立卫生研究院癌症诊所的实性肿瘤病房与杰克共处一室，那是个很小的双人间。到了第三天晚上，我的脑中划过一个可怕的想法。
>
> 杰克的肚子里有一个黑色素瘤，医生推测该恶性实体肿瘤有一个垒球那么大。癌症始于几个月前，杰克的左肩出现了一个小肿瘤，之后他经历了几次手术。医生们试图摘除那个垒球大小的肿瘤，但他们知道杰克很快就会死去，癌症已经发生了转移——这一切蔓延得太快，已经无法控制了。
>
> 杰克模样长得很不错，大约28岁，也很勇敢。疼痛不断地折磨着他，他的医生给他开了静脉注射的合成麻醉剂（一种止痛药、镇痛剂）每四小时注射一次。杰克的妻子在白天的时候经常陪着他，她会坐在或躺在杰克的床上，轻轻地拍着他，就像拍着一个孩子般，只是更加有条不紊些，这貌似对控制杰克的疼痛起了作用。不过一到晚上，他漂亮的妻子就不得不离开（国立卫生研究院不允许妻子在病房过夜），当夜幕降临，疼痛又开始肆无忌惮地侵袭着杰克。

每到规定的时间，护士就会给杰克静脉注射一次合成麻醉剂，接下来两小时或略微久些的时间里，杰克的疼痛能得以控制。之后，他又会开始呻吟或者呜咽，声音很低，尽管痛苦，他还是不想把我吵醒。接着，他开始号叫起来，如同狗一样。

　　每当此时，他或我都会按铃呼叫护士，并为他注射一剂止痛药。护士会让他口服一些可卡因或者类似的东西，但这些对他其实并无什么真正的益处——这些药物对他的作用无异于刚刚断了胳膊的人服用半片阿司匹林。护士往往会尽其所能地安慰杰克，告诉他过不了多久就能进行下一次静脉注射——'大概只要50分钟就可以了'，通常可怜的杰克之后会呜咽和号叫得更响也更为频繁，直至最后等来止痛剂的再次注射。

　　如此的情况重复着，直到第三天晚上，我脑袋里冒出了一个可怕的念头。"如果杰克是一只狗呢，"我想着，"我们会怎样对待他呢？"答案是显而易见的：当头一棒，用氯仿加以麻醉。凡是带有那么点怜悯之心的人，都无法忍受眼睁睁看着一个活物承受如此痛苦，而且并不能迎来好下场。①

---

① 斯图尔特·奥尔索普，"有尊严死亡的权利"，《好管家》杂志，1974年8月刊，第69页，130页。摘自迈克尔·帕尔默，同前，第62~63页。

第三章 功利主义

I. 杰里米·边沁的理论

利己主义中，我们以结果作为依据，考虑应该采取怎样的行动，就此而言，它是道德行为中一种直截了当的目的论。正如我们所见，它的弱点主要在于其貌似没有考虑这样一个行为对他人所产生的效应。然而，别的某个伦理学和目的论会主张，某项行动的总体结果才是评判其正确与否的依据，这样一来也就轻而易举地克服了前述的利己主义的弱点。换言之，并非我自己的快乐或私利，而是每个人的快乐或私利才应受到关注。该理论被称为功利主义。功利主义认为，如果某项行动能为最多的人带来最大的利益，那么就是对的。

虽然这是对功利主义的经典描述，但该伦理学理论呈现不同的表现形式。在本章中，我们具体会论及以下概念：

行动功利主义　积极功利主义　消极功利主义
享乐功利主义　理想功利主义　偏好功利主义

如果上述区分尚不完备的话，我们在第五章中还会加以补充：

规则功利主义　　扩展规则功利主义

以上的分类列表可能令人望而却步,但是这些术语在很大程度上都是不言而喻的,而且这样细分并不旨在引入一个不同的理论,其目的是揭示同一理论中的细微差别或不同重点。

功利主义最为伟大的两名倡导者分别是杰里米·边沁(1748—1832)以及他的弟子约翰·斯图尔特·密尔(1806—1873)。密尔就功利主义给出了最为著名的"证明",而边沁则是该理论的主要代表及推广者。

杰里米·边沁是一个具有超凡智慧天赋的人:他3岁时就开始学习拉丁语,5岁学习法语,16岁时就获得了牛津大学的学位。鉴于他出色的能力,而且其父亲和祖父均为律师,他面前展现的是一份灿烂的法律职业生涯。然而,五年之后,当读到普里斯特利有关政府的评论文章时,他邂逅了"为最多的人带来最大的利益"这一表述,他说自己不禁如阿基米德那样大声呼喊出来"有了,我终于找到了"。边沁将其称为效益原则并决定在社会活动的各个领域加以贯彻。他立志为人类社会这样努力,正如牛顿为自然科学所做的那样。边沁的主要兴趣点在"立法",因为只有立法者才有权力决定人们的生活条件。在《道德与立法原理》(1789)一书中,他向同时代的人传达了一种观念:我们并不能认为现存机构是理所当然的,应依据其影响或后果,以批判性的眼光对其进行评判,这样一来,它们才能得以改革并"为最多的人带来最大的利益"。该程序延伸到了整个社会生活领域并激发了一系列的改革,而边沁正是这些改革直接或间接的触发者：议会代表制的改革及其立法草案、刑法改革、陪审制度及监狱，废除流放逼债和监禁逼债，发展储蓄银行，廉价的邮资，出生和死亡登记。边沁还设计了一种"圆形监狱"作为监狱的检查室，由此，一名守卫就能同时监管多名罪犯了。边沁也很有可能是最早提出建设苏伊士、巴拿马运河和构建国际联盟的先驱。根据他的理念，死者应该对生者有益，边沁遗留下的身躯，在朋友们面前完成了解剖，之后，他的骨骼得以修复，穿上平日里的衣服，再被置入一个正面是玻璃的容器里：一直保存在伦敦的大学学院里。

II. 效益原则

通过对边沁一生的简要描述，我们可以很清楚地看到功利主义论据的目的论特性。我们评判一部法律或一个机构的依据是其对大多数公民所产生的效应。与之类似，我们评判自身行为道德性的依据是其对所有相关者所产生的效应。也就是说，这些行为是否为最多的人带来最大的利益。由于这里的重点在于被执行的行动以及该行动的后果，边沁的理论被视作行动功利主义的经典案例。

于是，根据边沁的理论，效益原则才是正确的伦理标准，"效益"这个词指的是某些事物产生快乐的倾向，而非其有效性：

> 效益原则的含义如下：无论何种行动，该原则一概根据预期其是否具有增加或减少利益主体快乐，或者换言之，是增进还是阻碍其快乐的趋势，从而来批准或不批准该行动的执行。我这里

边沁：肖像

说的是任何一种行动，因此也就不仅局限于某个个人，它同样适用于政府采取的每项措施。①

正因如此，效益原则主张，当且仅当某项行动能对受该行动影响的主体尽可能带来最大化的快乐时，我们才应该采取该行动。但是，怎样才算是"受影响主体"呢？虽然我们很有可能将一个国家一个社区作为一个受影响主体来对待——毕竟，我们会说某些犯罪破坏了国家，某些行动服务于社区——显而易见的是，边沁这里论述的是个人。对他而言，"国家""社会""民族"只不过是一个集合名词，指的是由一些个人组成的群体。因此，我们并不能将国家凌驾于那些组成它的个人之上。与之相应，效益原则指的仅仅是那些由个人完成的个人行动，其含义很简单，如果这些行动能产生更多的快乐，这个世界就会变得更好。因为道德责任的关键理念在于，相关对象是否真正拥有采取该行动的选择权，有鉴于此，这些行动自然必须是出于自情自愿的。

但是一个人究竟该如何选择呢？如果立即采取某项行动（A）相较于在未来采取某项行动（B）能带来的快乐更少，那么我更倾向于采取 B 行动，而不是 A 行动。然而，在 A 与 B 行动间抉择时，我必须还应考虑到可能由其导致的不快乐。如果行动 A 相较于行动 B，虽然带来的快乐较少，但同时导致的不快乐也更少些，那么行动 B 中更

---

① 《道德与立法原理入门》，J.H. 伯恩及 H.L.A. 哈特编辑，伦敦 & 纽约：梅休因出版社，1982 年，第 12 页。

大的不快乐会令其更大的快乐也黯然失色。由此看来，如果从总量上衡量，行动 A 能带来更多快乐的话，我就必须选择行动 A。假如另一方面，行动 A 和 B 两者虽然能带来等量的快乐，但与此同时，行动 B 会导致更多的不快乐，那么我必须选择行动 A。通过这样做，我在快乐和不快乐两者间实现了最好的平衡。

这也就解释了，当存在两种情况，①我自己能获得更大快乐，②我自己得到的快乐少些，但其他人能获得更大的快乐，我必须选择后者。我个人更大的快乐不能优先于整体更大的净快乐，即所有相关者的快乐。某项行动当然有可能在令我获得最大快乐的同时，也在整体上产生最大的快乐总量，但假如出现利益冲突的话——当我的快乐和更大的集体快乐总量发生冲突时——那么功利主义要求做出自我牺牲，甚至不惜以死亡为代价。毋庸置疑的，在这样的极端情况下，最为重要的是，我们要确信对快乐的计量准确无误！

这里，我们应当介绍一下本章最初所提到的一些细分概念间的差异：**积极**和**消极**功利主义之间的差异。在应用效益原则时，积极功利主义者试图最大化快乐，而与之相反的，对于消极功利主义者而言，其最先考虑的是最小化不快乐。我列举一个实际案例来解释其中的差异。如果莫林出于极度不快乐的状态（被评为 -5 级别），而迈克则处于中度快乐的状态（被评为 +2 级别），那么他们的总快乐值得分为 -3（总状态为不快乐的）。现在，假如一共有 6 个单位的快乐可以分配，消极功利主义者会认为，最好让莫林得到这份快乐：这样一来，迈克的状态维持不变（依然是 +2），而莫林的状态则变得更好（+1），这就意味着，他们的快乐净值变成了 +3。当然了，如果将 6 个单位的快乐分配给迈克而不是莫林，他们两人的快乐净值还是一样（如果莫林维持 -5 不变，而迈克的快乐值升为 +8），但是消极功利主

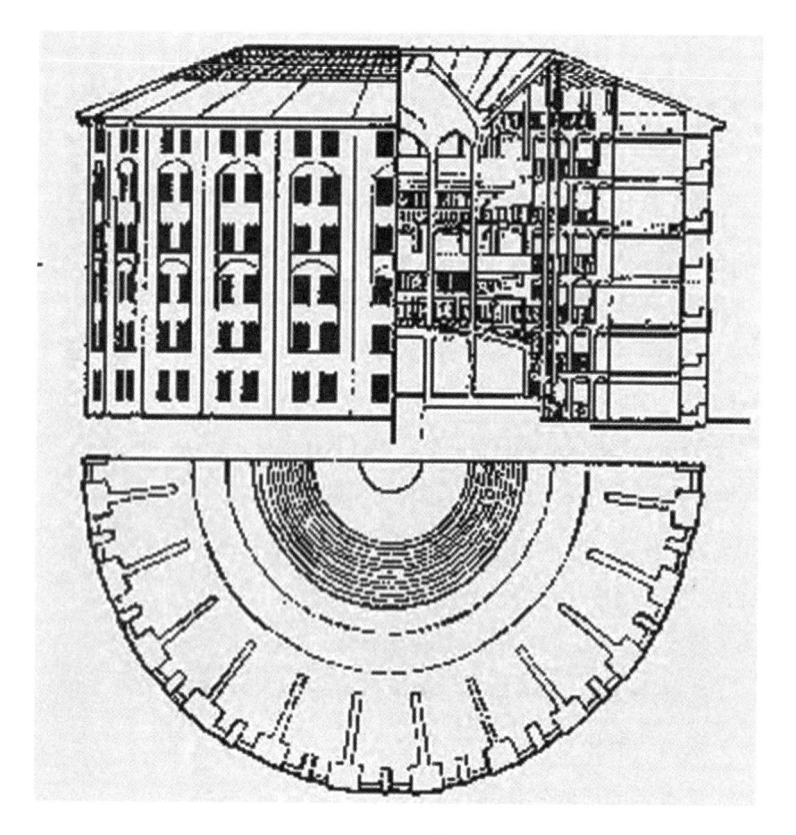

边沁的圆形监狱

义者会提出，这并不是事情的最佳处置方案，前者的分配方案更好，因为两者都获得了快乐（莫林获得 +1 的快乐，迈克获得 +2 的快乐）。

因此，不快乐的减少相较于快乐的增加更为重要。然而，需要指出的一点是，尽管积极功利主义和消极功利主义两者间的这一区别有可能适用于某些特定的案例，但我们并不能由此就推断认为，这可适用于任何案例，原因在于，假如这么做，我们就等于不得不承认一个不可能为真的命题，即减少某种不快乐（无论其多么微小）都将比增加某种快乐来得更有价值（无论其多么巨大）。①

在做这些计算的时候，我们应该考虑到边沁理论的另外一个特点。边沁是一个享乐主义者，因此也就和他的前辈伊壁鸠鲁一样，他们都认为快乐是唯一的好，而痛苦是唯一的恶。边沁的理论不仅是行动功利主义的最佳案例，而且也是享乐功利主义的经典案例：某项行动只要有助于生成快乐，它就是正确的。这一点在《道德与立法原理》的开篇文字中是显而易见的：

> 大自然将人类置于两大至高无上的君主的统治之下，它们分别是痛苦和快乐，单单是这一点就向我们指明，同时也决定了我们应该怎么做。一方面是正确与错误，另一方面是前因与后果，这两者都被拴在痛苦和快乐这两位君主的王位宝座上，我们所有的所做所言所想都受其控制和支配：我们努力试图摆脱其束缚，但无论如何，最终不过是证实和确认了这一点。一个人可能会在口头上振振有词地拒绝这种君权的统治，但事实上，他将至始至终地服从于它的统治。效益原则认同这种服从，并且假定其为该体系的基础，其目的在于通过情与法培育快乐的种子。那些试图对此提出质疑的体系，在对待这个问题时关注的是弦外之音而非意义，是反复无常而非推理，是黑暗而非光明。②

那么，更为确切地说，在享乐功利主义里，统治着效益原则运行的快乐和痛苦是一对孪生经历：正是这些经历的事实决定了我们应该做什么，又不应该做什么。比如说，我们普遍认同诸如诚实、爱慕和

---

① 参见 R.N. 斯马特，"消极功利主义"，《精神》，67，1958 年，第 542~543 页。
② 同上，第 11 页。

仁慈这样的品性都是道德生活的特征，援引早先的一个术语来说，这并不是因为它们具备任何的内在价值（它们本身是令人愉悦的），而是因为它们拥有工具价值（它们是引导人们通往快乐的品质）。另一方面，如果它们并不具有这些效应——如果它们取而代之带给我们的是不幸——那么我们就不会赋予其任何道德价值。对于边沁而言，某项行动仅当具有工具性的善时才是正确的，而它的善存在于其生成的快乐之中。由此看来，某项行动相对于另一项行动所具有的道德价值是和其产生的快乐（或痛苦）的数量或质量直接成正比的。既然如此，我们就可以更为精准地将效益原则做如下解读：对所有那些受到某项行动影响的人而言，如果该行动为其带来快乐（或防止痛苦）就是正确的，如果该行动为其招致痛苦（或者阻碍快乐）就是错误的。

III. 快乐计量学

一旦我们以这种新的形式来表述效益原则，那么另一个问题就立即出现了。如果在盘算着应该做什么时，我们必须考虑到可能涉及每个人的快乐或者痛苦（包括代理人），那么我们又该如何评估或估量所涉及快乐或痛苦的数量呢？举例来说，我们该如何测定某种快乐比另一种快乐更为巨大，或者某种特定的快乐是否超过了某种特定的痛苦？为了帮助我们完成这些计量，边沁引入了他的快乐计量学。

边沁的快乐计量学认为，人类的快乐和痛苦是可被计量的，于是我们可以基于某种"道德计算"来评判行动的对与错，其涉及的份额总量与这些行动所包含的快乐或痛苦的总量相一致。边沁本人也承认，快乐的体验是异常复杂的，几乎很少有哪种快乐是完全"纯粹"

的，其中多数是和痛苦的计量混杂在一起的。此外，他认为即便是已然发现的快乐，其总量的计算也是极为困难的，比如说一个人拥有的财富相较于权力哪种带来的快乐更大，一个人具备的技能相较于想象力哪个带来的快乐更大，但边沁也说，所有这些因素都是计量快乐需要纳入考虑的，而且在产生快乐时，它们可按下列七种情形或维度加以量化：

就考虑某个人自己，就考虑快乐或痛苦的价值本身，其数量上的多少都将以下列四种情形为依据：

1. 强度
2. 持续时长
3. 确定性或不确定性
4. 亲近度或疏远度

我们在估量某种快乐或痛苦时需要考虑上述四种情形。不过，假如我们考量任何一种快乐或者痛苦价值的目的有所改变，即这种考量是为了预估任何一种生成那些快乐或痛苦的行动的特性，那么我们还应将另外两种情形纳入考虑：

5. 繁殖力，或者说进一步生成相同感觉的概率：也就是说，若是快乐的，将进一步生成快乐；若是痛苦的，将进一步生成痛苦。
6. 纯洁性，或者说其不再进一步生成相反感觉的概率：也就是说，若是快乐的，将不再进一步生成痛苦；若是痛苦的，将不再进一步生成快乐。

然而，后两种情形在严格意义上几乎不会被视为快乐或痛苦本身具有的属性。也正因如此，严格意义上，我们在计算快乐或痛苦价值时并不会将其纳入考虑。严格意义上，它们仅可被视为生成那些快乐或痛苦的某项行动或其他事件的属性，也因而仅能被视为这类行动或这类事件的特性。

如果要考虑快乐或痛苦对于若干人的价值，那么在衡量这些快乐或痛苦的数量时需要考虑到其中情形：也就是说，除了之前提到的六种情形，还应考虑另外一种情形。即如下：

7. 范围，这是指这些快乐或痛苦所延伸涉及的人群数量，或者受其影响的人。①

为了理解这种计算是如何进行的，我们不妨设想一个情境，你口渴万分，急需喝点什么，你知道有个人非常富裕，他在街上路过你身边，一不小心掉下了钱包。你捡起这个钱包，发现里面有50英镑。你应该将其还给失主吗？你决定采用快乐计量学进行一番盘算，其中有几个因素可以直接忽略不计：范围，因为很显然的，这里只涉及你们两个人，还有确定性及亲近度也不在你的考虑范围，因为在该情况

---

① 同前，第38~39页。为了推广宣传他的快乐计量学并令其对一般大众更具吸引力，边沁还编写了下列记忆口诀：
　　强烈、长时、确定、快速、多产、纯粹——这些蕴藏在快乐和痛苦中的特征持久存在。
　　如果是个人，不妨追求这样的快乐；如果是公众，广泛传播这样的快乐。
　　无论你的观点如何，避免这样的痛苦；如果痛苦必将到来，尽力缩减它的影响范围。

下,几乎毫无疑问,你们两人将经历一些快乐和一些痛苦,而且这些体验差不多将在你捡起钱包的那一刻就会发生。另一方面,如果你真的决定把钱留下,那么有一个因素几乎一定会对你不利——纯洁性,原因在于,你的快乐极有可能也包含了一些痛苦,你会因为拿了这笔不义之财而心生内疚,而且也有可能宿醉不醒。然而,即使存在这种种可能,你作为受益人,这也不会减损你的整体快乐。举例而言,我们可以很公平地说,你在得到这笔飞来横财时收获的快乐将比那个富人丢失钱财时的恼怒更为强烈,你的快乐也将比他的痛苦持续更久,而且你的快乐可能还会以某种方式衍生出更多其他的快乐,而他最初的痛苦则不会衍生出其他的痛苦——确实,作为一个富人,他可能很快就会将这倒霉事忘得一干二净。照此计量,显然你应该将这笔钱占为己有。当然了,你也可以选择将其归还,但即便如此,就算富人在钱财失而复得后获得了快乐,这也难以等价于你重新失去这笔钱后承受的痛苦。

练习 1

你会在下列哪些情况中采用功利原则?请解释你的回答。

1. 在第二次世界大战期间,所有的德国军官都要宣誓表达自己对阿道夫·希特勒的忠诚。其中有一个名为克劳斯·冯·施陶芬贝格的陆军中校,他曾在 1944 年 7 月试图暗杀希特勒未遂。他这样做是对的吗?希特勒当时把他枪决了,这样做是对的吗?

2. 一名牧师听了一个杀人犯的忏悔,他虽然还未被发现但有可能再次杀人。这名牧师应该告知警察吗?

3. 如果一名病人患有不可治愈的疾病,那么医生是否应被允许给病人服用药物使其无痛苦死亡?假如这位病人是你富有的父亲的话,你对这个问题的观点会有任何变化吗？

4. 如果你知道判处一个无罪者死刑将恢复法律，重建秩序，你会这样做吗？

5. 你会像杜鲁门总统那样在"二战"结束时，授权对日本使用原子弹吗？

6. 如果你喜欢小牛肉，你会食用吗？

7. 如果统计资料证明，吸烟有害于你的健康，政府是否应该在法律上禁止吸烟？

8. 是否应该向未婚者免费提供避孕药呢？

9. 那些人口过密国家的政府是否应该关闭所有生育诊所呢？

10. 特蕾莎修女、路易·巴斯德（法国化学家及微生物学家）以及一名普通人（有前科的出狱者）共乘一艘小船，这艘船正在下沉，他们三人中哪一个该溺水身亡以搭救另外两人呢？

问题：边沁

1. 边沁说快乐和痛苦是可被计量的，这样说对吗？

2. 反对边沁理论的一种理由是，人们可以利用该理论论证一些不道德的行动合情合理。对此你是否认同？你觉得边沁会如何就此批评做出回应？

3. 边沁的效益原则是否应该延伸应用到动物身上？一旦如此，会招致哪些后果？

4. 某项行动的效益是否为道德意义上的唯一重要因素？如果这样是不是就意味着，我可以因为把钱用在别的地方更有效用就拒绝支付我母亲的医药费？

5. 按照边沁的案例，是不是我们所有人都必须将自己的身体捐赠用于医学研究?

6. 在下列这段文字中,当代哲学家艾茵·兰德就边沁"为最多的人带来最大的利益"这一公式提出了异议。她反对的原因有哪些? 你认同她的观点吗?

> "其他人的利益"是一个有魔力的公式,它能将任何事物点石成金……你的这一行事准则将以一种绝对的方式向人们散布下述这条道德戒律:如果你想要得到它实现它,它就是恶的,如果其他人想要得到它实现它,它就是善的。如果你行为的动机是为了你自己的福利,就不要采取该行动,如果你行为的动机是为了其他人的福利,怎么做都可以……你们当中有些人可能会提出以下问题,你的这种行事准则提供了一项安慰奖和一个甜美的圈套:这就是你自己的快乐,上面写着,你为他人的快乐而服务,唯一实现你快乐的方式就是将其让渡给他人……而假如你在此过程中找不到快乐,这就是你自己的错,同时这也证明了你的恶……美德教你蔑视那些将肉体任意贡献给所有男人的娼妓——而这同一项美德又要求你将自己的灵魂交付给所有来者的滥情。[1]

IV. 约翰·斯图尔特·密尔的理论

对于边沁而言,所有的道德规范都无一例外地受制于效益原则。我们之前阐述了一个有关捡到 50 英镑的案例,正如其所示,往往某

---

[1]《阿特拉斯耸耸肩》,纽约:兰登书屋,1957 年,第 1030~1033 页。

种"不道德"行为——偷盗、撒谎、违背诺言、杀人,其结果要胜过那些可作为替代性选择的所谓"道德"行为。这并不是说,边沁对所有传统道德一概加以否认,事实上他本人也很认同一点,即这些传统道德在多数情况下能增加人类的快乐,但同时他也认为,人们绝不能盲从这些传统道德。我们在做伦理决策时应该服从于效益原则,而非社会风俗或社会惯例。

所有这些看起来相当简单明了,我们中的大多数都会认同,虽然一般来说偷盗是错误的,但从一个变态杀人狂手中偷盗一把武器是正确的。与之类似的,我们说欺骗是错误的,但又会认为若有人将虚假信息传送给敌方派来的奸细。增加人类的快乐总量是人们的共同认知和整体追求,这也表明,我们以此为目的做的种种都将被认为是合情合理的。

然而,边沁的理论也会遭遇困境,因为它宽恕了某些行为,这些行为虽能增加人类的快乐总量,却在道德层面被视为不可原谅的。不妨设想一群正在酷刑拷问一名囚犯的虐待狂似的看守。如果这群看守因此产生的快乐超过了那个囚犯因此所遭受的痛苦,那么按照快乐计量学,他们的行为就该被视为合情合理的。的确,我们很快就会发现,人们有可能利用这种计量方法来支持好些败坏道德的行为。比如说,在这种计量方法的指引下,多数人压制少数人的人权就变得合情合理。如果极少数人成为奴隶能为大多数人带来快乐,那么奴隶制度也就得到了支持和认同。如此阐述当然并非在暗示,边沁本人赞同奴隶制度、虐待狂行为或种族灭绝,但上述种种情况确实会让我们否决这种衡量准则,要不然它或被利用而使那些邪恶的行为合情合理。

当然了,这并不意味着,我们已拥有充分的理由来全然否决功利主义。更何况边沁仅仅提出了该理论的一种特定版本,而他的门徒兼好友约翰·斯图尔特·密尔则提出了功利主义的另一种版本。很明显，密尔的学说试图解答上述质疑。

约翰·斯图尔特·密尔（1806—1873）。杰里米·边沁的哲学家朋友——詹姆斯·密尔的儿子。密尔接受了人们可以想象到的最为广泛而深入（或许也是严苛无情的）的教育。

约翰·斯图尔特·密尔

他在3岁时就开始学习了希腊语，8岁时学习拉丁文、欧几里得几何学以及代数学，到了10岁，他读遍了所有一般要求本科生才阅读的经典名家之作。密尔在15岁时第一次阅读了边沁的著作（法语版译作），而早在这数年之前，他其实就已经认识了作者本人。这种艰苦卓绝的智力训练几乎剥夺了密尔的所有人际接触，这导致了他在1826年的精神崩溃，他在其著名的自传（1873）中也对此有过动情的描述。从那时起，密尔的著作就非常着重于情感的培养，而偏离了他此前所专注的正统功利主义，他将此归因于其与哈里特·哈迪·泰勒间长期而亲密的友谊，密尔在1852年与后者结婚。到了23岁，密尔追随其父亲进入了英国东印度公司，并且一直在那里任职直到1858年公司关门。1865年至1868年间，他曾担任威斯敏斯特的议员，其后退休归隐于他在阿维尼翁的农舍，并于1873年在那里逝世。除了他的道德哲学，密尔的主要贡献还在于政治学理论，他的著作《论自由》（1859）捍卫了一种观点：思想及言论自由应得以根式扩张，其中民主政府当广泛地遵循功利主义判断准则：始终追寻和谋求公民福利，该政府仅在为了避免给他人造成更大伤害时方可干涉和介入。

初看起来,密尔的理论似乎和边沁的理论并无多大不同。正如他的前辈一样,密尔也是一名享乐主义者,他相信快乐是唯一的内在善。换言之,他的功利主义版本也是一种享乐功利主义:我们采取的道德决策是为了促进快乐并避免痛苦。然而,从那时起,这两种理论间的差异就日渐显著,直到后来密尔否决了边沁对快乐纯定量化的评估,并以定性化的评估取而代之。相对于边沁,密尔非常重视区分各种不同类别的快乐以及它们各自的价值。他主张,某些思想上的快乐要比某些肉体上的快乐更有价值。凭借这种新版本的功利主义,密尔相信他能反驳之前边沁受到的抨击,从而捍卫功利主义这一学说。现在我们有可能这样说,比如那名看守获得的快乐并不能使其行为合情合理,因为这种特定快乐的价值是那么微小,它根本无法抵偿那名囚犯所承受的剧烈痛苦。如此看来,在密尔的享乐功利主义中,在计量某项行为的正确与否时,不应仅仅依据该行为所产生快乐的数量,而且还应考虑其质量。

密尔在其随笔功利主义(1863)中描述了自己的立场,摘录原文如下:

文摘:密尔:最大幸福原理[①]

该信条被视为道德效用的基础,或者称其为最大幸福原理。其认为,行为的正确性与其促进快乐的倾向成比例,而其错误性则与其加

---

① 转载于《功利主义、自由和代议政府》,由 A.D. 琳赛、J.M. 登特及其儿子们为其序作序,1948 年,第 6~11 页。

剧不快乐的倾向成比例。所谓"快乐"指的是愉悦以及免于痛苦，而所谓"不快乐"指的是痛苦以及快乐的缺失。为了清晰呈现该理论所设定的道德标准，我们还需做出更多阐释，尤其是，痛苦和快乐的观点中包含了些什么，至于这究竟到何种程度，则是仁者见仁智者见智了。当然，这些补充性的解释并不影响生命理论，道德理论正是以此为基础应运而生——也就是说，快乐以及免于痛苦是人们的终极追求，所有被追求被渴望的事物（这样的例子在功利主义学说以及别的任何学说中数不胜数）之所以被渴望被追求，要么是为了获得其内在本身的快乐，要么被用作促进快乐以及避免痛苦的手段和方法。

如今，这样一种生命理论激发了很多想法，其中最为有价值的当属感觉和意图，以及根深蒂固的厌恶。设想一下，假如人生（正如他们所表述的）没有比快乐更高的终极追求，也没有比渴望和追求更好也更高贵的目标，他们将其称为彻头彻尾的卑鄙低劣和卑躬屈膝，认为这一学说不值一文。早些时候，那些伊壁鸠鲁的追随者甚至被轻蔑地比作猪猡，而在现代，那些德国、法国和英国的抨击者也对该学说的支持者做了同样的比喻。

每每遭到这样的抨击，伊壁鸠鲁学派的享乐主义者往往会这样回答，事实上并不是他们，而是那些对他们横加指责的人才代表了肮脏的人类本性，因为那些谴责假定，除了那些猪猡能够感受的快乐以外，人类没有能力感知任何别的快乐。如果这种假设是正确的，那么人们虽不能反驳该控告，但同时其也无法再成为一种污名：原因在于，如果人类与猪猡的快乐源泉毫无二致，如果生命之律对于某个人而言足够好，那么其对于另外某个人而言也将同样好。将享乐主义的生活和畜生的生活相比较令人倍感耻辱，其原因在于，一头畜生的快乐并不满足人类对快乐的概念。相较于动物，人类有远高于其的快乐追求，而一旦意识到这一点，凡是那些无助于提升人类满足感的事物，他们就不再视其为一种快乐……不过并不存在哪种众所周知的享乐主义理论不适用于那些源于智力、情感、想象力以及道德情操的快乐，这类快乐的价值要远远高于那些单纯的感官式的快乐……它与效益原则极其吻合，并承认了这样一个事实，某些种类的快乐要比其他种类的快乐更令人满意也更有价值。当然，如果在评估任何别的事物时都同时考虑质量和数量，而在评估快乐时却仅仅考虑数量这一个因素，这显然是非常荒谬的。

如果有人问我，区分快乐质量的差异用意何在？或者除了数量上的优势以外，还有什么能用来比较快乐的价值大小？我想这或许是一个可能的答案。假如存在两种快乐，所有或几乎所有同时经历过这两种快乐的人，无论其个人感受和道德责任如何，都无一例外地偏好于其中一种快乐，那么它就是两者中更合人心意的快乐。如果那些非常熟知这两种快乐的人虽然偏好于两种快乐中的一种，甚至也知道另一种快乐伴有更多数量的不满，却依然将其凌驾于前者之上，也不会因为所偏好的那种快乐所具备的数量优势而放弃另一种快乐，那么我们只能这样来解释，另一种快乐具有质量上的优越性，相对而言，这种优越性超过了它在数量上的小小不足。

好吧，现在有一个不争的事实摆在我们眼前，这两种我们同样熟悉也同样有能力领会及享受的快乐，都会显著偏好于那种能调动人们较高感官能力的快乐存在方式。鲜有人会因为可被充分允许享受一头畜生的快乐，而答应自己变身为任何更为低等的动物，也没有哪个聪明人愿意自己变成一个傻瓜，没有哪个受过教育的人会甘愿不学无术，没有哪个拥有情感和良知的人会让自己自私卑劣，即便有人说服他们相信，相较于他们对自己生活的满意程度，一个愚人、傻瓜或是无赖或许会对自己的命运更为知足。他们依然会坚持认为自己比起那些蠢蛋拥有更多，能够在那些人类共同的追求中获得最为完全的满足。如果他们假想自己的行为，那么只有在那些极度不快乐的情形之下，他们才会为了逃避这种不快而愿将自己的命运与差不多任何别的命运做出交换，无论在他们眼里看来，后者是有多么令人讨厌。一个具有较高感官能力的人需要索取更多才能获得快乐，他或许有能力感知到更多的剧烈的痛苦，而且相较于一个低等的人，他也自然可以从更多方面感知到这些痛苦。然而，虽然因此需要承担种种责任，但一个高等的人也绝不会甘愿堕落成为一种更为低等的生命存在……宁愿做一个不称心如意的人，也不要成为一头心满意足的猪猡，宁愿做不快乐的苏格拉底，也不要成为一个满足的傻子。如果这个傻瓜或者这头猪猡对此有不同的看法，那么这也仅仅是因为他们不过只看到问题中他们自己的那一面罢了，而与之形成对比的另一方——具有较高感官能力的人则知己知彼。

有人可能会就此提出异议，那些有能力感知更高等级快乐的人中有很多，偶尔地，在诱惑的影响之下也会堕落为较为低劣的人，但与之丝毫不矛盾的是，我们更应该充分欣赏那些较高等级人所拥有的内在优势。出于人性的脆弱性，人们往往会选择那些次好的，尽管他们也知道次好选择的价值会更低，无论是在两种肉体上的快乐间做选择，还是在一种肉体和一种精神上的快乐间做选择，这点都是一样的。他们尽管清楚地知道，身体健康是更为重要的，却依然肆无忌惮地纵欲而置身体健康于不顾。人们可能还会进一步提出质疑，很多人虽然起初会满怀青春热诚追求一切高尚的事物，但随着岁月的逝去，他们会渐渐沉溺，变得懒惰而自私。有些人经历了这种非常普通的变化，然而，我并不认为他们是自愿选择这种更为低等的快乐，并认为其优于更为高等的快乐。我相信,此前,他们曾专门苦心孤诣于追求一种快乐,他们已然失去了享受另一种快乐的能力。在人类多数本性中,高尚的感知能力属于一种极不耐寒的植物,易被扼杀,不仅因为那些所遭受的不利影响,还因为其纯粹的维持生计的需求,而在大多数年轻人中,如果他们致力从事的职业以及他们身处的社会都不利于他们操练这种更为高等的能力,那么这种高尚的感知能力便日渐凋残。当人们逐渐丧失其知识品位时,他们也就与其更高层次的抱负擦肩而过,这是因为他们不再有时间和机会陶醉其中,而是沉溺于那些更为低劣的快乐中,这倒不是因为他们故意偏爱这种低劣的快乐,而是因为他们只能获得这种快乐,或者他们此时只有能力享受这种快乐了。有人可能会提出质疑,是否存在一种人,即便明知自己偏爱较为低等的快乐,但他们依然对这两种等级的快乐持有同样敏锐的感知能力。当然了,总有那么多人在企图结合这两者的尝试中一败涂地,从古至今,都是如此。

这些人是唯一颇具能力的判断者,面对他们的这一结论,我竟担心找不到任何控诉。这两种快乐中的哪一种才最值得拥有?或者说在不考虑其道德属性和产生后果的情况下,这两种存在模式中的哪一种才会令人在感觉上最为舒适?有些人同时精通这两者,那么他们所做的审判必须被承认为终审判决,如果这些人尚有不同意见,那么以其中大多数人的想法为准。而且,有关各种快乐的质量评定,我们当毫不犹豫地接受该终审判决的意见,因为再无别的裁决可供我们参考,即便在快乐的数量问题上亦是如此。除了那些熟知两者人士的普选权以外,在判决两种痛苦中哪种更为剧烈,或者两种愉快感觉中哪种更为强烈时,究竟存在哪些方法呢?无论痛苦还是快乐,它们都不是同质的,而痛苦往往是和快乐异质的。以遭受某种特定的痛苦为代价去追求某种特定的快乐，这究竟是否值得呢？除了那些经验式的感受和判断以外，我们还有什么决策的依据吗？一旦如此，抛去强烈程度这一因素不计，如果这些感受和判断认为，那些源于具有较高感知能力人士的快乐要优于那些动物本性易于感知的，和人类较高感知能力脱节的快乐，那么这些观点在这个问题上同样是切中要害的。

作为完全公正的效益理念或者快乐理念中必不可少的一部分，我经常对这个问题沉思不已，它也被视作人类行为的指导性规程。然而，这绝非接受功利主义标准的必要条件，原因在于，该标准的依据并非是代理人自身快乐的最大化，而是所有人快乐总量的最大化。如果说人们有可能质疑，是否某种高尚品格总是会因其高尚性而令其本人感到更为快乐，那么毋庸置疑的是，这种高尚性会令别人感到更为快乐，而总体而言，整个世界也是这种高尚性的巨大受益者。正因如此，凡是论及快乐，即便每个人只能从他人的高尚品格中获益，而他自己的高尚品格只能减损其利益，功利主义也只有通过高尚品格的全面培养才能达到其目的。然而，这最后一种阐释堪称为赤裸裸的谬论，它只能招致不必要的驳斥罢了。

练习 2

下列的各种快乐中，你认为哪些是"较为高级"的快乐，哪些是"较为低级"的快乐？请你按照偏好程度将这两组快乐进行排序和打分，（+10 分为最大限度的快乐，−10 分为最低程度的快乐）然后将你自己的排序和他人的进行比较。你的观点是否和大多数人的一致？密尔的区分在此是否有用？

A
a. 拥有金钱

B
a. 原谅你的敌人

b. 拥有权力　　　　　　b. 饮用香槟

c. 拥有朋友　　　　　　c. 喝水

d. 诉说你的祷告　　　　d. 踢足球

e. 吃猪肉　　　　　　　e. 下象棋

f. 给予爱　　　　　　　f. 演奏一种乐器

g. 获得爱　　　　　　　g. 倾听莫扎特的音乐

h. 做爱　　　　　　　　h. 参加一场摇滚音乐会

i. 散步　　　　　　　　i. 阅读诗歌

j. 打击报复　　　　　　j. 写诗

练习3

你现在16岁，有权选择离开校园，或者继续在大学深造。为了帮助决策，你勾画出自己在25岁时两种可能的职业生涯，并就各个方面打分（最大限度的快乐和最大限度的痛苦分别打分为+20和-20）。这样一种计量方式能帮助你做出决策吗？你会在这两种职业生涯之间做出什么质上的区分？

留校深造		离开学校	
职业生涯	得分	职业生涯	得分
周末在商店里工作=50英镑=骑二手车	_____	银行的全职工作=300英镑每周=骑新自行车	_____
穿制服	_____	穿新衣服	_____
深夜写家庭作业	_____	放学后的社交生活	_____
遵守校规	_____	遵守工作纪律	_____

学校里的朋友们	_____	工作中的朋友们	_____
代表学校踢足球	_____	代表公司踢足球	_____
考进大学	_____	酬劳的大幅增加	_____
继续待在大学	_____	继续工作	_____
和爱丽丝约会并在5年之后		和爱丽丝约会并在2年之后	
攒够钱拥有自己的家	_____	攒够钱拥有自己的家	_____
获得学位并得到一份		获得升职并得到一份	
收入为2万英镑的工作	_____	收入为2.5万英镑的工作	_____
工作满意度和职业前景	_____	工作满意度和职业前景	_____
满足父母亲对你的期望	_____	满足父母亲对你的期望	_____
总分	_____	总分	_____

问题：密尔

1. 你认为一名知识分子的生活在质量上要优于一个傻瓜的生活吗？

2. 密尔的理论有哪些社会意义？

3. 为什么边沁的功利主义和公平正义之间会存在冲突？请用一个具体的案例阐释你的回答。密尔有没有克服该冲突呢？

4. 有人认为功利主义简直就是一种"猪猡伦理学"，面对这样一种控告，密尔对功利主义的捍卫有多成功呢？

5. 你会如何区分莫扎特和披头士的音乐？你会认为，这两者中的某一种要比其他一种包含更为"高等"的艺术吗？

V. 对功利主义的一些批评

用质量取代数量,密尔版本的享乐功利主义和边沁版本的功利主义截然不同。密尔之所以拒绝对快乐进行定量式的判断是因为,他认为人类一方面与动物一样经历着"较为低等"的快乐,诸如享用食物、饮料和性爱等的快乐,但同时也有能力获得一些别的"较为高等"的快乐(那些知识分子的快乐),这种快乐超越了有情众生的理解能力。密尔认为,"较为高等"及"较为低等"这两种快乐间的该差异足以生成一系列各具特色且丰富多样的快乐,并且导致人们在道德生活的追求中具有独特的个性。

然而,我们该怎样区分这两类不同的快乐呢?至于怎样才算较为低等的快乐,怎样才算较为高等的快乐,人们对此的观点有很大差异,也很难断定人们能在这方面达成什么基本共识,密尔通过诉诸于他所谓的"有能力的判断者"来回应这个问题。如果我们想知道哪些算是较为高等的快乐,哪些又算是较为低等的快乐,那么我们就必须求助于那些同时经历过这两种快乐的有经验人士。如果某种快乐即便可能伴随有很多痛苦或不适,但这些判官依然一致认定其高于另外一种快乐,那么这种快乐一定具有质上的优越性。在各位判官中进行的一项民意测验显示,他们一致选择了那些精神和心智上的快乐,并认为其优于那些所谓"较为低等"的快乐。正如密尔所评论的:"……有一个毋庸置疑的事实,那些同样有能力领会和享受(这两种快乐)的人,确实会显著偏好于那种能调动他们更高感知能力的快乐存在方式。"

若一切都如此,自然很好,可是那些所谓的颇具能力的判断者真的会始终偏好那些较为高等的快乐吗?这真的是一个毋庸置疑的事实吗？显然，并没有任何合乎逻辑的理由支持他们为何应当做此选择。在密尔看来，如果一名富有智慧的维多利亚女王时代的绅士会偏好那些较为低等的快乐，这简直是无法想象的，然而即便这在密尔看来是不可思议的，却无法构成其不可能发生的理由。我们的身边不乏这样的案例，某个人所在的社会圈子会厌恶某种行为，但他本人却认为该行为令其愉悦，而这本身并没有什么错。多数人的意见，或者说即便那些受过最良好教育人士的观点，亦不能完全证明某项特定的行动就是符合道德规范的，正如其在证明某项科学理论具有实证正确性时也具有局限性。事实上，古罗马时代那些赞同奴隶制度的大多数公民并不认为他们拥有奴隶是合情合理的。

这些针对快乐在功利主义中所起作用的批评声催生了一项重要的调整，也就是人们所称的**理想功利主义**。理想功利主义主要和G.E.摩尔（1873—1958）的著作紧密相连，其名亦源于摩尔1903年所著的《伦理学原理》一书的末章，该章名为"理想"。摩尔的论证始于上述批评。有一个心理上的事实，即人们确实从X当中获得了快乐，但这并不意味着X本身是值得追求的，也就是说，X应当受人追求。如此看来，密尔的观点是错误的，因为人们显然有可能从某些道德上应受谴责的事物中获取快乐，即便密尔本人可能对此说法表示强烈反对。正因如此，我们无法简单地在什么是好的与什么是令人愉悦的两者间画上等号。既然如此，那么究竟怎样的行为才能被正确鉴定为"好的"呢？摩尔对此的回答非常明确。

到目前为止，我们知道或所能想象的最有价值的事物莫过于某些特定的意识状态，我们可以大致将其描述为人际交往中的快乐以及欣赏美丽事物的愉悦。究竟何为足有价值的事物，凡是自

问过这个问题的人可能都不曾怀疑过，人与人之间的情感以及对自然界美妙艺术的欣赏是具有内在善的……①

这听起来似乎有点像伪装版的密尔理论。这种理论不也与之类似地偏好那些较为高等的快乐，诸如源于友情的快乐和游览一座美术馆的愉悦，而否决了那些较为低等的快乐吗？没错，摩尔依然保留了基本的功利主义观点，他认为在任何情况下，采取正确的行动可以实现善的最大化，然而，正如上述引言所阐明的，他并没有界定何为享乐主义的善（边沁和密尔亦是如此）。摩尔给出了一个所谓"最有价值事物"的简短分类，但这并不要求快乐作为其必然效应，因为事实上，除了快乐（比如友谊、美貌）以外，还有很多别的事物值得令人期待和追求，并且具有"内在的善"。换言之，这些事物并不具有工具的善，而只具有内在的善：它们的善并非衍生而得，它们是因其本身而善。由此看来，有那么些事物，即便其特定体验并不能给人带来快乐，它们依然保持着内在固有的价值。正因如此，无论其产生何种效应，是令人快乐还是别的什么，拥有这些"理想的"内在的道德善总是好过不拥有它们。就这一点而言，任何究其本质具有内在善的行为就是一项正确的行为，而且即便整个宇宙只存在该行为及其代理人，这样一种行为依然是正确的。②

在这一点上，我们可以看到摩尔的理论和古典功利主义及享乐主义大为不同：单纯的快乐并不构成最终的善，因为除了快乐以外，还有一些别的事物具有最终的善——比如，美德、友谊、知识、美貌。

---

① 《伦理学原理》，剑桥：剑桥大学出版社，1903年，第188页。
② 摩尔认为内在的善是"不言而喻"的善，这是该论证的又一个特点。我会在第八章中论述这一点，见本书第399~402页。

然而，对于某些现代的功利主义者而言，这个列表的限制性依然太强，与其说认为这些事物"具有内在善"而毋庸置疑地将其作为应当争取获得的道德善，我们还不如将其看作一些个人偏好，也正因如此，偏好功利主义为灵活的选择留出了充分的空间。这样一来，一名隐居者就不会再因过着离群索居的生活而遭受谴责，因为虽然没有朋友、孤单寂寥，但是他已经实现了自己的愿望。无可否认，这样一种与世隔离的生活并非我所偏好的。这种生活想必能增加一名隐士的快乐，却会以同样的可能性增加我的痛苦。然而，这一事实恰恰可以表明，我们的偏好是各不相同的，并不能说某种偏好优于另一种偏好。正因如此，在偏好功利主义中，我们不再是简单地穷举那些必然为好的活动，也不是吹捧那些个人选择令其如何高高在上，我们不过是确定个人偏好究竟为何。明确了这一点，我们的任务也就清晰了，即对于那些有可能实现人类最大快乐总量的偏好，我们应该将其最大化并扩展其存在的范围。

偏好功利主义面临两大众所周知的问题。第一个问题，和密尔的理论极为类似的，对于那些有可能被普遍认为是反社会甚至非理性的偏好，偏好功利主义貌似难以将其排除在考虑之外。A可能偏好带着狗去猎捕狐狸，其理由是这样做可以控制害虫，而B则有可能偏好于禁止这项猎杀活动，其理由在于这样做对狐狸过于残忍。然而，假如只有当每个人的每种追求及渴望都有权要求得到平等的满足的情况下，每种偏好方能得以确认有效，那么我们很难

G.E. 摩尔

从猎捕狐狸这个案例中得出一个道德结论。第二个问题，事实上，有时我们所偏好的并不给我们带来任何利益。当然了，通常情况下，我或许对自己偏好所具有的潜在危险性心知肚明：我偏好于从不运动，偏好于大量饮用烈酒。但同样地，我们有时无法预测某种偏好的结果：危害较小的做法，我可能会偏好于选择在大学里研读法律，但可能最终会因为学了一个如同天书般的专业而无聊得要死。或者，危害较大的做法，我可能会猛饮一杯雪莉酒而呛死。然而，这种种情境都指向了三条更为笼统的批评中的第一条：结果的问题，而这几条批评不仅仅适用于偏好功利主义，也同样适用于所有形式的功利主义。

练习 4

下列陈述中哪些适用于（或者不适用于）行动功利主义、积极功利主义、消极功利主义、享乐功利主义、理想功利主义以及偏好功利主义？

1. 所谓好的是指那些能最大化快乐的事物。
2. 所谓好的是指那些能最大化我一个人的快乐的事物。
3. 我对苏珊的友谊具有内在固有的道德价值。
4. 我对斯大林的友谊具有内在固有的道德价值。
5. 憎恨漂亮的事物，这具有内在固有的反面道德价值。
6. 前往美术馆具有内在固有的道德价值。
7. 自爱具有内在的反面价值。
8. 正确的行为总是能减少痛苦和增加快乐。
9. 赦免罪者往往好过于监禁无辜。
10. 只有快乐本身才是我们的终极追求。
11. 饮用啤酒具有内在固有的道德善。

12. 只有那些值得追求的事物才能带来快乐，而快乐本身是我们的终极追求。

13. 任何行为，只要其结果没有达到最佳，即是错误的。

1. 结果的问题。 如果评判某项行动正确与否的依据在于，其是否在快乐胜过不快乐，快乐胜过痛苦方面获得了最大的正平衡，那么在做一项道德决定时就要计量该行为的影响。但是，要计算清楚某项行为可能产生的所有结果，这又怎么可能呢？我们如何才能确保任何行动都会生成最大的快乐净值呢？我们或许能略带把握地说，该行动（A）会在五分钟后产生结果（B），但是B将不可避免地产生另外一种结果，而这些结果反过来又会生成一些别的效应，诸如此类，持续下去，直至地老天荒。正因如此，我们在什么情况下才能进行计算，才能确认我们最初的行动是正确或错误的呢？

2. 特殊责任的问题。 我们大多数人都认同一点，我们对某些特定的人负有特殊责任，进一步来说，我们也认同，这些责任之所以正确，并不必然是因为它们能增加人类快乐的总量。然而，功利主义似乎恰恰不承认这一点。我们不妨援引一个之前论述过的案例，两个男人都在溺水下沉，其中一名是你的父亲，另一名则是位即将成功攻克癌症治愈难题的知名科学家，功利主义者会敦促你去救那名科学家，而我们当中的很多人都会不同意这种做法，并对该建议非常反感。我们会这般回应这个问题，我们对于自己的父母负有特殊的责任，无论某个陌生人的名望多高，这都不能超过父母在我们心中的分量。在这方面，我们还可以举出一些别的例子，无论学生怎么想，一名老师总是对其学生负有特殊的责任，这并不必然涉及给出最高分，从而最大化该教师所关心的班级的整体快乐。确实，在这些案例中，当事人并非不晓得，质量的提升要以增加痛苦为代价。由此看来，一名教师不顾效益原则而恪尽职守确实是有可能的。

3. 公平正义的问题。公平正义应该成为功利主义的一个问题，这看起来似乎可能有点奇怪。毕竟，该理论确实纠正了伦理利己主义中显而易见的"自私自利"，而且它也坚持主张，在计量某一行动产生的效应时，任何一个人都不能享有专门的特权，为了追求其自身的快乐而置他人的幸福于不顾。功利主义确实追求不偏不倚，而我们或许可以认为，这一点对于任何富有意义的公正观念而言都是必不可少的——实际上也确实如此。不过，从另一方面说，功利主义并没有特别的平等主义。有那么一阵子，我们曾被告知应尽可能追求最多的快乐，而且应当同等对待每一种的快乐，我们并没有听说过，这种快乐应当如何进行分配。在这些案例中，如果最大快乐总量是通过不公平分配而实现的，比如说，其中某个人被剥夺了所有的快乐，一旦如此，又会发生什么呢？这样的一个案例就会令某个无罪者遭受惩罚。如果和边沁一样，我们假设惩罚的主要目标在于威慑（告诉人们如果不遵守法律将会遭受什么后果，借此促使人们遵守法律），那么一个功利主义的判官即便知道有些人是无辜的，依然可以判处他们死刑，只要他们认为这样做会产生更好的结果——诸如恢复法律和秩序，避免犯罪的增加，等等。问题在于，虽然该行为极有可能最大化快乐总量，但是它依然有可能因为快乐总量的分配方式而被视为不公平的。公平正义也要求根据每个人各自应得的赏罚或优劣来对待他们。基于这种推理，人们之所以遭受惩罚，并不是因为他们可能采取行动，或者考虑到他们接受惩罚后会对他人造成的影响，而仅仅是因为他们自己已经完成或没有完成的行为。如果有证据显示这些人没有犯罪记录，那么单单是他们的清白案底这一点就足以令他们的无罪释放合情合理。

　　这一结论具有极为重要的意义。如果说公平正义并不必通过效益原则得以实现,如果说实现最大量的快乐并不意味着已经实现了公平正义,那么我们不得不得出这样一个结论:仅仅依靠一项效果分析结果是远不足以判断何为对何为错的,也就是说,我们必须摈弃目的论而向这样一种观点靠拢:某项行为的道德程度有赖于该行为本身的属性。一言以蔽之,我们必须开始采用**义务论式**的思考方法。

练习5

以下选文摘自尼科洛·马基雅维利(1469—1527)、费奥多尔·陀思妥耶夫斯基(1821—1881)以及阿道司·赫胥黎(1894—1963)的著作。请仔细阅读,并在思考每段之后的问题。

1. 马基雅维利:君王[①]

　　我说,无论什么时候谈起人类(尤其是那些更多暴露于公众视野中的君王),他们都会被贴上各种品行的标签,有的对其大加褒奖,有的则对其大肆谴责。比如说,有些人被认为是慷慨大方的,而有些人则被认为是吝啬小气的;有些人被认为是行善者,而有些人则被称为贪婪鬼;有些人是残酷无情的,有些人是富有同情怜悯之心的;某个人是背信弃义的,另一个人则是忠诚守信的……诸如此类,不一而足。我知道任何人都会认同,在上述我列举的所有人当中,如果是一名君王拥有那种被视为美德的品质,这将是最值得称道的。然而,人

[①] 《君王》,由乔治·布尔翻译并作序,哈蒙兹沃思,企鹅丛书,1961年,第90~92、95~101页。

马基雅维利

性使然，君王无法拥有这种种品质，或者更精准地说，他不可能总是彰显出这些品质。因此，一名君王应当保持足够的谨慎，他知道该如何回避那些依附在种种罪行之上的恶名，这甚至有可能令其丢失他统治之下的国家。与此同时，只要力所能及，一名君王也知道该如何躲避那些不那么危险的罪行，如果他力不能及，他也不必为后者过于担心。既然如此，那些对于捍卫国家不可或缺的罪行，他也大可不必畏惧人言而躲躲闪闪。这是因为，他在经过全面考虑之后发现，虽然有些事物看上去高尚而富有美德，但如若他真的这么做了，只会毁了自己。相反，虽然有些事物貌似邪恶不堪，但却能为他带来安全和繁荣昌盛……

我说，相较于残暴无情之恶名，一名君王应当更想拥有怜悯同情之美名，就算如此，他还应注意不可滥用怜悯之心。由此看来，只要能保持他的臣民团结忠诚，即便君王因自己的残暴无情招致了谩骂和斥责，他也不必为此担忧。有些人过于富有同情怜悯之心，他们纵容那些不端行为反而招致了谋杀和掠夺，只稍列举一二就能证明，相较于这些人，所谓的残暴无情其实才是更富同情怜悯之心的。因为过度的同情怜悯往往会危害整个社会，而君王的严酷行为仅仅影响了个人。

由此引发了下述问题：是否受人爱戴好过受人畏惧，抑或相反。答案是，一个人想同时拥有这两种状态，既此也彼，但因为合并这两者很难，于是乎，如果你不能鱼和熊掌兼得，那么受人畏惧要好过受人爱戴……对于那些卑鄙小人而言，一旦打破爱的契约更有利，他们就会断然这样做,然而对遭受惩罚的担心却会加剧人们的畏惧之情,这往往是非常有效的……

不过,如果一名君王正和他的战士们浴血奋战并指挥一支庞大的军队,那么他无须担心自己承担残暴无情之恶名,因为若无此之名,他就无法保持军队团结统一、严守纪律。名将汉尼拔诸多令人钦佩的卓越功绩中就包括这点:虽然他统领的是一支由诸多不同种族组成的庞大军队,身在异乡作战,然而无论在军队之中还是针对统帅,无论事态是好是坏,都未出现过意见纷争。在这一点上,他可谓不人道的残暴无情起到了主要作用。正是他的残暴无情,加之他所拥有的其他难以计数的优秀品质,他的士兵们才会对他充满畏惧和敬仰之情。倘若汉尼拔不残暴无情,单单依靠他的其他品质不足以实现这一点。历史学家往往没有考虑到这一点,他们一方面钦佩汉尼拔的卓越功绩,另一方面又谴责他实现该功勋的手段……

每个人都意识到,对于一名君王而言,说话一言九鼎,做事直截了当而非老奸巨猾是多么值得称赞的品质。而且,当代的经验显示,凡是那些实现丰功伟绩的君王,虽然也曾不重承诺、待人奸猾,但他们最终还是遵守了诚信的准则并克服了这种种缺陷。因此,对于一名谨慎的统治者而言,如果一言九鼎将置他于不利境地,而且他当初许下承诺所基于的理由也不再成立,那么他就不能也不应该继续恪守承诺。如果所有人都是善的,那么上述戒律并不好,不过人类是一种卑鄙的生物,他们不会对你信守承诺,既如此,你也自然不必对其信守承诺。而对于一名君王的不守承诺,他从来不匮乏对其加以美饰的巧妙借口……正因如此,一名君王并不必须拥有我之前所述的种种优良品质,但是当然了,至少他应该在外表上显得拥有这些美德。甚至我不得不说,如果君王拥有这些品质并且始终以此规范自己的行为,那么他会发现这将对自己造成严重的损害,如果他仅仅表现得拥有这些品质,那么这将对其有利。他应该表现得富有同情怜悯之心、一言既出驷马难追、坦率诚实、虔诚笃实,而事实上他也应当如此。不过在实际问题的处理上,如果他知道自己应当反其道而行之,他也知道该怎么办。你必须意识到这一点:虽然很多事物能赋予人美德之名,作为一名君王,尤其是一名新君王,却不能完全遵照执行,尤其是为了维护其国家,他往往会出于无奈而在采取行动时被迫违背其诚信美德、宽容慈善、温柔善良以及宗教信仰。鉴于此,他也就应该拥有一种灵活的处事方式,按照命运和境况的不同而随机应变。正如我之前所述,若有可能,他不应该偏离善的轨道,但若必要,他也当知道该如何为恶。

问题:马基雅维利

1. 本段文摘中,马基雅维利在何种程度上采纳了功利主义原则?

2. 一名统治者为了国家的利益而采取了不道德的行为,在何种情况下(如果有的话),他的该行为会被视为合情合理?对此进行讨论。

2. 陀思妥耶夫斯基:罪与罚[①]

在我看来(拉斯柯尔尼科夫说道),如果说开普勒及牛顿的发现由于某种原因而未能公之于众,除非牺牲那些制止或以任何方式阻挠这些发现的人的生命,这些人可能是一个,可能是十余个,也可能是上百个甚至更多,那么牛顿就有权利,而且也确实应当义不容辞地消灭这数十

[①]《罪与罚》,由大卫·马加尔沙克、哈蒙兹沃思翻译并作序,企鹅丛书,1951年,第276~278页。

或数百个反对者,从而使其发现能昭示天下。然而,这并不意味着牛顿就有权不分青红皂白地谋杀任何人,或有权每天在街市上实施偷窃。好吧,据我所知,我还在文章中对此有过争辩——我们可以这么说吗?——早自远古时代起,一路伴随着莱克格斯、梭伦、穆哈默德、拿破仑以及其他人,人类的立法者和仲裁者无一例外都是罪犯,原因在于这样一个事实,他们违

陀思妥耶夫斯基

反了其祖先传承下来的且备受人们推崇的古代法律。当然了,他们也未停止杀戮,如果说有时候杀戮——那些英勇战斗以捍卫古代法律的无罪者们——对他们而言有任何益处的话。确实,一个值得注意的事实是,这些人类施善者和仲裁者中的大多数身上都流淌着血河。简而言之,我认为所有那些不仅伟大而且也有点不同寻常的人,即是说,甚至包括那些有能力说出些一定程度上新鲜事物的人们,他们就其本性而言,必然是罪犯——当然,是或多或少的。否则的话,他们会觉得很难摆脱因循守旧的习惯,而依照其本性,他们又是断然无法接受维续旧状不做改变的,在我看来,他们也不应同意就这么维续旧状。简言之,正如你所见,在这所有当中并无什么特别新奇之物。事实上,这早已被印刷和阅读过数千遍。我把所有人分为普通和非凡两类,我承认这么做有些武断,但毕竟,我并不坚持认为这是完全一成不变的,我只是有这么一种原则性的理念,而这种理念所主张的不过是,根据自然法则,人在总体上被分成两类:其一是较为低等的一类(普通的),也就是说,其存在不过是为了繁殖同类;其二是特有的一类,也就是说,那些天赋异禀者或特殊才华的人,他们在其特定环境中说出了一个新词汇。当然了,在

这方面还有无数的细分，然而这两大类人的区分性特征是非常显著的：第一类人，也就是普通大众，包含了所有那些通常而言天生就是保守、值得尊敬而且温良驯服的或喜欢温良驯服的人。在我看来，温良驯服是他们的职责所在，因为这是他们毕生的事业，而且对他们而言，这压根一点儿都不丢脸。属于第二大类的人都会违犯法律，也都是破坏者，或者根据其不同的能力倾向于成为破坏者。当然了，这些人的犯罪内容是相对的且各式各样，不过，多数情况下，他们都以这样或那样的方式宣称，自己是以创造更美好未来的名义而破坏当下现状的。不过为了实践这样的想法，这样一个人不得不踩踏尸体而过或跋涉血海而行，在我看来，只要听凭自己的良心，他绝对有权允许自己跨越血海，当然，这一切都基于其想法的本性及尺度——请注意这点。仅仅在这个意义上，我才会在自己的文章中宣称他们有权犯罪。尽管如此，我们真的没有什么可以畏惧的：暴民几乎不会承认自己有权这么做，但依然会我行我素地将他们斩首或者施以绞刑，这样一来，就非常虔诚地履行了自己保守的毕生事业，不过这还有个附带条件，即在随后的数代人中，同样的这批暴民可能会将这些被执行人当作偶像顶礼膜拜。第一类人总是当下的主宰者，而第二类人则是未来的掌控者。第一类人维护着世界现状并增加其数量，而第二类人则推动着世界前行并引领其实现全球化。这两类人都有绝对平等的生存权。简言之，他们都拥有和我同样的权利并且——永恒的战争——直至新耶路撒冷建成，当然如此。

问题：陀思妥耶夫斯基

1. 本段文摘中，陀思妥耶夫斯基在何种程度上采纳了功利主义原则？
2. 是不是一个天才就能令任何为达到目的而采取的手段合情合理？

3. 赫胥黎：美丽新世界[①]

"我亲爱的年轻朋友，"穆斯塔法·蒙德说道，"文明绝对无须高尚的精神或英雄主义。这些东西不过是政治效率低下的表现。在我们这样一个组织合理的社会里，没有人有机会做高尚或富有英雄气概的事情。在这样的情况出现之前，社会肯定已经动荡不安了。在那些充斥着战争的地方，在那些各自为营的地方，在那些有诱惑要抵制，有爱情需要捍卫和为之斗争的地方——在那里，显然，高尚和英雄气概还是有些意义的。然而，如今并没有爆发任何战争，当下最需要留心的莫过于勿让自己给予任何人过多的爱。如今也没有什么派系之争，你习惯于情不自禁地做你所应该做的，而总体来说，你应该做的又令你如此快乐，那么多自然的冲动可以无拘无束地发泄，事实上根本不存在任何需要抵制的诱惑。如果出于某种不幸，发生了什么不愉快的事情，嗨，总有个体内神经细胞会基于事实情况给你放个假，也总有个体内神经细胞来平息你的愤怒，使你和仇敌调停和解，让你变得耐心而坚忍。放在过去，要做到这一点，你只能通过自身的努力以及多年艰苦的道德磨练。现在，你只需吞咽下两到三片半克重的小药片就可以办到。而今，任何人都可以变得善良正直。你至少可以把你一半的道德装在瓶子里随身携带。简单易学没有眼泪的基督教精神——这就是所谓的体内神经细胞。"

阿道司·赫胥黎

[①]《美丽新世界》，哈蒙兹沃思，企鹅丛书，1977年，第190~192页。

"然而眼泪还是必不可少的（野蛮人曾这么说）。你难道不记得奥赛罗说过的话了吗？如果在每一场暴风雨之后，接踵而来的都是如此的平静，那么尽管让狂风急骤吧，直至其唤醒死亡。"有一个年迈的印第安人常常给我们讲述一个关玛塔斯基姑娘的故事，但凡想娶她的年轻小伙子，都要一早在她的花园里锄地。这貌似很容易，但那里布满了苍蝇和蚊子，个个都有魔法似的，厉害极了。那些年轻人大多数不堪忍受站在那里遭受叮咬，但是有一个人坚持下来了——他赢得了姑娘的芳心。"

"这真是个迷人的故事！然而在文明国度里，"管控者说道，"你大可以不必为其锄地即可获得这些姑娘的芳心，你也无须忍受苍蝇或蚊子的叮咬。我们数百年前就早已消灭了它们。"

野蛮人点点头，皱起了眉头。"你们确实消灭了它们。没错，这正像你们干的事情，把任何令人不快的东西斩草除根，而不是学着去忍受它，默默忍受残暴命运的吊索或毒箭，抑或挺身反抗人世间无涯的苦难，并通过斗争把它们扫除，这两种行为哪一种更加高尚呢……但是你们两者都不做，既不忍受，也不反抗。你们仅仅是废除了吊索和毒箭，这也太容易了……难道就没有什么在危险中求生的了吗？"

"这非常有意义，"管控者回答道，"男人和女人的肾上腺素都需要时不时地刺激一下。"

"什么？"野蛮人无法理解地问道。

"这是完美健康的条件之一。这也正是我们强制要求进行 VPS 治疗的原因所在。"

"VPS？"

"代狂热情绪剂。定期治疗，一月一次。我们会让肾上腺素充满人的整个身体系统，它在生理上完全等同于恐惧和狂怒，其所产生的所有紧张效应无异于杀死苔丝狄蒙娜或者被奥赛罗杀害，方便极了。"

"但是我喜欢不方便。"

"我们不喜欢,"管控者说,"我们更加喜欢舒舒服服地做事情。"

"但是我并不想要舒服。我要上帝,我要诗歌,我要真正的危险,我要自由,我要罪恶。"

"事实上,"穆斯塔法·蒙德说道,"你们是在争取受苦受难的权利。"

"那好吧,"野蛮人挑衅地说道,"就算我是在争取受苦受难的权利吧。"

"不用说还有衰老、变丑和性无能的权利,要求罹患梅毒和癌症的权利,食物匮乏的权利,污秽恶心的权利,不断为明天担惊受怕的权利,感染伤寒的权利,遭受种种无法言说的痛苦折磨的权利。"

他们陷入了久久的沉默。

"我要求这一切。"野蛮人最后说道。

穆斯塔法·蒙德耸耸肩膀,"那就随你吧。"他说。

问题:赫胥黎

1. 本段文摘中,赫胥黎在何种程度上采纳了功利主义原则?

2. 一个政府秘密地给其公民服用毒药,这在什么情况下(如果有的话)才能被视为合情合理?请举出具体案例。

问题:功利主义

1. 在罗尔德·达尔的故事《创世记和灾难》①中,一名医生同时挽救了在难产中的母亲和孩子的生命。他最后是这样说的:"你会没问题的,希特勒夫人。"这个故事在何种程度上可被视为对功利主义提

---

① 《吻吻》,哈蒙兹沃思,企鹅丛书,1962年,第156~163页。

出的合理的批评?

2. 就你认为的较为高等和较为低等的快乐给出具体案例。在判定行为的正确与错误时，这两种快乐间的区别会带来些什么问题?

3. 在功利主义中，最终的结果可以使方法和手段合情合理，那么这也能使邪恶行为的执行变得合情合理吗?

4. 人们设计了一架"快乐机器"，它可以向你提供所有你最为渴望的体验。你会将自己塞入这台机器吗? 如果不会，为什么?

5. 在下列各种情况下说明毒品的使用是合情合理的:
① 减缓身体上的痛苦; ② 减轻压力; ③ 诱发一种幸福的状态。

6. 区分享乐功利主义、理想功利主义以及偏好功利主义。你认为上述几种版本的功利主义中，哪一种是最为可信的?

7. 就以下反对堕胎的功利主义论点进行讨论: 如果堕胎是非法的，那么那些不想要孩子的妇女将感到不太快乐，但是相较于她们的不快乐，那些被赋予生命的孩子的快乐几乎一定会更多些。如此看来，除了那些极为特殊的情况以外，堕胎应该成为非法的行为。

8. 思考下列案例。这是否算是针对功利主义提出的一种合理批评? 作为一名功利主义者，对此会如何回应?

吉姆发现自己正处于一个南美小镇的中央广场。倚靠着墙壁，二十个印第安人排成一排，五花大绑着，大多数显得非常恐慌，少数几个肆无忌惮，他们面前站着几个身穿制服的武装人员，有一个身着汗迹斑斑的卡其色T恤的壮汉貌似是他们的头儿，在对吉姆进行了一系列盘问之后，他们确认吉姆是在一次植物学远征考察中偶然来到这里的，于是向其解释说，当地的印第安居民最近采取了反抗政府的行动，眼前的这些人是其中的一部分，他们即将被处死，这样可以杀一儆百，告诫那些有可能反抗的人不要采取行动。然而，鉴于吉姆是一位来自异国的尊贵外宾，这个头目很乐意为其提供一项贵宾特权，即由其亲自处死其中的一名印第安人。如果吉姆接受了该提议，那么为了纪念这一特别场合，其他的印第安人得以豁免死刑。当然了，如果吉姆拒绝了该提议，那就不存在什么特别场合，一旦吉姆抵达，这里的佩德罗就将按原计划执行，即将他们全部杀死。吉姆，头脑中绝望地回忆起自己学童年代看的那些虚构小说，想象着如果自己持枪抓住那个头目，并以此恐吓余下的那些士兵，但是很显然，这样做肯定还是无济于事的：只要稍作这样的企图，就意味着所有印第安人都会被杀死，连他自己也难以幸免。那些倚靠着墙壁的人，还有别的一些村民都明白了事态，显然，他们也恳请吉姆接受这项提议。吉姆该怎么做呢？[①]

VI. 讨论：惩罚理论

违法者一旦被抓，就要受到惩罚。惩罚可能涉及金钱的损失、自由的剥夺，在最为极端的情况下甚至包括失去生命。我们已经习惯于这些实践做法，它们如此古老，我们大多数都已对其完全接受。不过即便如此，惩罚确实需要正当的理由，因为这涉及量刑并对个人施加痛苦的惩罚。那么，国家为何被允许这么做，即蓄意伤害它的某些公民呢？惩罚的正当理由何在？按照传统，针对该问题有两种回答：功利主义者和主张报应者。

正如我们所料，**功利主义的惩罚理论**关心的是惩罚的结果，并且

[①] 伯纳德·威廉姆斯，《功利主义：赞同与反对》，剑桥：剑桥大学出版社，1973年，第98~99页。

会依照效益原则来判定这些结果是好是坏，也就是说，它们是否能增加人类的快乐总量。正如边沁所阐明的，惩罚包含痛苦，它也因此是恶的，但如果增加罪犯所承受的痛苦可以防范犯罪，并因此相应增加社会的整体安全和幸福，那么这种恶是一种合情合理的恶。从这个意义上讲，惩罚是一种工具性的善。犯罪可以通过惩罚的威慑效应而得以防范：施加于罪犯们身上的惩罚的痛苦可以告诫他们不要再次犯罪（出于对未来痛苦的恐惧），这也以生动形象的方式警示了那些潜在的违法者，一旦他们采取类似行动将会落得什么下场。然而，如果惩罚对实际罪犯和潜在罪犯都起不到威慑作用，那么国家就拥有边沁所谓的通过监禁或判处死刑的方式，将这些人从社会中完全清除的最终"非容纳"权。于是，作为最后一招，惩罚通过限定违法犯罪者的身体而使其无法重复其行为，从而保护了整个社会。

报应主义的惩罚理论在《旧约》的命令中通常表述为："以眼还眼，以牙还牙。"惩罚之所以合情合理，是因为那是犯罪者罪有应得，违法者必须为他或她招致的损害对社会做出偿还。原因在于，如果人们能施加痛苦于他人，而他人却不能反之向其施加痛苦，那么这就实现了积极的非公平正义。不同于功利主义的惩罚理论，报应的惩罚理论是向后看而不是向前看的：它之所以提倡惩罚，是基于人们过去的所为，而并不在于防范人们将来可能的所为。事实上，即使并不能带来什么好处，依然应当执行惩罚。比如说，假设我们发现了一个臭名昭著的纳粹战犯（比如说阿道夫·艾希曼

阿道夫·艾希曼

的下落：他正生活在南美洲，已经改头换面有了新的身份，如今他已是社会上受人尊敬的一名栋梁之材。进一步假设，我们有办法令其归案受审，在这种情况下，将其逮捕并绳之以法或许并没有太多的功利价值——这甚至会带来负面价值，但我们中很多人可能依然会认为，将其绳之以法是必要的也是正确的。而在主张报应者看来，单单是这个人所犯下的罪行本身就足以使对其施加的惩罚合情合理。

当然，所有这些理论都遭受到挑战。功利主义，正如我们之前所提到的，基于社会效用，它允许无罪者遭受惩罚这种情况的发生，甚至可以达到这样一种程度，即为了惩罚一个人犯下的罪行宁可置诸多公民的权利保护而不顾。另一方面，报应主义者虽然保护了诸多公民的权利，但其惩罚罪犯仅仅因为他罪有应得，并没有考虑该惩罚实际上对违法者或社会究竟有没有任何好处，由此可能产生一种弊端，即这种惩罚并不能带来更大的补偿效益。它只不过是为了满足一种原始而野蛮的复仇欲望罢了。

很大程度上正是因为这些原因，传统的功利主义和报应主义理论越来越遭到人们的否定，并被第三种理论取代之，即所谓的康复理论。该理论已经在心理学家、社会学家、管理者和律师中获得了大量的支持，其主张，我们应把关注点更多地放在改造罪犯而不是惩罚罪犯上。对待违法者，我们不应着眼于惩罚还击或制止威慑他们，我们的重心是在其拘留扣押期间，通过再教育或心理治疗的方式控制或抑制其犯罪倾向。因此，监狱生活提供了一个绝佳的机会，它可使违法者掌握一系列合乎社会期望的技能，树立一系列合乎社会期望的态度。为达成这一目的，我们可以采取很多不同的方式：这有可能需要心理治疗（谈话疗法）、职业训练、行为调节（比如厌恶疗法），甚至应用某些外科手术、化学以及电击的控制方法。这些方式基于这样一种假设，即罪犯只是生病了而非内心邪恶,相较于惩罚,他们更需要的是帮助。

不过,康复理论也并不是完美无缺。首先,它忽略了威慑作用带来的社会利益。这里我们过于关注那些屡教不改的惯犯,却忽视了那些因为畏惧惩罚而未实施犯罪的人。然而,一旦不必畏惧惩罚,那么康复主义者们将要对多少人予以"治疗"呢?当然了,我们可以回应说,康复本身已经包含了某种形式的威慑:毕竟,罪犯们在此期间依然受到限制并且必须接受强制性治疗,这本身就可能威慑到他们。但另外一个问题又随之产生了:他们应该被拘留多久呢?答案是,要多久有多久,直至将其治愈。该理论认为,违法者应该受到限制直至改过自新,即意味着他们不再有机会再次犯罪。正因如此,他们的治愈会影响到其释放,但事实上,这并不如它听上去那么简单。在很多情况下,那些不甚严重的犯罪恰恰最难以治疗。举例来说,在绝大多数情况下,一名谋杀犯或一名盗用公款者不太可能再次犯罪,而一名小偷则可能成为一名惯犯一而再再而三地实施盗窃,他的这些行为反映了严重的社会适应不良问题。那么这样说来,是否他就应该比谋杀犯被判处更长的刑期呢?还有那些无药可救的人呢?他们是否就应被判处无期徒刑?

除此之外,该理论还面临一个更为严肃的反驳。很多人认为,康复并不是在改造罪犯,而是在对他们进行洗脑。通过采用外科手术的方式和改变思想的药物,违法者被迫采纳了一种易为社会接纳的行为模式,而社会则由此得到了保护,但是社会是否有权为了保护自身而这样做来抵制其成员,这又是另外一个问题了。有人认为,即便是罪犯,亦有权得到社会的保护并获得多数基本的权利:保持自身和维持自身与众不同的个性的权利。好吧,如果说是"反社会的",我们就用个性这个词。这就是说,我们必须有权拒绝治疗,继续坚持自己的坏,就算接受惩罚直至死刑也依然我行我素。如果这些权利无法得到保障，那么就会出现更为灾难性的情况。比如说，如果在一个社会里，"犯罪"的定义已延伸到了通常意义的犯罪（比如盗窃和谋杀）之外而包含了所有对国家的政治反对，那又会发生什么呢？在这些情况下，如果遵循康复理论并认为这些反对将威胁到社会，那么政府治疗这些"反对者"直至"纠正"其之前的观念就是合情合理的了。这种情况在有些国家已然发生。如今，这些所谓的"持不同政见者"并不都被送往监狱服有期徒刑，但是他们往往会被安置在医院和收容所内接受无限期的治疗和再教育。

在接下来的三段文摘中，精神病医生卡尔·门宁格将介绍康复理论。门宁格认为康复既不道德也没有效果，他提倡采用受控的治疗性手段，并认为这是预防犯罪唯一合情合理且高效的方法。相反，C.S.刘易斯则从报应主义者的视角出发反驳康复理论，颇有些讽刺意味的是，他将其称为"人道主义"的惩罚理论。刘易斯指出，康复主义者们是在防卫个人免受公众打击报复的需求，但这样做无异于剥夺了罪犯作为一个人的基本权利。站在功利主义的立场上看，我们又回到了约翰·斯图尔特·密尔以及他在下议院所做的有关支持死刑的著名演讲。密尔列举了数个为人熟知的有关司法执刑威慑作用的论点，而更为有趣的是，他还提出了几个极为不同寻常的论点并赋予其重要意义。

文摘1. 卡尔·门宁格：惩罚之罪 [①]

我们的控制犯罪体系是无效、不公且昂贵的。监狱似乎安装上了

[①] 卡尔·门宁格，"惩罚之罪"，《星期六评论》(1968)。摘自《哲学：基本问题》，E.D.克勒姆克，A.D.克莱恩，R.霍林格编辑，纽约：圣马丁出版社，1982年，第143~149页。

旋转门——从那里进进出出的人总是同一批。可是谁又在乎呢?

我们身边充斥着城市监狱、非人道的罪犯管教所以及悲惨的牢房。众所周知,这些地方不利于健康、充满危险、道德败坏、卑鄙下流、滋生犯罪、弥漫不公。虽然我们中有些人觉察到了这一点,但并非每个人都是如此。并没有多少人听到了呻吟和咒骂,也并不是每个人都在这千百张黯然而空洞无神的脸上看到了憎恨和绝望。不过,至少在某种程度上,我们都知道监狱是多么悲惨的地方。我们希望它们成为这副样子,它们也确实成了这副样子。可是谁又在乎呢?

职业罪犯和大老虎式的罪犯呈现出从未有过的猖獗态势,赌博团伙兴旺发达,白领犯罪甚至可能超过所有其他犯罪,却在多数情况下神不知鬼不觉。我们都在遭遇抢劫,我们也知道谁是那些强盗。他们就住在附近。可是谁又在乎呢?

公众偷盗了价值数百万美元的物品,包括卖场里的食物和衣服,宾馆里的毛巾和床单,商店里的珠宝和小摆设。这些公众偷盗了东西,又是同一批公众以更高的价格将其回收。可是谁又在乎呢?

我们可以得出一个不可回避的结论:社会想要犯罪,社会需要犯罪,社会从当下的这种错误运转和不当处理中明显获得了满足!我们谴责犯罪,我们惩罚违法者的犯罪行为,然而我们需要犯罪。犯罪和惩罚仪式成了我们生活的一部分。

卡尔·门宁格

我假设大家都普遍认同以下观点，即我们所有行为的目标是保护社会，通过采取与我们其他目标相一致的最为经济的方法，避免犯罪一再出现。所谓我们的"其他目标"包括以下期望：防范这些犯罪的发生，改造犯罪分子重新成为对社会有用之人（如果可能的话），继续扣押犯罪分子进行保护性拘留（如果改造不可能的话）。但是这一切该如何进行呢？

看来这里已积压了种种误解，让我来仔细回答这些问题吧。我想说，根据字面上的普遍性理解，犯罪并不是一种疾病，它也不是一种不健康状态，尽管我觉得它应该就是！它应该接受治疗，而且能够被治疗，但多数情况下却未被治疗。

我们可以简单地解释这些高深莫测的表述。医生将疾病描述和定义为一些人们不希望处于的状态，它们往往被赋予希腊和拉丁语的称谓，并需按照物理学和药理学上的惯常方法接受治疗。而另一方面，不健康状态的最佳定义是某种功能损伤状态，基于这种性质，公众期望此类患者能前往内科医生处寻求帮助。不健康状态也有可能被证明为一种疾病，但在更多的情况下，它仅仅是一种模糊的不可名状的痛苦状态，但人们又认为只有医生才有能力也愿意为其提供帮助。要注意，这里的帮助者是医生，而非律师、教师或者牧师。

当这个社会开始将挑衅式暴力的表现视为某种不健康状态的症状或某种不健康状态的指征，那是因为社会相信医生们可以采取某些行动来纠正这种状况。目前，某些见多识广的个人也确实相信和期待这一点。无论对一名违法者感到多么生气或惋惜，人们还是希望该违法者能按有效的方式得以"治疗"，这样一来，违法者就不再对其构成威胁，而且他们也知道，传统的惩罚，"治疗性惩罚"对此是没有什么作用的。

当下的刑罚系统以及现存的法律哲学并未在刑事领域激发，或者甚至说期待产生这样一种变化,然而医学科学却始终以此变化为己任。囚犯,正如这名医生的其他病患一样,他应当在接受治疗之后改头换面成为一个不同的人,有了不同的装备,有了不同的功能,而且相较于治疗之初,他已有了不同的前进方向。

公众自然会怀疑,这个目标在罪犯身上能达成吗?请不要忘了,公众过去还常常怀疑,精神病患者是否能通过治疗而产生变化。回到一百年前,那时没有人相信精神疾病是可以治愈的。如今,所有人都知道(或者说应该知道),在绝大多数情况下,精神疾病是可以治愈的,而治愈的前景和速度则与合理治疗的有效性及强度有关。

很多人努力令病人发生一些有利的变化(比如体内平衡和健康规划),所有这些参与者都被灌输了一种被我们称之为治疗精神的思想。这种思想直接对立于逃避、嘲笑、轻蔑或者惩办主义的态度。就算这些充满敌意的态度是基于病人那些令人不快甚至是破坏性的行为,但它们依然是治疗或治疗师所拒绝采纳的。这并不意味着,治疗师赞同其病人各种令人讨厌的冒犯性行为,他们对此显然是不赞同的。不过,他们意识到这是一种持续不平衡和系统混乱的症状,这也正是他们试图做出改变的。他们在不赞同、罚款处罚、代价以及惩罚之间做出了区分。

如果一个人会残忍地杀害自己的孩子,那么难道有任何一项研究能以任何一种方式改变他的想法吗?一般人都会觉得这困难重重。不过,恰恰是这种不可思议的令人发指的可怕行为凸显了展开研究的迫切需求。就在我们所处的文化中,一个人为什么——怎么会变得如此可怕?这样一个人是如何形成的?如果说他生来就是如此的腐化堕落,这是可被理解的吗?

公众对于暴力有一种迷恋之情,他们紧紧抓着心中的复仇渴望不放,随着产生的刑罚体系需要代价、徒劳无益又充满危险。然而,公众对此却茫然无视，无动于衷。然而，我们必须坚定地抱有希望，智慧及长期积累的科学知识会放射出持久而富有穿透力的光芒，前者很快就会在其照耀之下屈服投降。公众会越来越为其追求报复及坚持惩罚的呼声而感到羞愧。这本身又构成了一种犯罪——我们对犯罪分子施加的犯罪——而且，偶尔地，这也是我们对自己施加的犯罪。我们的同胞或会受到病态影响而采取某些挑衅式的攻击行为，在有能力减少承受这种痛苦之前，我们必须宣布放弃惩罚的哲学——这种老旧陈腐又饱含复仇情绪的态度。取而代之的，我们将寻求一种全面的富有建设性的社会态度——在某些情况下是治疗性的，在某些情况下是遏制性的，但就其总的社会影响而言都是预防性的。

问题：门宁格

1. 门宁格在犯罪行为和不健康状态之间建立了联系，对此你在多大程度上表示认同？请构思一个案例分析，以此阐明这种联系。
2. 在某人实施犯罪之前就将其关押入狱，这有可能是正确的吗？
3. 你会对现行的刑罚体系提出什么改进意见（如果有的话）？
4. 有一个人曾被指控犯有严重罪行。作为他的律师，请根据门宁格的理论构思出一份辩护词。

文摘 2. C.S. 刘易斯：人道主义惩罚理论 [①]

根据人道主义理论，如果因为一个人罪有应得而对其施加惩罚，

[①] C.S. 刘易斯，"人道主义惩罚理论"，《二十世纪：一本澳大利亚的季度评论》，3，第三期，1953 年。转载于《受审中的上帝》，瓦尔特·霍珀，格兰德·瑞皮兹编辑，1970 年，第 287~294 页。

而且惩罚量恰好不多不少是其应得的量,那么这就是一种纯粹的报复,也正因如此,这种行为是野蛮而不道德的。惩罚的唯一合法动机在于期望通过实例来威慑他人或教化罪犯。有人认为所有的犯罪都或多或少是由疾病引起的,正如经常所发生的,如果人道主义理论与该信念相结合,那么教化的想法就会逐渐萎缩为治疗或治愈,而惩罚也就成为治疗性的。因此,乍一看来,我们似乎已经完成了一种蜕变,原先我们有一种严酷而且自以为正义的理念,即惩罚恶人使之罪有应得,而如今我们则更加仁慈和开明地去照顾这些心理病患。可是,这两者中究竟哪一种更为和蔼可亲呢?我的观点是,虽然这种人道主义的学说貌似仁慈宽容,实际上却意味着,我们每一个人从违犯法律的那一刻起便被剥夺了做人的权利。其原因如下:人道主义理论将罪有应得的报应理念从惩罚中移除,然而罪有应得的报应理念确实是惩罚和公平正义之间的唯一联系。只有在罪有应得的情况下,某项判决才是公正的,反之,若非罪有应得,某项审判就是不公正的。在此,我并不认为,就惩罚而言,"这是否罪有应得"是我们唯一所能提出的问题,我们还可以恰如其分地提出疑问,惩罚是否可能威慑他人并改造罪犯。不过,这后两个问题都与公平正义毫无关系。探讨"公平威慑"或者"公平治疗"的问题并无意义,我们需要一种威慑力,主要考虑它能不能起到威慑作用,至于它是否公正并无关系。我们需要一种治疗,主要考虑它能不能成功治愈疾病,至于它是否公正并无关系。如此看来,假如我们不再思考什么是罪犯罪有应得，而去思考什么能将其治愈或对他人起到威慑作用，其实我们就已经心照不宣地将其整个儿从公平正义的范畴中移除了。在这里，我们面对的不再是一个具体的人，不再是权利主体，而仅仅是一个客体对象、一个病人、一个"案例"。

我们可以通过下述提问使上述该区别显得更加清晰：一旦判决执行的恰当与否不再以罪犯的罪有应得为源头依据，那么谁将有资格来做出判决？依照旧的观点，正确量刑属于一个道德问题，与之相应，量刑的判官是一个接受过法学训练的人，这里的训练内容是指有关权利和义务的科学，至少从源头上看，这种科学有意识地接纳了自然法则以及《圣经》的指引。而如果（在18世纪的英格兰）实际的惩罚与社会的道德观念产生了过于激烈的冲突，那么陪审团会拒绝宣告罪犯有罪，这最终又会引发改革……但假如我们摒弃了罪有应得的报应理念，那么这一切都将有所改变。就惩罚而言，我们现在只有两个问题，其一是它是否能起到威慑作用，其二是它是否能起到治疗效果，但并非每个人都有权就这些问题发表观点，原因很简单，他只是一个单纯的人而已，哪怕在此基础上，他恰巧还是一名法官、一个基督徒、一位道德神学家，他依然没有资格就此发表观点……只有专业的"刑罚学者"（就让野蛮之物拥有野蛮之名吧），以先前的实验为依据，才能告诉我们什么有可能起到威慑作用，只有专业的心理学家才能告诉我们什么有可能起到治疗效果。如果我们中的其余人（简单地说就是一般人），说："这种惩罚简直不公正透顶，根本就和罪犯的报应不相匹配。"这是徒劳无益的，逻辑清晰的专家会回应说："但是没有人讨论报应这个问题，没有人在你那套陈旧过时而富含报复心理的层面上讨论惩罚。我们这里有统计数据证明，这种处理方式具有威慑作用，我们这里也有统计数据证明，另外一种处理方式具有治疗效果。你还有什么疑惑吗？"

基于（这种）治疗性的惩罚观点，对违法者自然应当予以拘留直至将其治愈，而且只有正式的矫正者才能判定何为治愈。正因如此，人道主义理论的第一个结果是，只有在这些判处惩罚的专家予以确认的情况下，才能以有期限的不确定刑取代确定刑（在某种程度上反映了社会对相关群体病态报应程度的道德判断）——而且他们既非道德神学的专家，甚至也非自然法则方面的专家。如果违法者站在被告席上，我们当中又有谁不愿意受到旧体制的审判呢？

如果我们从治疗性的惩罚正当观点转为威慑性的惩罚正当观点，那么我们会发现该新理论将更加令人担忧……杀一儆百，你被允许利用他作为一个达到目的的手段，个别人的目的，这样做本身就是非常邪恶的。按照经典的惩罚理论，惩罚之所以合情合理自然是因为被惩罚者罪有应得，我们假设这一点在有关"杀一儆百"的任何问题产生之前就已然成立了。然后，正如他们所说的，你不过是一箭双雕罢了，在给他施加惩罚令他罪有应得的同时又给他人起到了警示作用，不过，一旦抛除罪有应得的报应理念，惩罚的整个道德性也就随之消失。可是，为什么要以上帝的名义，以这种方式将我牺牲以造福于社会呢？——当然了，除非是因为我罪有应得。

不过这还不是最糟的。如果警戒性惩罚的公正性并不基于报应理念，而仅仅因为它是一种具有效力的威慑，那么甚至可以说，曾经犯过罪都不再是惩罚对象之所以承受惩罚的绝对必要条件……如果一个人实际上有罪，但公众认为其无辜，那么对其施加惩罚便达不到预期的效果，反之，如果一个人实际上无罪，假设公众认为其有罪，那么对其施加惩罚反倒能达到预期效果。然而，每一个现代国家都有权伪造一场审判。一旦人们急需某个牺牲者来实现杀一儆百的惩戒效应却找不到一个有罪的牺牲者，那么一切威慑目的都将通过惩罚（也可称之为"治疗",如果你更喜欢这种称呼的话)一个无辜的牺牲者同样得以实现,前提是公众能成功被骗相信这个无罪者就是有罪的。若你问我为什么要假设我们的统治者如此邪恶,我想这是徒劳无益的。要说惩罚一个无罪者(并非罪有应得的人)就是邪恶的,除非我们认同以下这个传统观点,即公正的惩罚意味着罪有应得的惩罚……

确实,有很重要的一点要注意,到目前为止,我的论点并未对人道主义者抱有任何歹意,我只不过是依循他们的逻辑进行思考罢了。在我看来,坚持不懈遵照该立场行事的好人(注意,不是坏人)其实无异于那些行事残忍而不公的最为强大的暴君,在某些方面,前者甚至有过之而无不及。在所有的暴政之中,那由衷为了牺牲者的好而执行的暴政或许是最压抑最令人难以忍受的,生活在那些无所不能的好管闲事的有德者之下,甚至还不如生活在强盗大亨手里。那些强盗大亨,他们的残暴有时或许还会打个瞌睡,他们的贪婪有时还会酒足饭饱,但那些所谓为了我们好而折磨我们的人,他们的折磨将无穷无尽,因为他们要这样做以证明自己的良心。他们似乎更容易通往天堂,虽然他们同时也在挖掘人间地狱。他们的善意伴随着令人无法忍受的侮辱。违背个人意愿而接受"治疗"或者在我们并不认为患病的状况下接受治疗,这就如同把我们视作那些尚未达到理性年龄的人或永远不会获得理性的人对待,我们也就与那些婴儿、低能者和家畜同伍了。然而,如果接受惩罚,无论其有多么严酷,那是因为我们罪有应得,是因为我们"应该早点弄清楚真相",我们是按照一个人——一个照着神的形象创造的人——得以对待。

问题:刘易斯

1. 针对惩罚的治疗观点,刘易斯提出了什么主要反对意见?你同意他的观点吗?

2. 罪犯有权拒绝治疗并要求用惩罚（包括死刑）取而代之吗？
3. "以牙还牙行不通"，这是对报应主义的一种合理批评吗？
4. 谁才是"正式的矫正者"？刘易斯提防这些人对吗？

文摘 3. 约翰·斯图尔特·密尔：赞成死刑[①]

如果任何一个人都已经深刻认识到，有确凿证据表明这是现行法律下最为严重的犯罪，而附随状况又未就有罪做出辩解，那么被指控犯人即便活在人世间并不是毫无价值，他也没有存活下来的希望，没有什么能使犯罪超越其所造成的后果而成为其一般共性中的例外，而我承认，虽然在我看来，貌似剥夺罪犯自己证明为无价值的生命——郑重严肃地将其从人类同胞和具有生命的类目中清除——是最为恰当的做法，这也正是社会对如此严重的犯罪可以采用的最具威严的模式，社会向其施加惩罚，为了确保生命安全，这是不可或缺的附加性措施。若仅限于穷凶极恶的案例，我认同这样一种惩罚，因为在此类案件中，人们普遍受到攻击——这是人类与罪犯的斗争，我们无法想象采用较为仁慈的方法就能阻止犯罪。假如，出于对致人死亡的恐惧，我们努力为一些尚且活着的罪犯构思一些具有威慑力的惩罚措施，这些措施在影响人类思维方面应具有和死亡同等的效应，我们确实在表面上采用了较为轻微的惩罚，也因此不是那么有效，但现实中要残酷得多……就惩罚的严酷性而言，一种情况是使一个人遭受短暂

[①] 约翰·斯图尔特·密尔，"就监狱法案中的死刑进行的议会制辩论，"《英国国会议事录之议会制辩论》，第三系列，1868年4月21日，伦敦，英国国会议事录，1868年。转载于《应用伦理学》，彼得·辛格编辑，牛津：牛津大学出版社，1986年，第98~103页。

剧痛而迅速死亡,另一种情况是将其禁闭关押在一个活坟墓里,这两者间真的具有可比性吗?后者之中,罪犯在最为艰辛而又单调的苦工中慢慢耗过有可能是虚长的一生,并没有减轻任何痛苦,也没有任何奖励——外界的一切欢声笑语都无缘享受,也割断了世俗的希望……但即便有种种不如意,因为这受苦受难的过程中没有一刻需要承受极端强烈的痛苦,而且毕竟,这期间也不包含这样可怕的成分,对于未知事物的想象而言,这是至关重要的,于是相较于死亡,禁闭一生被普遍视作为一种更温和的惩罚……

我认为,在实际严酷性的维度上,人类施加的惩罚措施中没有任何一种能完全比死刑更加令人印象深刻……正如我亲爱的朋友,北安普敦议员(吉尔平先生)所言,在死亡这件事上,人定法律对人所能做的至多不过是加速它的进程罢了,无论如何,人总是会死的,恐怕伴随着大量更为剧烈的身体痛苦,人不会死得太迟,而是处于平均值。那么,社会就会被要求剥夺自身那些仅适用于重大案件的惩罚工具,虽然较之于任何其他方法,这些惩罚工具可以较低的成本达到目的,但与此同时,因为其能引发更多的畏惧,实际上它要比任何我们所能想到的替代性惩罚方法更温和些。我亲爱的朋友说,这些惩罚工具并不能引发畏惧,而且过往经验表明这是失败的。但是,我们并不能依据某项惩罚措施施加于惯犯身上的效果来估计其影响力,可以说,对于这些惯犯而言,其习惯性的生活方式始终伴随着他们,哪怕是眼前看到了绞刑架也不怎么在乎。同样的道理,拿件好事来说吧,一名老兵即便知道自己在战斗中有可能会丧命依然在所不辞。职业罪犯对于绞刑架漠不关心,我承认对此的种种说法。就算在这漠视中有三分之一可能是虚张声势,另有三分之一是他们有自信可以幸运脱逃,那么至少还有剩下的三分之一很有可能是确有其事。然而,一项惩罚的有效性主要依赖于其对人们想象所造成的影响，其衡量标准主要在于这些惩罚能在那些尚且无罪者的头脑中留下多深的印象，能对第一次犯罪冲动造成多大的恐慌心理，能对那种刚刚萌发却有可能在放纵之下演变成邪念的想法产生多大的抑制作用……至于什么才叫死刑的失败，谁又能够对此做出判断呢？我们只知道部分未受到死刑威慑的人，但谁又晓得哪些人受到了死刑的威慑呢？或者说，要不是早在婴儿时代就向人们灌输谋杀和死刑这两者间的可怕联系，又有多少本会成为谋杀犯的人能在死刑的威慑力作用下得以拯救呢？

我们这里反复说到人类生命的神圣不可侵犯性，也多次论及一种荒谬的假设，即我们通过自己损毁生命的方式来教导大家要尊重生命。不过，我对这种观点的引入甚为惊讶，因为这种观点似乎可以用来反驳任何一种惩罚方式。

不仅仅是人的生命，不仅仅是这样的人命本身对我们而言是神圣的，人类的情感亦是如此。我们应当对人类承受苦难的能力，而不仅仅是生存的能力表示尊敬。而且，我们可以想象有些人会问，我们如何才能做到，一方面自己施加痛苦于他人，另一方面又教导大家不要向他人施加痛苦？对此我会这样回答——我们所有人都会这样回答——通过受苦起到威慑作用从而阻止受苦，这不仅是可能的，而且也恰恰是刑罚公正的目的所在。难道对罪犯处以罚款彰显了对尊重财产的期望，或者将罪犯关押监禁表达了对尊重人身自由的向往？同样不合理的想法是，难道剥夺一个杀人者的生

J.S. 密尔

命,就能展示对尊重人类生命的渴望?正相反,凡是侵犯他人权利者就要为此承受惩罚,即自己同样丧失该权利,即便他并未犯下什么别的可以剥夺其生命权的罪行,我们通过采纳这样一条规则恰恰突出显示了对人类生命的尊重。

还有一条反对死刑的论点,甚至包括一些极端的情况,我不得不承认这条论点确有分量……该论点认为,如果在司法错误的情况下将一名无罪者判处死刑,这个错误就永远没有被纠正的机会了,对于这种错误,所有的赔偿和弥补都不再可能。如果在整个人类事务最为不幸的情况下,我们不能将此类悲惨错误的发生概率降至最低,那么这确实是一条严肃的反驳。凡是刑事诉讼程序的模式对于无罪者是危险的,或者在那些地方法院不被信任的地方,这条论点确实是无法驳回的……然而,大家都知道,我们的程序缺陷恰恰是相反的,我们的证据规则甚至过于有利于囚犯,而陪审团和法官们恪守了以下准则,"宁使十个有罪者漏网,不可令一个无罪者受苦"。他们不折不扣地照此执行,甚至有过之而无不及。法官们迫不及待地希望指出,囚犯无罪的可能性是最低的,而陪审团也考虑到了这一点。凡是由人做出的审判,没有一条是绝对正确的……但是在诸如谋杀这样的穷凶极恶的犯罪案例中,按照我们的体系,被告往往仅仅是被怀疑,这已经占尽了好处。这又引发了与此问题有着密切联系的另外一种考虑,相较于其他,死刑对于人的想象是最具震慑力的,基于该事实,死刑的判处就要求法院在获取充分的有罪证明时更为细心谨慎。即便如此,这依然构成了针对死刑的最大反驳,一旦错误地执行死刑就无法予以纠正,这就必须要求,也确实要求陪审团和法官在形成自身观点时更为小心谨慎,并且在详细审查证据时更为戒备留意。

问题：密尔

1. 请鉴定密尔有关赞成死刑的论点。你在何种程度上对此表示赞同？

2. 请列举一个反对死刑的功利主义案例。

3. 死刑有可能导致一个无罪者被判死刑，这能构成对死刑的无敌反驳吗？密尔又是如何应对这个问题的？

4. 是否存在某些类别的谋杀犯，对其判处死刑是恰当的？请在定义这些类别时小心谨慎。

问题：惩罚

1. "刑法的执行建立在一个原则之上，即仇恨罪犯在道德上是正确的。"（詹姆斯·斯蒂芬）请就此进行讨论。

2. 阿道夫·艾希曼因其在"二战"期间灭绝犹太人行动中扮演的角色，而于1960年在以色列被捕并接受审判，之后他被处以绞刑。作为一名报应主义者，一名功利主义者，一名康复主义者，他们会如何看待该惩罚？

3. 往往对既遂罪的惩罚要比未遂罪的惩罚更为严厉。一名功利主义者和一名康复主义者会如何证明该差异是合情合理的？

4. 布鲁诺·施拉格是一名前奥斯维辛集中营监狱地堡的看守，他被描述为一名"乐意且残忍的订单接收者"，在1965年法兰克福对其庭审过程中，他在判刑前做了如下陈述。作为一名报应主义者，一名功利主义者，一名康复主义者，他们会如何看待他的陈述？你又是如何看待的？

如果我是这里所描述的那类人，那我将希望自己永远都是那样。

一个谋杀犯并不是在四五年间形成的,尤其是在他出生于一个正直家庭的背景下。一个谋杀犯是这样诞生的。我并无犯罪记录。当我成为一名军人时,他们立马开始对我撒谎。我被告知,我将成为警务室的成员之一,但事实上,我却被分配到了第22党卫队旗队,我从未有机会让自己逃离这个队伍,我很不幸地来到了奥斯维辛集中营。当我发现这其实是一个大批杀人的集中营时,我曾申请过调离,但我被告知:"你并不是认真的,是吧?"我的申请书被撕毁并扔进了废纸篓。当我进行第二次申请时,奈比中士告诉我,无论被派遣到哪里,我都得履行自己的职责。他说,如果我递呈第三份申请的话,我可以考虑它被掷到铁丝网后面去。

现在,我来问问你,阁下,还有那些所有曾经当过兵的人,如果不想危及家人及自己生命的话,我又能做些什么呢?我的回答是,无论内心是否愿意,我只能服从我上级的命令。阁下,即使在今天,在平日里,拒绝服从兵役都是很难的,而在全面战争年代,如果我们拒命不从将会遭受到多么严酷的惩罚呀?我的回答是,如果当时不服从命令,我们所有人都会被枪毙。我对最高指挥官(希特勒)宣过的誓言约束着我……我们没有能力权衡和拒绝上级下达的命令,我们被告知必须当场立即执行这些命令。在奥斯维辛集中营进行的训练和讲课用意何在?这些不过是用来促成杀戮罢了。[1]

---

[1] 引自伯纳德·瑙曼《奥斯维辛集中营》,让·斯坦伯格翻译,由汉娜·阿伦特作序,蓓尔美尔出版社,1966年,第406~407页。

第四章 伦理学和神

I. 引言

目前为止,我们已经探讨了三种理论——功利主义、利己主义以及苏格拉底的道德观——其中功利主义和利己主义两者间最具共同点,这两种理论分别认为,这世上存在最高的善——那些本身内在就是善的——而且,仅此一点必须成为道德生活的目标,它们将这种内在的善称为愉悦或快乐。进一步来说,这两种理论各自主张,某项行为正确与否的判断依据在于其是否能生成最高的善。换言之,功利主义和利己主义这两者在特征上都是目的论的,因为它们分别按照某项行为所产生的效果来判断其道德性。这两种理论的观点差异在于,这里究竟应该考虑谁的快乐。对于利己主义者而言,优先考虑的是个人的快乐,而对于功利主义者而言,实现涉及每个人的更大的集体快乐才最为重要。

然而,这两种理论都和苏格拉底的立场大相径庭。苏格拉底在和其朋友克里托的对话中否认了一种观点,因为结果而否认行为的正确性。他说,某项行为之所以正确只有一个原因,即它与某些独立有效的原则或规则相符——诸如"永远不伤害任何人"或者"永远不要违背诺言",该立场正是义务论伦理学的标志。我们之所以要遵守这些规则，并不是因为它们能促进善，而是因为它们本身是善的，它们为我们提供了辨别是非的标准。不可否认，正如苏格拉底之死所展示的，遵守这些规则或许有时会招致灾难性的后果，但即便如此，我们并不能以此认为违反规则就是合情合理的。

现在，我们是时候来更加细致地观察一下义务论伦理学了，尤其是其留给人们悬而未决的一个重大问题。如果我被告知，某些规则具有独立的道德价值——所谓独立，即不依赖于可能产生的结果——而我应该遵守这些规则，那么，我又如何知道自己认为应该遵守的道德规则具有道德价值呢？我又如何知道这是一条我和其他所有人都应该遵守的规则呢？

在伦理学的历史上，穿越数个世纪，针对这个问题的回答始终如一，即道德真理是无法脱离有神论信仰的，即存在一个神[①]这样的信仰。事实上，这种说法体现在所有伟大的宗教中，无论我们讨论的是基督教、犹太教、伊斯兰教抑或印度教。[②]如果我们认为存在着道德行为的绝对标准——诸如"不可杀人"或者"不可偷盗"——那么正如对此所争辩的，这些标准之所以被认为是规范的且不容置疑，并不是因为它们源于一系列哲学创造的规则（无论是义务论还是目的论的），而是因为它们有着神圣的出生。从这个意义上讲，神变成了我们在道德生活中能将事实与理论统筹起来的阿基米德支点，而出于同样的原因，针对无神论（一种主张不存在神的信仰），人们提出了最为常见的一种反驳，其认为这种不信仰将不可避免地导致某种道德沦丧，要是没有任何宗教信仰的话，我们

[①] 下述文字也很大程度上参考了我本人的著作《上帝的问题》，劳特里奇出版社，2001年，第228~260页。
[②] 我略去了佛教，因为严格意义上讲，它并不是一种"有神论"的宗教。

约翰·亨利·纽曼

的道德世界就会土崩瓦解。于是乎，有一种坚定的信仰就慢慢形成了，即放弃宗教也就是放弃整个道德。

该论点可简单表述为：

1. 如果存在绝对的道德法则，那么神就是存在的。
2. 确实存在绝对的道德法则。
3. 因此，神是存在的。

该论点通常还依赖于一系列补充性的论点：

首先是这样一个观点：经文是神揭示的真理。于是乎，这些经文，无论是《圣经》还是《古兰经》，其中所言的任何内容都一定是真的，因为这些经文并非普通书籍，而是源于神创。这就是所谓的逐字默示的信条。这就保证了，该经文不会按其他书籍的方式传递给后世：神自己将其口述出来，而作者无非是其意志的自动誊写员罢了。不过，虽然该观点如今已众所周知，但它依然面临着一个有力的反驳：它并没有解释，如果神对其所要求的下达了如此具体的指令，那么为何这些指令在实际应用中会呈现如此巨大的差异。于是一方面，禁止杀戮阐明了贵格会信徒的和平主义，但它却无法制止他人对此的反驳，比如圣托马斯就会提出，在战争年代或为了保护无罪者的安全，杀戮就是合情合理的。确实存在这样一个事实——即便在同一个宗教传统里，针对同一条道德原则也可以有如此不同的诠释——这就削弱了以下论断：该传统能经由其经文通往由神命定的道德真理。

其次还有一种支持观点：我们源自于神的行为道德标准是为了

激发良心的作用。我们正是在自己良心的作用下才能辨别是非善恶，而良心是神的声音。该论点有很多支持者，其中枢机主教约翰·亨利·纽曼在其著作《信仰的逻辑》（1870）中的所言就是最为重要的拥护主张之一。纽曼将良心置于我们精神生活领域其他为人所熟知的特征之中——比如说记忆、推理、想象，我们的审美感——他还称其为一种我们在做一些对事或错事时会油然而生的"特殊感情"，于是乎，违背良心的声音将令我们感到羞愧和害怕，而因为对于这些感情，我们找不到清晰明显的源头，纽曼就认为这些感情的源头一定是超自然的。他写道："良心这个特别的东西，如同一条指令，能够以一副最高管理者的形象作用于我们的想象。"[1] 不过，该论点也具有严重的缺陷。因为这不仅仅同样很好地支持了多神论（一种认为存在诸多神，而不仅仅是一个神的信仰），它同时也未以任何方式证明，是否这被聆听到的声音（如果能听到的话）确实是通神意的，而且说到这里，就算是从完全自然的非宗教的角度来解释，我们也很好理解，为什么人们在做什么坏事时会有这般感觉。其中最为明显的一点在于，当我们采取了有违我们成长中所接受的社会价值观时，这些情感就会油然而生。比如说，西格蒙德·弗洛伊德将良心称为"超我"，并将其描述为一种控制我们攻击和反社会本能的内化方法。因此，我们在违背被人们普遍接受的社会准则时所体会到的内疚，其实表达为"对惩罚的需要"。[2]

---

[1]《信仰的逻辑》，由查尔斯·弗雷德里克·哈罗德编辑并作序和引言，纽约和伦敦，伦敦，格林公司，1870年，第83页。
[2] 弗洛伊德.《文明及其缺憾》（1930），摘自《企鹅弗洛伊德图书馆》，企鹅丛书，1985年，第12卷，第315~316页。

练习 1

下列主张会遭遇些什么不同意见?

当我按照……做事时,就是在做好事。

1. 我老师的指令
2. 我学校的指令
3. 我国家的指令
4. 经文的指令
5. 我教堂的指令
6. 我良心的指令
7. 我本能的指令
8. 我的神的指令

II. 柏拉图:尤西弗罗困境

客观的道德价值在于神的创造,在哲学历史上,对此论断有一条非常出色的哲学异议。该异议源于柏拉图与尤西弗罗的对话。

柏拉图(约前 427—前 347) 生于雅典,父母富裕且拥有贵族血统。作为一个年轻人,他拥有政治抱负却很快对政治生活的放纵无度和毫无节制大失所望。这部分是因为他和苏格拉底的交往,这一点也在激进保守团体对苏格拉底执行的死刑中得以验证。柏拉图在三段对话:《申辩篇》《克里托篇》《斐多篇》中描绘了苏格拉底的答辩、监禁和死亡。之后,柏拉图便开始广泛地游历埃及、西西里岛和意大利。当他重返雅典时,在约公元前 387 年,柏拉图在英雄阿卡德莫斯的树丛附近成立了一个"学院"——通常被公认为世界上的第一所大学——这是一所专注于研习哲学和科学的院校,柏拉图直至到死一直都负责主持着这所院校。柏拉图的所有著作都流传至今,它们普遍被视为哲学领域最富影响力的作品,其中绝大多数是以对话的形式呈现的——共有 26 篇——主要的对话人物是苏格拉底。

柏拉图

尤西弗罗是一个妄自尊大的年轻人,他控告自己的父亲犯谋杀罪。苏格拉底在法院外面碰见了他,就问尤西弗罗,为什么他要跟进这个案子,尤西弗罗的回答是,这样做是善的或者说是"神圣"的,毋庸讳言,这促使苏格拉底提出了一系列的问题。他所谓的"神圣"是什么意思?尤西弗罗给出了下述定义:"凡是让神感到愉快的东西就是神圣的,而凡是令神感到不悦的东西就是罪恶的。"苏格拉底认为这种定义不尽如人意。毕竟,各种神对何为是非对错也可能会有纷争,比如说让宙斯感到愉快的东西可能会令克罗诺斯感到憎恨。于是,尤西弗罗又做了另一番尝试,他接着又给出了一种定义:"所谓神圣是所有神都爱的,而其反之,所谓不神圣就是所有神都恨的。"就在对话进行到此的时候,苏格拉底向其抛出了最为重要的一个问题:"那些神圣的东西之所以神圣,是因为神对其表示赞成吗?或者还是说,神之所以表示赞成,是因为它们是神圣的?"[1]

---

[1] 柏拉图,《文艺对话录》,汉密尔顿和亨廷顿·凯恩斯编辑,莱恩·库珀翻译,波林根系列 71,纽约:帕特农丛书,1966 年,第 174 页。

尤西弗罗承认自己不能领会苏格拉底所言的要点,于是苏格拉底进一步解释道:

柏拉图:苏格拉底和尤西弗罗[①]

苏格拉底:好吧,让我试着阐释得更清楚些。我们说携与被携、引导与被引导、见与被见。而你知道,在所有此类案件中,这些说法都是不同的,并且你也晓得它们区别何在吧?

尤西弗罗:是的,我想我明白。

苏格拉底:同样的道理,某个对象是一码事,某个对象的所爱又是另一码事,对吧?

尤西弗罗:当然了。

苏格拉底:现在请告诉我,被携者是否因为有携之者才成为被携者,或者还是说因为别的缘故?

尤西弗罗:不是因为别的缘故,就是你说的缘故。

苏格拉底:那么,被引者是因为有引之者才成为被引者,被见者也是因为有见之者才成为被见者,对吗?

尤西弗罗:当然是的。

苏格拉底:那么,被见之物并不因其是被见之物而有见之者,恰恰相反——它是因为有见之者方才成为被见之物的;被引之物也并不因其是被引之物而有引之者,而是因为有引之者方才成为被引之物的;被携之物并不因其是被携之物而有携之者,而是因为有携之者方才成为被携之物的。你明白我想要表达的意思

[①] 同上,第172~185页。

了吧，尤西弗罗？我要说的是：每当出现一种影响，或者有什么东西受到了影响，并非遭受者引发了该影响，不是这样的，先是存在了某种缘由，之后才会造成影响。出现这种影响，也不是因为作用于某个对象，或是本来就存在这样一种缘由，不是这样的，存在这样一种缘由是因为其所经历的，其后，影响才会接踵而来。你同意吗？

尤西弗罗：我同意。

苏格拉底：那好，如果有物被爱，那么它不正是在别的爱之者的作用下变成别的或者经历别的？

尤西弗罗：当然是的。

苏格拉底：那么这也同样适用于之前的案例，被爱之物并不因其是被爱之物而有爱之者，而是因为有爱之者方才成为被爱之物的。

尤西弗罗：必然如此。

苏格拉底：那么，关于神圣，我们说些什么呢，尤西弗罗？按照你的论点，这不是所有神都喜欢的东西吗？

尤西弗罗：是的。

苏格拉底：这是因为它神圣呢，还是因为别的什么原因？

尤西弗罗：没有什么别的原因，就是这个缘故。

苏格拉底：那就是说，因为其神圣而被爱，而不是因为其被爱而神圣？

尤西弗罗：似乎确实如此。

苏格拉底：另一方面，有物被爱，有物令神感到愉悦，这仅仅是因为神爱该物吗？

尤西弗罗：这是毋庸置疑的。

苏格拉底：那么，尤西弗罗，根据你的陈述，神之所喜并非神圣之物，而神圣也不是神之所喜。这是两种不同的东西。

尤西弗罗：怎么会是这样呢，苏格拉底？

苏格拉底：因为我们同意，神圣之物被爱是因为其神圣，而不是某物神圣是因为其被爱。是否如此？

尤西弗罗：是的。

苏格拉底：然而，令神愉悦之物之所以令其愉悦，仅仅是因为他们喜欢它罢了，这就是其本质和缘由。被神所爱并非是其被爱的原因所在。

尤西弗罗：你说得没错。

苏格拉底：亲爱的尤西弗罗，但假如令神愉悦之物和神圣之物不是两码事。这样的话，如果神圣之物之所以被爱是因为其神圣，那么同样地，令神愉悦之物因为其能令神愉悦而将被爱。而且，另一方面，如果那些令神愉悦之物之所以令人愉悦是因为神爱它们，那么同样的，神圣之物也将因为神爱它们而变得神圣。不过现在你看，情形恰恰相反，这两者完全是两码事。因为一者（令神愉悦之物）是由于其被爱而成为某种被爱之物，而另一者（神圣之物）因为其是某种被爱之物而被爱。因此，尤西弗罗，似乎你还没有给我回答——当你被问到何为神圣时，你并不愿意阐明其本质。你只是道出了它的一个属性而已，即它之所以神圣只是因为其被所有的神所爱。至于神圣究竟是什么，你还只字未提。所以，如果你愿意的话，不要就此对我有所隐瞒。现在，你倒是再说说看，神圣是什么，记住不要再想着神是否爱它，也不要再记挂着它有些什么别的属性。这个问题上，我们没有什么可争辩的。来吧，好好说说，解释一下何为神圣和罪恶的本质。

尤西弗罗：苏格拉底，现在我简直不知道该如何告诉你我所想的。我们说出的一切总是在绕圈圈，游移不定。

苏格拉底向倒霉的尤西弗罗抛出的两难困境可以表述如下：

要么是：
A: 某项正确行为之所以正确，是因为神赞成它或命令它；
或者是：
B: 神赞成或命令某项行为，是因为该行为是正确的。

苏格拉底认为，这两大命题完全代表着两种相反的选择。在 A 中，一项正确的道德行为完全有赖于神的赞成或命令这一事实：我们知道神赞成或命令了某项行为，这令该行动是正确的。然而，在 B 中，一项正确的道德行为并不依赖于神的赞成。我们应该清楚，这并不是因为没有神可以赞成它，而是因为没有人会将某项行为描述成来自神的指令，除非他首先已经认为这是善的。换言之，在第二个选项中，道德人不会说"只有神禁止的事物是错误的"，而会说"神只会禁止那些错误的事物"——神在禁止某些事物之前，其所禁止之物已经被判定为错误的。因此，在后一种情况中，该个体引发了一种先验的善良标准原则，这反过来又暗示着，他或她在寻求何为正确之物时，可能会仅仅参考该标准做出决断。这样一来，无论神存在与否，道德代理人都可以做出道德判断。

在这个问题上，意见有所分歧。伟大的新教神学家马丁·路德（1483—1546）以及约翰·加尔文（1509—1564）都赞成第一种观点——某项绝对的道德法则必须以某种绝对存在为先决条件——而该观点也得到了一系列思想家的认同，包括勒奈·笛卡尔（1596—1650）、约翰·洛克（1632—1704）及伊曼努尔·康德[①]。在我们这个时代，C.S.刘易斯（1898—1963）是该观点最受欢迎的代言者，这在其著作《返璞归真》中显露无遗。大多数伦理学家则会选择第二种观点——神并不是道德行为的必要前提——从而他们会倾向于赞同诸如托马斯·霍布斯（1588—1679）以及大卫·休谟（1711—1776）这类哲学家的观点。他们认为，人们完全可以用世俗的解释阐明道德的起源：比如说，道德规范源于我们需要保护身处社会的个体，或者帮助控制人的自私本能。同样非常重要的一点是，这种非宗教的选择性观点并不仅仅局限于不可知论者和无神论者。于是，托马斯·阿奎那教育人们，道德规范不同于逻辑规律和数学定律，它们无关乎神的信仰而适用。我们在这里还有必要引用一段来自另外一个忠诚信徒——戈特弗里德·威廉·莱布尼兹（1646—1716）的语录，他提出，神命的伦理学摧毁了任何神爱的想法：

大卫·休谟

同样地，如果我们超越神的意志本身，逾越善的规则而说某些事物是善的，那么我们就是在草率地摧毁所有的神爱和神的荣耀。假如一个人反其道而行之却同样会受到称赞，那么为什么我们要对其所做的加以表扬呢？如果一个人留存于世的是某种专制的

[①] 毋庸置疑，在这个问题的争论史上，康德的理论是最为重要的，但也非常复杂。我在本书中完全省略了这一点，但我在自己的另一本著作《上帝的问题》中就此进行了详尽的讨论，第235~250页。

权力，如果他的意志取代了理性，而且完全通过暴政的方式，那么他的公正和他的智慧究竟何在？难道说令万能之神感到愉悦的是这种基于事实本身的公正？①

Ⅲ. 对神命论的一些批评

神的存在是客观道德价值得以存在的必要条件，针对该观点有三大主要批评。

（1）第一条批评已经由莱布尼兹间接提到了。它认为，如果 X 之所以正确是因为神赞成或命令了 X——也就是尤西弗罗的第一种选择——那么道德就完全有赖于神的心血来潮。因为，如果神改变了主意并且不再赞成 X，那么 X 就变成错误的了。例如，我们绝大多数人都认为强奸妇女是有违我们基本道德直觉的，但假如神命令我们如此做——正如貌似他在《旧约·民数记》第 31 章中所为的——那么强奸妇女就是正确的，而且因为这是神的命令，我们还有道德义务这样去做。当然了，我们可以回应说，若是出于善心，神是绝不会发布这样一道命令的，这在某种程度上有违其本性，但在那种情况下，我们恰恰是自己搬起石头砸了自己的脚。因为，如果说神是不会下达强奸这种命令的——如果这被排除在神圣行为的范畴之外——那么我们的判断标准就不再是"凡是神的命令就是正确的"，而变成为某些别的伦理标准。按此标准，我们首先会评估什么是善，只有这样才会判定，作为善的神，他会做什么或不会做什么。因此，如果说由于强奸

---

① 《形而上学绪论》(1686)，由 R.N.D. 马丁和斯图尔特·布朗编辑和翻译，带有引言、注释和术语表，曼彻斯特和纽约：曼彻斯特大学出版社，1998 年，第 40 页。

莱布尼茨

的命令与善的神是毫不相称的,也因此不可能来自于神,那么我们是在根据自己先验的道德行为标准来判定该命令是错误的,而不是因为神下达或未下达该命令。那么,在此情况下,违背神并非是错误的,而不按神的命令行事是正确的。

(2)第二条针对神命理论的反驳意见,我在本书前文中就有所阐述。我们还记得前一章中"应该可以暗示的"[1]。有一条评论强调了该观点,即对于代理人而言,某项道德行为不必然仅仅是可能的,它也是自由的或者说是自主的,也就是说,在没有干涉或约束的情况下采取某项行为,而道德代理人因此对其单独负责。然而,现在的批评意见是,任何一种自由和自主的行为都不可能源于神的命令,这就简单地解释了为什么自主的个体永远没有义务去做他被命令做的事,即使这件事情来自于神的指令也概不例外。所以说,若将对神之命令的服从作为一项绝对义务施加于道德代理人头上,这是不道德的。然而,假如我们回应说,无论我们喜欢与否,对神如此般的无条件屈从是信徒对神之无限权威的无条件回应,那么接下来一条反驳就接踵而来了。这种屈从式的回应当然毫无疑问是一种宗教回应,尽管如此,却不是一种道德回应。正如我们刚刚所述,就行为主体而言,一项道德责任源于某种自由且自主的决定——在这点上,它是在有选择情况下自由采取的决定——于是,任何由此服从而引发的行为(或在此情况下,通过对神惩的恐惧而引发的行为)在道德上是

---

[1] 见本书第 52~54 页。

无价值的。如此看来，如果某项选择是由神命决定的，那么行为人就不可能拥有对于道德选择而言必不可少的自由。

（3）第三条反驳在形式上更为语言化，其表明了一点，如果始终坚持"无论神命令什么，总是正确的"这一论断，那么很快会出现下述情况：行为人在面临一项道德选择时必须采取的行为和个人无关。因为，如果"X 是善的"与"神命令 X"同义，那么在这里，X 并不是因为其善而被命令——因为神在某种程度上视 X 为善的，于是命令我们这么做——而是因为无论如何，神之命令必然正确。然而，这却将"神命令做善的事"命题削弱为微不足道的"神命令神所命令的"，也就是一种同义反复的层面，这对于追寻道德指引的个体而言也就毫无用处了。如果说何为神命不等同于何为善，那么下面这个问题就显得多余了："我应该做神命令的事吗？"

这三条反驳解释了，为什么道德真理要求神之存在这样一种理念普遍不为人所接受。正如我们通观全书所见，可使该理念令人信服的备选性伦理理论远不止如此。当然了，相信神之存在是我们之所以能够共享道德信仰的一种解释——正如"杀害婴儿是错误的"——但显然，这并不是唯一的解释，对此表示认同的人不得不就为何必须否决其他理论提供强有力的理由，但他们并没有这么做。可能更加令人尴尬的是，该观点的拥护者们不得不得出以下结论：无神论者和不可知论者，包括卢克莱修、斯宾诺莎、密尔、休谟、乔治·艾略特、达尔文、爱因斯坦和罗素，他们显然在试图拥有道德方面曾经感到艰难费劲——我原以为，这一名单足以彰显，道德失范并不是漠视或否认的必然结果。由此，我们回到尤西弗罗困境并得出以下结论：并不是因为神命令了某项行为，该行为才是正确的，而是神之所以命令某项行动，是因为该行为是正确的。若如此，那么人们就可以参考某项支持是否有神存在的评判标准来判定某项行为的对错与否。

练习 2

神命令了你（亚伯拉罕）献祭伊萨克，但你怎么知道这条命令来自于神呢？下列选项中的哪些将有助于你做出决定？

1. 我将服从是因为，我认出了他的呼唤。
2. 我将服从是因为，服从于神将带来丰厚奖赏。
3. 我将服从是因为，杀死伊萨克将向神表明，我最爱他。
4. 我将服从是因为，我期待之后能出现奇迹：神将令其复活。
5. 我将不服从是因为，神永远不会命令我去杀害一个孩子。
6. 我将不服从是因为，听到呼唤显然是一种心理混乱的迹象。

在下列的极端文摘中，我们将看到几种极度对立的观点。C.S. 刘易斯有一本受众诸多的著作《返璞归真》，他在开篇就描绘了他所谓的一种非自然事实：与科学定律形成对比的，一种"自然法则"强加于我们一种道德义务，令我们以某种方式采取行为。此外，一旦我们违背该法则，它将产生一种令我们感到内疚的额外的奇特效果。考虑到无法从唯物主义观点角度解释这一点，刘易斯便转向了宗教观点。我们丝毫不怀疑这种自然法则相当直接地影响着我们，他声称，只有我们承认在宇宙之外存在着某种控制力或"意识"，并且它以道德义务的形式向我们内心揭示时，这种自然法则才是解释得通的。

在第二段文摘中，乔治·H. 史密斯主张，并无充分理由显示，任何宗教是真实的。他的主要反驳意见是，宗教的道德律令不仅老套过时，而且也是残忍的，它完全背离了人道行为的正常标准。他认为，"宗教道德"是凭借命令和恐吓的结合起到作用的，那些倒霉的牺牲者面临着身体制裁的威胁，受到了基督教地狱学说，还有那更加无比微妙而可怕的罪恶的心理制裁的教化。这种情况下，其信徒是一个精神分裂、奴性服从、充满内疚的人也就不足为奇了。正因如此，想在宗教和道德之间建立联系的任何企图，无论在理性还是在情感层面都是令人憎恶的。

在最后一段文摘中，无神论哲学家迈克尔·马丁针对神命理论提出了一种主要的批评：如果说某项行为的善取决于神的意志，那么道德将是完全任意的，随神的情绪而定。即使神改变了主意并判定那些恶的东西是善的，其信徒也必须照样服从并相应采取行为——否则的话，他的行为就将是不道德的。马丁举了强奸的案例，如果神命令我们这么做，那么因为这是神的命令，此项行为就将是正确的，而马丁提出，在此情况下，做那些所谓正确的事情将与我们的基本道德直觉背道而驰——强奸永远不会成为一项道德义务——于是此时不服从神的命令并非是错误的，而不做神所命令的事情则是正确的。如此看来，我们必须否认道德依赖于神的意志这一观点。

文摘 1. C.S. 刘易斯：道德作为一项自然法则 [1]

对于石块、树木这类东西而言，我们所谓的自然法则可能只不过是一种说法而已。当我们说自然是受到某些法则管控的，其含义可能是，自然确实是按照某种方式运作的。这所谓的法则可能并不是任何真实的东西——任何高于并超出我们可观察到的实际事实的东西。但我们知道，对人而言，情况并非如此。人性法则或者是非定律，必定

---

[1]《返璞归真》，芳塔纳丛书，1964 年，第 16~19，29~33 页。

是某些高于并超出人的实际行为。这种情况下，除了实际事实以外，人还有别的东西——一个真实的法则，这个法则并非由我们发明，我们却知道自己应当服从它。

我现在想考虑一点，就我们生活于其中的宇宙，这一点向我们揭示了些什么。自从人类具备了思维能力，就一直在揣摩这个宇宙究竟是什么，它又是怎样形成的。对此大致有两种观点：第一种是所谓的唯物主义观点。持这种观点的人认为物质和空间只是偶然的存在，而且一直都存在着，没有人知晓其中的原因。物质以某种固定的方式运动，只是偶然地出于某种机缘巧合，生成了我们这样能思考的生物。由于那千分之一的概率，某个东西撞击了我们的太阳，由此生成了诸多星星，又由于那另外一个千分之一的概率，其中某颗行星上出现了生命所必需的化学物质和适宜温度，于是地球上的一些物质便拥有了生命，然后又通过很长一系列的机缘巧合，这些生物演变成了类似于我们人类这样的生命体。另外一种观点则是宗教的观点，根据该观点，宇宙背后的那个东西不同于我们所知道的其他任何事物，它更像是一种思想，也就是说，它有意识、有目的、有好恶。这种观点认为，是这个东西创造了宇宙，其目的有一部分不为我们所知，但无论如何，它这么做部分是因为想要创造出与自己相像的生物——我的意思是，在具备思想这一点上和它相像。请不要以为，这两种观点中有一种历史悠久，而另一种逐渐才站稳脚跟。凡有会思考之人的地方，就会同时存在这两种观点。另外还请注意，你不可能通过普通意义上的科学方法来弄清楚哪种观点是正确的。科学依靠实验，其观察的是事物的行为方式，每个科学陈述，无论其看上去有多么复杂，长远来看终究可以归结为类似这样的话："我在1月15日凌晨2:20将望远镜转向天空的某某位置，并看到了某某现象"，或者"我放了一点这种东西在锅里，并加热到某某温度，它就发生了某某变化"。千万别认为我这么说是反科学：我只是在说明何为科学工作。而且一个人越是讲究科学，他就应该越会（我相信）同意我的观点，即这就是科学的工作——并且这也是一份非常有用和不可或缺的工作。但是，一个东西究竟为什么会形成，是否在科学所能观察的事物背后还存在有别的东西——某些不同类的东西——这就不是一个科学问题了。如果存在某些"背后的东西"，那么这个东西要么永远彻底地不为人所知，要么以其他某种方式揭示自己。说存在这样一种东西，或说不存在这样一种东西，这两者均不是科学所能做出的陈述。真正的科学家通常不做这种陈述，做此陈述的往往是那些从教科书里拾掇一星半点零碎而肤浅的科学知识的记者和通俗小说家。毕竟，这是一个真正的常识性问题。假设有一天，科学变得完善了，认识了整个宇宙中的每一样事物，但"宇宙为什么存在""宇宙为什么像现在这样""宇宙的存在有任何意义吗"，诸如此类的问题不还是依然存在吗？

若没有下列所述的这点，这些问题将难以得到解答。在整个宇宙中有一样东西，且只有这样东西，我们对它的认识超出了我们从外部观察所获得的知识。这就是人。我们不仅仅是观察人，我们自身就是人。在此情况下，可以说我们掌握了内部信息，我们熟知内幕。正因如此，我们才知道人发现自己受到道德律的约束，这个道德律并非由人创造，但人即便想把它忘记也很难做到，而且人知道自己应该服从这个道德律……

那么，这个问题的立场也是如此。我们想知道，宇宙是否没有任何原因，只是出于机缘巧合才成为今天这样，还是在它背后有一股力量使之成为如此。如果存在这样一股力量的话，既然它不是我们可以观察到的事实，而是创造这些事实的现实，那么仅凭对事实的观察就不可能发现它。只有在一种情况下，我们才能得知，宇宙之外是否还存在别的东西，那就是我们自身的情况，而从我们自身的情况出发，我们发现确实还存在别的东西。或者，我们可以反过来说，如果宇宙之外还存在一种控制力，这种力量不可能以宇宙内部某种事实的形式向我们展现——就好比某幢房子的建筑师可以成为那幢房子中的一面墙、一段楼梯或者一个火炉。我们唯一可以期待的它展示自己的方式是在我们自身之内，以一种促使我们以某种方式采取行为的影响力或命令的形式显现，而这正是我们在自身之内发现的东西。当然了，这无疑会引发我们的怀疑，不是吗？在唯一一个你期望可以获得答案的地方，你找到了一个肯定的答案，而在其他你找不到答案的地方，你也明白了为何找不到答案。假如有人问我，当我看到有个穿着蓝色制服的人沿街挨家挨户投递小纸袋时，我凭什么就认为这些纸袋里装着信？我会回答说："每次他给我投递类似小纸袋时，我发现里面总是装着一封信。"他若反驳说："你认为别人收到的东西是信，你可从未亲眼见过呀？"我会说："当然没有了，我也不指望自己见过，因为那些信不是写给我的，我只是用我有权拆开的口袋来解释那些我无权拆开的口袋。"我们现在所谈的问题亦是如此。

我现在唯一有权拆开的口袋是人。当我拆开的时候，尤其是当我拆开这个被称作"我自己"的特定人的时候，我发现我不是以我本身而独立存在的，我受到一个律的约束，即某个人或某个东西要求我以某种方式行为。当然，我不会认为，倘若自己能进入一块石头或一棵树里会有一模一样的发现，正如我会认为街上别的人会和我收到一模一样的信件。例如，我有可能发现石头必须服从万有引力定律——正如寄信人仅仅嘱咐我服从人性法则，他却迫使石头去服从符合它石头天性的法则。但是，在这两种情况下，我都能发现所谓的寄信人，一股蕴藏在事实背后的力量,一个指导者,一个引路人……

我现在只能得出这样一个结论:存在着某种指引宇宙的东西,它以一种法则的形式在我心中显现并敦促我行善,它令我在为恶时感到自责不安。我认为,我们更多地只能将其假设为一种思想,而不是我们所知道的任何别的东西——因为,毕竟我们所知道的唯一一种别的东西就是物质,而你很难想象那一点物质能够指引人……

问题:刘易斯

1. 刘易斯所谓的"自然法则"是什么意思?他提出,道德律是以某种宇宙意识的存在为前提条件的,对此论点予以评价。

2. 是否存在任何非宗教的解释,其可以阐明我们对于义务的道德感?请依据刘易斯的论点对此进行评价。

文摘 2. 乔治·H. 史密斯:宗教道德 [①]

"宗教道德"作为一贯穿本讨论的词汇,它指任何根本上源自某个超自然存在诫命的价值法典。这种道德的观点在《圣经》中有明晰的阐述(比如"十诫"),而且在任何天启教中,这是普遍的典型特征。

基本上说,宗教道德赞成一种由神下达的通用道德命令,而且它是独立于人而存在的。人生来就处于这样的道德结构中,他在其中发现,自己最为重要的责任就是服从超自然立法者的命令。根据该观点,道德是服务于神而不是人的,人则被要求服从于这种道德命令。

[①] 《无神论:抗神的一个案例》,阿默斯特,纽约:普罗米修斯丛书,1989 年,第 297~305 页。

服从是主要的美德,而不服从是主要的罪恶。

宗教道德最为显著的特征在于其独裁主义的特性。一旦"善"或者"道德"的界定与神的命令挂钩,那么我们就在讨论一种洋溢着独裁主义的理论。凡是在我们有权威的地方,我们就有制裁——而凡是我们有制裁的地方,我们就有道德规范。正如我们将看到的,对于宗教道德的元伦理学而言,这些规范构成了其基本要素。一项规范是行为的制裁性原则,一项制裁是以激发人们服从某项行为原则为目标的身体或心理的强制或恐吓手段。为了阐明这些定义,不妨想一想我们每天都会遇到的一些规范:交通法规——如果警察在执法时,车速限制标识并不起到威胁的作用,那么确切地说,它就不成为一项法规,或者就我们的宗旨而言,它并不能起到一项法规的作用。对于不服从,国家将通过法规起到惩罚的威慑作用,这是其制裁手段,也正因如此,它们能被命名为法规。国家惩罚制裁的存在就是为了促使人们遵守法规。

如果限速未予以强制执行,如果漠视这一规定并无须遭受处罚,那么它们的作用无异于保障交通安全(假设限速是实现交通安全的一种手段)的标准,想必不遵守安全规则将导致交通事故数量的增加。然而,就不服从这一事实本身而言,限速作为一项标准并不具有强制惩罚的效应。

如果一个人为了避免收到罚单而注意限速,那么他其实就把限速视作一项规则。无论某个人是否将限速看作交通安全的手段,或是否期待出现交通安全的结果,他将因为害怕承受制裁而遵守限速的规定。由此可见,一个人遵守一项规则并不等价于其遵守一项标准。一个人之所以遵守某项规则,是因为其具有制裁力。

一项标准旨在唤起人们渴望达成其目标的动机,而一项法规则旨在唤起人们渴望或害怕遭受其制裁的心理动机。这就是标准和规则两者间基本的动机差异。

传统上，宗教诉诸于神的意志，并将其作为道德原则合情合理的依据。当碰到"我为什么应该做 X"这样的问题时，宗教会如此回答："因为这是神的意志。"如有人进一步问："为什么我就应当服从神的意志呢？"宗教的回答是："因为他想相应地给予你奖励或惩罚，要么在此生，要么在来世。"

由此，这股超自然的力量成为一种道德制裁。一个人服从某项原则，并不是因为他期待这由因果关系引发的结果，而是因为他害怕制裁——在这种情况下，即指神之愤怒。

宗教道德的基本特征在于，实际上，它将每一种道德原则视同为一部交通法规。一个人将依据其与一系列既定规则丝丝入扣的程度而受到奖惩。一旦这些规则予以实施，确实会带来一些影响（每项人类行为都是如此），但是代理人执行这些规则的主要动机并不在于期待出现这些影响，取而代之，他的动机源于伴随着这些规则的制裁。

最为古老和残忍地一种规则制裁形式是采用武力或以此作为威胁。这一点已在基督教的地狱学说中得到印证。

原教旨主义者们依然信奉永恒的折磨一说，毫无疑问的，这被列为经典基督教中最为恶毒和最应受到谴责的学说。它导致了不计其数的心理折磨，尤其是在儿童之中，这种学说让他们心生恐惧而服从。这样的案例数不胜数，不过，只要列举以下这个就足矣。

一个名为福尼斯神父的英国牧师在 20 世纪著有一系列"儿童图书"，这套丛书在英国的天主教界得以广泛传播，其影响一直延伸到 21 世纪，被称为"孩子们的使徒"。福尼斯专门致力于对地狱折磨的描绘。下面就是描绘地狱里对一名孩子施加折磨的案例：

他的双眼犹如两块燃烧着的煤块,他的耳朵里冒出两道长长的火焰……他时而张开嘴巴,呼出炽热的火卷。不过请听!有一种声音犹如沸腾的水壶,可是这真的是沸腾的水壶吗?不,那它是什么?仔细听这是什么,是那个男孩的血液在他滚烫的静脉里沸腾。脑浆在沸腾,并且在他的头颅里冒泡,骨髓在他的骨头里沸腾。若是问他,为何遭此折磨,他会回答说,当他还活着的时候,他那沸腾的血液曾干了极其邪恶的事情。

　　……地狱成为基督教要义中的一种不变的暗示:我们要服从神,因为归根到底,他比我们都要更大更强,而且此外,他也无可比拟地恶毒得多。有这么一句警告:"服从神,或是在地狱中燃烧。"我们对身体制裁有一种直观的感知,也由此得以深入窥视基督教的核心。

　　如今,很多温和且提倡自由主义的教派都对地狱这个概念表示了鄙视,甚至将其整个儿否决,尽管如此,它们的道德准则依然浸润在各项规则中。不过,要不是多亏了地狱的说法,我们又拿什么作为规则制裁呢?

　　答案在于心理制裁。还记得吗,我们说一种制裁可能是武力的或是心理的。武力制裁通常不复杂而且易被察觉,而心理制裁则往往复杂而微妙,这就解释了为什么它们很少能被识别。

　　心理制裁是一种道德术语,采用这种手段是为了达到心理恐吓的目的,以此激发人们遵从规则。按此方式使用的时候,道德术语起到了心理提示语的作用——用来触发人们情感,而不是传递信息的词汇。

　　如果一项武力制裁成功的话,将会引发恐惧害怕的情绪,如果一项心理制裁成功的话，将会引发内疚负罪的情绪。一个以恐惧害怕为动机的人依然有可能保留叛逆的因子，一旦抓到机会，他们就可能绝地反击，而一个以内疚负罪为动机的人就会心灰意冷，他将毫无疑问地服从规则。对于宗教道德而言，一个充满罪恶感的人是绝佳的臣服者，这也就是为什么心理制裁在达成其目的方面极端有效的原因所在。

为了激发人们服从神的命令，宗教长期以来一直都承认培养内疚负罪感的重要性。但是，并不是因为有了不服从超自然存在这种想法，内疚负罪感就会自动产生，即便那些信徒也不例外。情感是含蓄或明晰的价值判断的结果，因此，对于基督教而言，为了在不服从神的这种想法和内疚体验之间提供这种缺失的评估联系，情感是必不可少的。

罪恶的概念可能是人们有史以来构思出来的最为有效的制裁方式。对于一名基督教徒而言，犯罪是可以想象的最为糟糕的事，而犯罪这种念头可以引发强烈的内疚负罪感。任何拥有某种宗教背景的人都能体会这个概念蕴含的巨大心理驱动力。罪恶代表着某些深奥怪异的东西，某些可以直接削减某人自尊感的东西，而且作为一种操作装置，它的效力更为强大。弗里德里希·尼采曾辛辣而尖锐地攻击过基督教，他清楚地认识到罪恶在此背景下所起的作用。"罪恶，"他写道，"……这形成了**自我违背者**的出类拔萃，人们发明它，是为了生成科学、艺术，还有每一种人类所不可能拥有的崇高和尊贵，它通过罪恶这一发明形成了牧师规则。"[①]

为了完全理解罪恶作为一项心理制裁的本质，我们必须审视一下

[①] 尼采.《反基督》，R.J.赫林达勒翻译，哈蒙兹沃思出版社，企鹅丛书，1968年，第166页。

"罪恶"和"对神不服从"这两者间的关系。这两个概念是完全相同的吗，或者它们在某些方面有所差异？不妨思考一下下列陈述，这个问题的答案就将显而易见：

1. 我已经不服从神，但我并没有做任何错的或邪恶的事。
2. 我已经犯罪了，但我并没有做任何错的或邪恶的事。

陈述①是自相矛盾的吗？不，并不一定。即便在预先假设神存在的前提下，不服从的概念就其本身内在而言，也并不能招致什么负面评价。毕竟，这个神可能是某种孽障，若如此，不服从可能反被认为是善的或值得期待的。单单是不服从这种想法本身并不含有价值判断。那么陈述②自相矛盾吗？是的，显然如此。罪恶这个概念包含了一种负面的道德评价，于是，承认罪恶蕴含了承认邪恶或采取不道德行为的意思。接受罪恶的概念有一个先决条件，即某人信仰神，并且他相信不服从神是内在错的。

由此我们可见，"罪恶"和"不服从神"确实有所差异，罪恶这个概念包含了不服从，还加上了嵌入这种不服从之中的谴责。正是这种评价性的元素引发了内疚负罪感。

必须强调的一点是，接受罪恶概念的基督徒并不能评价每一条特定神规是善还是恶——这么做需要神的意志之外的某项善的标准。然而，如果善的标准并不依赖于神的意志而存在，那么罪恶的概念也就不再具备心理制裁的力量。在此基础上，通过某项独立的标准（由于人们可能会提出争议说，神总是选择善的），不服从神可能会与那些被判定为不道德的东西不谋而合，但是在不服从和不道德行为两者间并不存在必然的联系。

准确而言，作为一项心理制裁，罪恶的有效性有赖于以下这个事实，即对于很多有神论者而言，不服从神就是不道德行为的一项评判标准。违背神的意志行事已经包含在"不道德"的定义之中，因此我们也就可以说，不服从神是不道德的，而遵守神规则被看作成为一个"善"人或"道德"之人必不可少的先决条件。

由此可见，一旦人们接受了罪恶的概念，那么陈述 a) 就是自相矛盾的。若预先假设罪恶的存在，那么说"我已经不服从了神，但我并没有做任何错的或邪恶的事"就是荒谬的。不服从已经隐藏在了"错"和"邪恶"的含义之中并成为其一部分了。

以下这个案例就使罪恶的信仰者陷入了循环论证：一个人不应当不服从神，因为若这样做就是一种罪恶。那么罪恶又是什么呢？罪恶是不服从神。

虽然鲜有阐明，这正是潜藏在罪恶概念以及一般心理制裁之下的基本模式。就基于规则的元伦理学之本质而言，这种循环是必不可少的。道德就是用服从规则来定义的，而对于基督教而言，罪恶这一概念能够诱发内疚负罪感，从而促使人们服从……

总而言之，我们或许可以将宗教道德描述为价值的变性。它将价值追求与其自然的结果相分离，取而代之的，价值追求变得有赖于武力和心理的制裁，这将促使人们服从道德规范。在基督教中，地狱是最重要的武力制裁，而在心理层面，罪恶等价于地狱，它是最为常见的一种心理制裁。

以服从为重点，通过灌输人们恐惧害怕和内疚负罪的情感，基督教已将道德转化为某些通常被认为是不详和令人厌恶的东西。以来世的奖惩为重点，基督教很大程度上使得道德这一概念变得不切实际，它和现世中人们的生活和快乐几乎或者是没有任何关系。

宗教上对服从、责任以及内疚的考虑和理性的道德观形成鲜明对比，在后者中，人是被关注的核心，人的生活是价值的标准，人的福利是道德原则的服务目标。宗教和道德两者间的任何联系不仅不合情理，而且还是极为有害的。道德的宗教观点依然被广泛接受，儿童在其影响下成长，人们试图依靠着它生活——结果就是，数百万人以道德之名付诸实践，这实际上意味着情感和智力的自杀。

问题：史密斯

1. 宗教采取了哪些方法将其自身强加于信仰者？史密斯认为这些方法是野蛮的，它们有违人道的行为标准，你认同他的看法吗？

2. 史密斯得出一个结论，即任何接受了道德宗教观点的人其实是在情感和智力上自杀，他这样说对吗？

文摘3. 迈克尔·马丁：无神论、基督教的有神论以及强奸[①]

让我们暂且假设，《圣经》对于强奸的立场是明确的：神谴责强奸。但是为什么呢？一种可能是，他谴责强奸是因为该行为是错的。它为什么是错的呢？人们可能会假设，神认为强奸是错的有各种各样的原因：它侵犯了受害者的权利，它使受害者受到创伤，它破坏了社会结构，诸如此类。所有这些都是坏的特性。然而，如果这些理由就能为神认为强奸是错的这一想法提供现实依据，那么它同样也能为别的提供现实依据。此外，即便神不存在，这些理由也照样成立。比如说，强奸依然会对受害者造成创伤，甚至也依然会破坏社会结构。如

---

① www.infidels.org/library/modern/michael_martin/rape.html.

此看来，这种情况下，按此假设，无神论者也可为谴责强奸提供客观依据——和神所用的依据一模一样。

现在我们不妨假设，强奸之所以错是因为神谴责它。这种情况下，神的谴责就没有理由支撑。他的谴责令强奸是错的，而如果神不对其加以谴责，强奸就不是错的。确实，如果神谴责不强奸，那么不强奸某人反倒是错的了。然而，这很难为谴责强奸提供客观依据：强奸的对错与否是以神的任意谴责为基础的。据此分析，如果无神论者不能就谴责强奸提供客观依据的话，有神论者也没有比他们好多少。不过，正如我们所见，我们没有理由认为，他们就不能提供这样的依据。

诸如格雷格·巴恩森和约翰·弗雷姆这样的有神论者认为，如果能将神之特征的必要属性，而不是直接将神的谴责作为道德的依据，那么上述的两难困境就能得以避免。① 这貌似在说，神谴责强奸是因为神的特性必然为善，这就避免了两难困境，但这不过是一种幻想罢了。巴恩森争辩说，柏拉图在尤西弗罗篇中提出了一种"伪的反命题"：

> 事实真相是，善并不有赖于神。某种行为之所以善是因为神对其表示赞成，而神赞成它是因为其生动地表达了神的圣洁——换言之，它是善的。成为善人就是像神，而只有当神揭示并赞成了某项行为，我们才知道它是善的。关键点在于，善是神所赞成的，而且不能脱离神来确认善……②

---
① 参见格雷格·贝恩森，《基督教伦理学中的神理学》，菲利普斯堡，N.J.，长老会和新教出版，1977年。
② 同上，第284页。

然而不幸的是，贝恩森的立场并不明晰。这段引言表明两点，一是某物之所以善是因为神赞成了它，二是神之所以赞成它是因为它是善的。但是，这两种立场不能同时成立。假设"X因为Y而成立"意味着"X是由Y引发的"。这就是说，当一个人说因为神不赞成强奸，所以强奸是恶的，其含义是，神通过不赞成强奸而使强奸变成恶的。但是，如果一个人说因为强奸是恶的，所以神不赞成强奸，其含义是，强奸的恶导致神不赞成它。然而，神通过不赞成强奸所引发的又如何能引发神去不赞成强奸呢？如果"X因为Y而成立"意味着"Y是X成立的原因"，那么也会出现一个类似的问题。如果强奸之所以恶是因为神不赞成它，那么强奸是恶的又如何能成为神不赞成强奸的理由呢？

任何情况下，诉诸于神的特性仅仅能推延问题，因为就神的特性而言，我们可以再度表述这种两难困境。神的特性之所以如此是因为它是善的，或者说，神的特性之所以善仅仅因为它是神的特性？是否存在一种独立的善的标准，抑或神的特性设定了这种标准？如果神的特性之所以如此是因为它是善的，那么就存在一种独立的善的标准，我们可以借此评价神的特性。举例而言，假设神谴责强奸是因为他公正和仁慈的特性，神的特性之所以公正和仁慈是因为仁慈和公正是善的。因为神必然是善的，神就是公正和仁慈的。根据这种独立的善的标准，仁慈和公正恰恰是一种善的特性所包含的内容。这种情况下，即使神不存在，我们依然可以说，一种仁慈和公正的特性是善的。人类可以使用这一标准评估人的特性以及基于该特性的行为。无论神存在与否，他们都可以这么做。

假设神的特性为善仅仅是因为它是神的特性，那么如果神的特性是残暴和不公的,这些属性也将是善的。这样的话,神很有可能宽恕强奸,因为这吻合神的特性。可是,难道人们就不能回应说,神不会是残暴和不公的,因为神必然是善的?确实,神必然是善的,但除非我们拥有某些独立的善的标准,我们才可以说,根据定义,神的任何属性都是善的:神的特性将定义何为善。这貌似意味着,如果神不会是残暴和不公的,那么神的特性必然就例证了善的独立标准。一旦采纳这样一个标准,我们就可以说,无论神存在与否,残暴和不公都不是善的。

以神的必要特性作为客观道德的基础,从而避免两难困境,这种尝试又有另外一个问题。它假设,没有神的话就将不存在客观的道德。然而,这似乎回避了客观无神论伦理学这一问题的实质。毕竟,为什么神的不存在就将不利于仁慈、怜悯及公正这样的善?不过,如果是神的一部分特性创造了仁慈、怜悯及公正这样的善,那么这样的事恰恰就会发生。我们也许可以用另一种方式阐述这一点。人们可以确认强奸的客观不道德性,并一以贯之地否认神的存在。声称"强奸在客观上是恶的以及神并不存在",这两者并不矛盾……

基督教徒似乎假设神谴责强奸,而且通过阅读《圣经》,神的这种谴责可以得到支持。此外,他们假设,强奸在当代社会得到谴责,而神也是基于同样的理由谴责强奸。然而,《圣经》的立场是复杂的,而且仅仅支持了强奸是恶的这一普遍观点,因为它在一定程度上伤害了受害者。的确,我们可以在《圣经》中发现,强奸是受到谴责的,不过,同时我们又能找到一些章节,其中神似乎心照不宣地默认了强奸,而在另外一些章节中,强奸虽然遭到谴责,但却并没有虑及受害者的福祉。

首先,在某些章节中,神似乎心照不宣地制裁了强奸。在《旧约》全书中，摩西鼓励他的男人们利用那些被捕的处女来满足自己性的快感，也就是说，强奸她们。在敦促他的男人们杀死那些男性俘虏和那些不是处女的女性俘虏之后，摩西说道："那些还不知道男人躺在身边是怎样的年轻女孩子，你们就留着自己享用吧。"（第31条：18）之后，神敦促摩西分发战利品，并以此明确给予了他奖励。神并没有指责摩西或他的男人们。（第31条：25~27）

其次，《旧约》全书在谴责强奸时却忽略了妇女的权益及她的心理感受。[1] 比如说："如果一个男人遇见一个尚未订婚的处女，抓住她并和她睡了觉，一旦他们被发现，这个睡了她的男人就应当给姑娘父亲五十舍客勒银子，而姑娘将成为他的妻子，男人终生都不能抛弃她"（《申命记》：22；28~29）。这里，强奸的受害者被视作为其父亲的财产。由于强奸犯已经剥夺了其父亲的财产，他就必须为此支付一笔婚礼金。在这件事中，那个女子显然并没有决定权，她被迫嫁给那个强奸了她的男子。还请注意，如果他们没有被发现，就不会遭受负面的审判，这就似乎暗示了一点，如果你强奸了一名尚未订婚的处女，千万别让人逮着。

如果在城市中强奸了一名已订婚的处女，《圣经》说，强奸犯和受害者都应被石头砸死：强奸犯之所以要被砸死是因为他侵犯了邻居的妻子，而受害者要被砸死是因为她没有呼喊求救（《申命记》.22:23~25）。再一次地，这种处罚的假设是，强奸犯剥夺了另一个男人的财产，因此必须偿命，而受害者的福祉在此似乎无关紧要。此外，人们似乎假设，在所有情况下，被强奸者都可以呼喊求救，而一旦她这么做了，就会被听到并得救。就强奸的情境而言，这两种假

---

[1] 就以下文字，我要感谢杰拉尔德·拉吕，《性和圣经》，水牛城，纽约：普罗米修斯丛书，1983年，第16章。

设都是非常可疑和易受影响的。

另一方面，根据《圣经》，如果强奸发生在一个"空旷的野外"，情况将完全不同。在那种情况下，强奸犯将被处死，而受害者则不必。这样做的理由在于，如果一个妇女在开放的空间呼喊求救，是不会有人听到的。于是，她也就不能遭受任由男人强奸的指责。这里对受害者的心理创伤只字未提。若是在空旷的野外，强奸犯的行为未被逮个正着，那么他并不会受到谴责，更不要说是发生在城市里了。

整部《圣经》，我只知道有一处对强奸的受害者表达了敏感，这就是大卫之子暗嫩的故事，他强奸了自己同父异母的妹妹，之后又抛弃了她。故事的作者描述了姑娘立即陷入悲痛的一些细节。她的哥哥押沙龙杀了暗嫩，为妹妹报仇雪恨。正如杰拉尔德·拉吕所描述的："可以说，暗嫩之死使以色列的公正保持了平衡，但妇女所经历的痛苦却被认为不值得再提。"①

那么，无神论者不能为不强奸他人提供任何客观理由，他们该如何对此做出富有策略的争辩呢？

首先，无神论者可以说，从来没有任何证据显示，非宗教的伦理学就必然是主观的。确实，人们可以指出，即便是著名的基督教哲学家也否认无神论的道德是主观的……

其次，就拿尤西弗罗的两难困境来说，一方面他们可以争辩说，如果有神论者可以提供这样的理由，他们就可以这么做。另一方面，他们也可以争辩说，根据基督教伦理学的某些解读，有神论者并不能提供任何的客观理由。如果强奸之所以错仅仅是因为神的命令，或者仅仅因为强奸是恶的，因为它与神的特性相抵触，而神的特性

---

① 同上，第104页。

之所以善仅仅是因为善是神的特性,那么强奸之恶就完全是任意和武断的。

第三,无神论者应当指出,如果有神论者将《圣经》的解读作为强奸乃恶的基础,那么他们的依据是不牢靠的。《圣经》在宽恕强奸之处又谴责了强奸,谴责的理由既不充分,也和开明的道德舆论不相吻合。

问题:马丁

1. 情况是否如此,即如果没有神,那么任何事都是被允许的,包括强奸?

2. "若神命令,我就服从。"这是否能使强奸这样的行为合情合理?如果不行,那么神命理论的含义是什么?

问题:伦理学和神

1. 请分析柏拉图和尤西弗罗的讨论。他的结论是什么,这与神命理论有什么关系?

2. "凡是神命,必然为善。"这种主张会引发些什么问题?

3. 有人认为,主张神是善的时候,信徒必须否认,唯有神才是善之源,请审查该论点。

4. "没有一个道德自由的个人可以在服从神命时采取道德的行为。"请就此进行讨论。

5. "如果人们对宗教如此恶毒,那么没有了宗教,他们又会怎样?"(本杰明·富兰克林)。请就此进行讨论。

6. 有人信仰,良知是神的声音,请对此进行批判性的评价。

7. 如果以神之名行恶,这是否意味着神是邪恶的?如果不是,请给出原因。

IV. 讨论：生命权和动物权利

我们在第二章中看到，生命权总是被视为人类，而非每一种生物的一项权利。若不做此假设，那么给花园除草或者屠宰牲畜，从道德上讲将无异于杀婴。于是，我们理所当然地认为人的生命是凌驾于所有其他生命形式之上的，而人的生命要比其他任何动物的生命拥有更高的价值，也值得获得特别保护。我们已经看到，这种观念在我们有关堕胎和安乐死的讨论中有多么根深蒂固。一方面，我们并不反对杀戮动物用于食品或化妆品的检测，但另一方面，终止怀孕却遭遇大量道德和法律的困境；一方面，卡伦·昆兰的父亲出庭多次才将呼吸器从他女儿身上摘下（可能，这是消极安乐死最为著名的案例），另一方面，我们知道屠杀大量猴子用于药物成瘾调查却无须面临这样的司法谴责。由此看来，人们认为非人生命要比人类生命更为低劣，只要我们认为合适，就可以使用动物，甚至杀死他们也在所不惜。然而，最近几年中，这种观点遭到了很多哲学家的否认，因为他们并不认为人类和动物生命之间存在任何道德层面的差异，也并不觉得人类生命就应受到特别保护。这转而促使一些激进主义分子开展了反肉店、毛皮商、工厂化农场以及科学机构的暴力运动。在这些人看来，禁止将人用于研究或吃婴的理由同样适用于非人生命。炸毁一名活体解剖者的老窝当然是不合法的，但从伦理层面讲，这并没有错：人们所做的一切不过是为了恐吓谋杀犯。

此处，人们将这种被动物解放主义者否决的道德观称为**物种歧**

视。"物种歧视"这一术语最早由理查德·瑞得于1970年所创,由于非人动物属于不同物种中的一员,"物种歧视"讲的是针对非人动物的一种偏见性和歧视性的态度。这方面最为明显和突出的例子就发生在我们每天进餐的时候:人们不会吃彼此,却经常性地大量食用动物。于是,在这方面,物种歧视是一种在道德上令人唾弃的偏见,它令人联想到一些其他在道德层面不可宽恕的偏见,比如种族主义、性别歧视和年龄歧视。那么,为什么社会总是谴责这些形式的公然歧视,而不是物种歧视呢?

练习3

不要将权利延伸到动物,下列哪些论断(如果有的话)使得这种说法合情合理?

1. 神赋予人们权利支配动物。
2. 如果我们赋予动物权利,我们也就必须赋予那些致命昆虫和细菌权利。
3. 所有动物都吃别的动物。人是动物,所以人也吃别的动物。
4. 如果我们停止杀戮动物的话,失业率将会急剧上升。
5. 人类位于食物链的顶端。
6. 动物对我们没有感情,那我们又为什么要对动物抱有感情?
7. 达尔文的自然选择理论令杀戮动物合情合理:食用动物或毁灭动物。
8. 正如父母亲对自己的后代负有特殊的责任,所以人类也仅对人类负有特殊的责任。
9. 动物没有灵魂。
10. 有些动物就是被饲养食用的。如果我们不吃它们,其将不复存在。

上述练习中的首条陈述是证明物种歧视合情合理最为神圣庄严的依据：动物没有权利，而人类可以对动物做任何想做的事，因为神已明确赋予了人控制动物的权利。于是，在《创世记》（第1章第26节）中，神说："让我们按照自己的形象创作人，使其和我们类似：让他们对海里的鱼、空中的飞禽，对牲畜，对整个大地，对所有生活在大地上的爬行动物都有支配权。"我应该将这样一条论点称为支配论，它最为清晰也最大限度地阐明了西方宗教传统中，人对非人动物普遍缺乏同情的原因。人类，按照神的形象所创造，是唯一被赋予精神和道德的生物，而另一方面，动物不仅没有理性思考的能力，也因此不具备不灭的灵魂。这正是中世纪伟大哲学家圣·托马斯·阿奎那的观点。对他而言，动物不过是略好于"东西"罢了，它们处于道德义务的范畴之外，于是也就缺乏道德的能力，它们并不拥有道德权利，也因此永远不会被人类冤枉。[①] 确实，如果对非人动物采取的任何直接行为是不公正不合理的，只能说这是因为间接地冤枉了人类，伤害动物更类似于在未征得物主同意的情况下损害了其财产，而虐待动物则揭示了一种类似于对待他人残暴无情的人性。勒奈·笛卡尔（1596—1650）提出了支配论一种更为极端的版本。笛卡尔否认动物具有以任何方式承受任何苦难的能力：非人动物更像是自动装置，一些没有思维或感情类似于机器的生物，于是，人们可以很快打消虐待动物的不安和疑虑。一个人是不能伤害一头动物的，它们的尖叫不过是一些机械式生物的抽搐性号叫。

---

① 附带说明，阿奎那是一名众所周知的食肉者，而且，据说他相当肥胖，以至于很难够得着食物。

笛卡尔

在此背景下，**同心主义**始终在西方的宗教传统中占据主导地位，动物普遍被认为在道德权利和义务的范畴之外也就不足为奇了。然而，最近有更多的神学家就《创世记》提出了一种不同的解读，这是对支配论等级性更弱的一种阐述。安德鲁·林基认为，人类所拥有的道德至高地位更多地相当于一种王权神学，其中，权威凭借在神庇护之下的职责得以行使。正因如此，我们应该以一种相当不同的方式解读支配论。之前的论点认为，权利仅仅被分配给一个物种，完全不同于此，根据管理职责和问责制度，这些权益也延伸至非人动物。换言之，君王的权威施加给优势物种职责，令其捍卫和承认自然世界各个方面的权利。与之相应的，动物对于人类而言具有的不再仅仅是工具价值，它们作为神创的另一部分，本身就拥有了内在的价值。就智慧或者道德感知而言，人类可能优于非人的动物，但这本身并不能表明阿奎那和笛卡尔两人的主张，即只有人类才能享有这些权利。

宗教论点的这一改变促使很多当代神学家批判物种歧视，并且他们坚定地采取了一种现代的态度，即动物具有内在的道德价值，他们否认道德价值仅适用于人类的说法。这种观点直接根植于杰里米·边沁的**功利主义**学说，这点是有迹可循的。我们可以回忆一下，根据效益原则，边沁认为社会的目的论焦点应该在于最多人的最大快乐，其中，他将快乐进一步理解为愉悦以及没有痛苦。[①] 而且，在快乐的分

---

① 见本书第 99~103 页。

配上应对所有生物一视同仁,在快乐计量时,每一个生物都应被算作一分子,而且不多于一分子。于是,将效益原则与平等原则相结合,边沁就能挑战道德的正统说法了,即动物是非理性的,从而并不需要平等对待。由于在评估某个生物的道德价值时,我们既不该问"它们能推理吗?"也不该问"它们能交谈吗?"而是该问"它们能遭受痛苦吗?"一旦这么做,"或许有朝一日,人们会承认,腿的数量,皮肤的绒毛,或者骶骨的末端,这些糟糕的理由都一样,它们都有可能使一个敏感的生物陷入同样的命运(一个折磨者的反复无常)"[1]。边沁在此首次引入了感知力原则:任何有能力感受痛苦(任何有感觉的生物)无论其理性能力,都具有道德价值,而且与之相应的,这种能力必须包含在正确行为的功利主义计量之中。

现代最为著名也拥有最广泛读者的动物权利倡导者是彼得·辛格。在我们的首段文摘中,辛格就非常赞同边沁引入的感知力原则,并认为其具有重大影响。更为准确地说,正如辛格自己坦言,他是一名偏好功利主义者。[2] 我们还应该记得,在该版本的功利主义中,判定某项行为对错与否不仅取决于其是否最大化了快乐或增加了痛苦,同时还要考虑其是否与那些最受影响者的偏好相符:即他们是否对此行为及其结果有所偏好。于是,如果某项行为违背了那些直接受影响者的偏好,那么除非它可以通过更为强劲的偏好得以补偿,否则它就是错的。但是,如果缺乏自我意识,那么我们该如何确认动物的利益呢?答案是,我们可以通过观察动物的反应而确定其偏好:一条鱼在鱼钩上苦苦挣扎就在表明它对自由的渴望,虽然无力发声表达自己的偏好,它的偏好依然表露无遗。

---

[1]《道德与立法原理》(1789),第 17 章,第 1 部分。
[2] 见本书第 123~124 页。

彼得·辛格

作为一名偏好功利主义者，辛格接着澄清说，这场争论中的关键问题在于："我们若不会以某种方式对待一个对象，那么我们以这种方式对待另一个对象是对的吗？"他的回答是，如果某个实体和另一名被害或获利的实体具有相同的能力——尤其是在体验快乐或痛苦的能力方面——那么，无论它们之间存在任何别的差异，这个相同点就要求我们平等对待它们。这就解释了，为什么我们不会仅仅因为教导孩子们阅读而去教导狗去阅读，或者将选举权延伸至长颈鹿，或者要求石头有权拒绝向其施加痛苦：在从这些事物中获取快乐或遭受痛苦方面，它们和人并不具有相同的能力。另一方面，如果我们仅仅因为其他一些人是黑人或有色人种就否决了他们的这些权利，那么我们就会因此遭受谴责，因为我们仅仅因为他们的种族起源就否决了他们本可以享受的权利。

然而，辛格提出一个问题，如果在一只猴子和一名有严重智力障碍的婴儿之间做此比较，又会如何呢？在这两者间划定界限并不那么容易，因为猴子的能力——它的行为能力，解决问题和交流的能力，更不必说它感知快乐和痛苦的能力——几乎必然等同于甚至有可能超过孩子的这些能力。这是否就意味着，我们应该选择孩子而不是猴子用于实验？我们不会这么做。尽管在能力上有着明显的优势，我们依然会选择猴子用于实验，因为在生物层面，它并非我们自己物种中的一员。然而，由于这是对猴子拥有平等对待权的嘲笑和蔑视，该做法在道德上是不能被接受的。确实，猴子成为另一种歧视形式的牺牲品——不是种族主义，而是**物种歧视**——这种做法非常普遍，有些人一方面保护高龄老人或人类胎儿或脑损伤人士的生命权，另一方面却不认可终止对非人动物的买卖和大肆屠杀，所有这些人都在这么做。

辛格的观点引发了一场大规模的公众讨论和对立意见。有一部分人，比如汤姆·里根就全力争取完全终止经济动物畜牧业，绝对禁止打猎，废止动物实验。[1] 另有一些人，诸如 R.G. 弗雷，虽然承认动物权利论的力量，但却不太愿意废止非人动物在研究中的应用。[2] 他争辩说，没错，我们在道德上确实需要考虑动物遭受的痛苦，但尽管如此，人和非人动物生命体间一般存在的本质差异令这些实验合情合理。

而在另一种极端情况下，卡尔·科亨在我的第二段文摘中拥护物种歧视，并以此捍卫动物实验。"我是一名物种歧视者，"他声称，"对于正当行为而言，物种歧视不仅貌似有理，而且至关重要。"[3] 科亨提出，动物并不具有不可剥夺的生命权，因为拥有该权利——事实上，拥有任何权利都是如此——有赖于自由做出道德决策的能力，而没有一种动物拥有该权利。正因如此，只有人类有资格成为"道德共同体"中的一员。然而，这种成员资格也令他们对彼此担负某些义务，诸如拯救生命的职责，如果动物被禁止用于科学实验，这一点可能就无法达成。之前辛格所采纳的功利主义论点，现在被科亨应用在了对立面：在生物医学研究领域抵制使用动物，这在道德上是错的。在获取快乐高于承受痛苦方面，人类必须确保彼此达到最大限度的平

---

[1] 参见《动物权利案例》，伯克利，加利福尼亚：加利福尼亚大学出版社，1983年。
[2] 《权利、杀戮和受苦：道德素食主义及应用伦理学》，牛津：巴兹尔－布莱克维尔出版社，1983年。
[3] 《新英格兰医学杂志》，315，第14期，1986年10月，第865~870页。摘自我的著作《医学中的道德问题》，剑桥：卢特沃斯出版社，1999年，第99~102页。

衡，也因此不得不追求疾病的消除。为了达成该目的，在权衡比较时，使用动物的益处远远超过了不使用动物的弊端，也正因如此，为了最大限度地保护人类主体，使用动物主体应受到鼓励而不是阻挠。延伸动物的使用范围成为人类对彼此负有的一种道德义务。

在第三段文摘中，罗杰·斯克鲁顿采纳了一种不同于科亨的立场：动物并非道德生物，像这样的生物并不具备那些道德共同体的成员才要求的权利和义务。然而，这并不意味着，无论怎样对待动物都是情有可原的。因此，为了自身，为了享受目睹受苦的情境而大肆施虐——比如说，斗狗、斗熊以及程度较微的斗牛——在道德上都是令人厌恶的，这不仅仅是因为它怂恿了一种邪恶的品性。对于动物实验也是同样。在有些实践中，人们将应对动物予以关怀的职责扔到一边，美其名曰是为了人类社会的利益，斯克鲁顿对此也提出了质疑。医学科学的进步绝不仅仅赐予人们纯粹的赐福——一个充满不快乐老年病人群体的社会正在涌现——而假如这种进步的基础是激发人们对待动物更加麻木不仁，更加冷漠无情，那么这必将被谴责为不道德的。可是，在对待动物方面，一旦说到用餐时的情况，斯克鲁顿对物种歧视的论点就明显不再那么有共鸣了。"我觉得我自己，"斯克鲁顿谈道，"在对动物之爱的驱使之下，赞成吃了它们。"对于那些农村里无知愚昧的人，一个不如人意却切实存在

动物权利抗议

的事实是，动物之所以能享受如今的舒适，主要是因为它们将被吃掉。它们被好生饲养，远离疾病，受到保护，这一切都基于之后它们将成为盘中餐的命运。

值得一提的是，辛格所谓的可替换论点对斯克鲁顿做出了回复。斯克鲁顿声称，一方面，食肉者自然对更高比例的动物死亡负有责任，此外，他们也对那些已被杀害动物的替代者负有责任。这样一来，小心谨慎地开展畜牧业，其益处将超过初始损失，也就使一项道德上饱受谴责的行为富有正效应。这当然忽略了那些被杀者的偏好，而且实践了另一种形式的物种歧视。比如说，我们不太可能将相同的原则应用于现代的基因治疗，如果父母同意杀死一个具有基因缺陷的婴儿，我们几乎不会表示认同，除非他们同意用一个健康的婴儿取而代之。

文摘1. 彼得·辛格：所有动物一律平等[①]

如果一个生命体遭受痛苦，那么不存在任何一种道德合理性论证可以拒绝考虑这种痛苦。无论这个生命体的本性如何，平等原则要求将此痛苦视同于任何其他生命体承受的与之类似的痛苦——就此我们可以做一粗略比较。如果某个生命体没有承受痛苦或体验愉悦和快乐的能力，就没有什么值得考虑的了。这就解释了，为何感知力的局限性（如果无须严格准确表述的话，可将此说法作为承受痛苦或体验愉悦快乐之能力的缩写）是考虑他人利益时唯一可靠的界限。通过某些诸如智慧或理性的特征标志这道界限，这种方法是任意武断的。为什

---

① "所有动物一律平等"，《哲学的交流》，2，第2号，1974年。删节版重印于《应用伦理学》，辛格编辑，牛津：牛津大学出版社，1986年，第222~225页。

么不选择一些别的特征呢，诸如肤色？

一旦自己所在种族成员的利益和另一个种族成员的利益发生冲突，种族主义者更加重视自己所在种族成员的利益，这也就违背了平等原则。与之类似，物种歧视者允许自身物种的利益凌驾于其他物种成员更大的利益之上。这两种情况有着相同的模式。大多数人都是物种歧视者，我将简要地描述一下这方面的一些实践。

对于绝大多数人而言，尤其是生活在城市工业化社会里的人，与其他物种成员最为直接的接触形式就在用餐时：我们食用它们，这样做，我们就纯粹地将其作为服务我们自身的手段。相较于品尝某道特定菜肴的味道而言，我们认为它们的生命和幸福是居于次位的。我在这里特意用了"味道"一词——这纯粹只关乎愉悦我们的口感。我们不能辩解说，食肉是为了满足我们的营养需要，因为这必然会引来质疑，我们完全可以采用大豆或大豆制品，以及别的高蛋白蔬菜制品这样的饮食替代肉制品，并更加高效地满足我们对蛋白质及其他重要营养物质的需要。

我们为了让自己大饱口福，就准备牺牲别的物种，其中杀戮行为只是其中的一种罢了。相较于杀害动物的意图，人们对尚且活着的动物施加的折磨和痛苦更为清晰地表露了物种歧视。为了以可承受的价格在餐桌上享用肉类，我们的社会默许了种种肉类生产的方法，那些有感知力的动物终其一生都生活在拥挤不适的条件中，动物被视为将饲料转为生肉的机器，而任何一种有利于提高"转换率"的创新似乎都易于被人接受……

正如我所说的，因为所有这些实践，其目的无外乎是迎合我们的味蕾享受。我们蓄养和杀戮其他动物用于食用，这个案例清晰地表明，我们牺牲其他生命体最为重要的利益只不过是为了满足自身一些微不足道的利益。为了避免物种歧视，我们必须终止这种实践，而我们每个人都有道德义务终止这种实践。我们的传统充分支持了肉类工业的需要，要决定终止不再支持这样做可能困难重重，但即便再难，也不会甚于当时的一名南方白种人反对其社会传统并解放其奴隶的行为，如果不改变我们的饮食习惯，我们又有什么理由去谴责那些不愿改变自己生活方式的奴隶主呢？

我们还可以在别的方面观察到同种形式的歧视，为了看看某些物质对人类是否安全，或者检测一下有关严厉惩罚警戒效应的心理学理论，或者为了以防某事万一发生而试验各种新成分……为了这种种目的，人们广泛地在其他物种身上进行实验。

过去，有关活体解剖的论断往往忽视了这点，因为它是从绝对主义者的视角出发的：如果在某个单一的动物身上就能完成实验，废奴主义者会让千百万人去冒死吗？针对这个纯粹假设性问题的回应又引发了另外一个问题：如果在一名孤婴身上进行实验是拯救诸多生命的唯一方法，那么实验者已做好准备这么做了吗？（我之所以说"孤儿"是为了避免引发身为父母的复杂情感，虽然这么做，我是过度估量了实验者的公正性）如果实验者未做好准备使用孤婴，那么他不准备在实验中使用非人动物就成了一种歧视，就我们现在所知，成年猩猩、猫、老鼠以及其他的哺乳动物对发生在它们身上的事情更有意识，更能自我指导，至少它们和人类婴儿一样对痛苦十分敏感。貌似没有什么人类婴儿拥有的相关特征是成年哺乳动物所不具备或程度不如的（部分人可能会试图争辩说，在人类婴儿上进行实验之所以不对，是因为如果适时地被抛弃不管，婴儿将发生转变，不只非人类动物那么简单。不过若是如此，有人就会为了谋求一致而不得不反对堕胎，因为胎儿和婴儿具有相同的潜能——确实，基于这个原因，甚至连避孕和节欲也可能是错误的,原因在于,卵子和精子一旦结合,也就被视为具有相同的潜能。无论如何,这个论点依然不能证明,为什么我们只能选择非人动物,而不是具有严重且不可逆脑损伤的人类作为实验对象)。

只要实验者在非人动物上进行实验,并认为如果在具有相同或更低感知、意识或自我指导力的人类身上进行实验是不正当不合理的,那么,其实这些实验者就表露出对自己物种的偏袒。然而,但凡熟知大多动物实验所致的种种后果,那么毫无疑问,如果能消除这种对自身物种的偏袒,实验的执行次数将出现骤减,和现状相比,其规模将变得微不足道……

问题:辛格

1. 辛格的论点能够说服你成为一名素食主义者吗?如果不能,为什么?

2. 是什么令人类比动物优越,令动物比人类低劣?这些差异能使物种歧视合情合理吗?

3. 辛格认为我们应该依照感知力原则对待动物,你同意他的这个观点吗?

4. "想象一个情境,有五名幸存者在一艘救生艇上。由于尺寸所限,这艘救生艇只能装载其中的四名。他们重量相当,也占据了几乎相同的空间。这其中有四名是正常的成年人,第五名是一条狗。必须有一名幸存者被扔到船外,否则大家都性命不保。应将谁扔下船呢?"

文摘 2. 卡尔·科亨：为物种歧视辩护 [1]

有些批评者并不信赖动物权利，取而代之的是，他们诉诸于动物感知——动物对痛苦和不幸的感受。我们应当尽其所能终止施加痛苦的行为。这些批评者说，由于所有或几乎所有的动物实验都不会造成痛苦，而且很轻易被放弃，所以我们应当摒弃这种行为。这样做所追寻的目的或许确有价值，但即便如此，也不能就此说明施加痛苦于人类是合情合理的，而动物对痛苦的感知也不会少于人类。正因如此，我们必须废止将动物用于实验（这些批评者得出结论）的做法——或者至少是大幅缩减。

该论点本质上说是功利主义的，这是清晰无疑的。它基于痛苦及快乐净效应的计量，源于动物实验。边沁将马和狗与其他具有感知力的生物加以比较，人们普遍引用了其中的一个说法："我们既不该问"它们能推理吗？"也不该问"它们能交谈吗？"而是该问"它们能遭受痛苦吗？"

动物当然能遭受痛苦，而且不应没有缘由地令其受苦。这些是不容置疑的前提，但是基于此推论，造成动物痛苦的生物医学研究在很大程度上（或者完全）是错的，批评者犯了两个严重的错误。

第一个错误在于以下假设，即人们往往明确辩称，所有具有感知力的动物都有同等的道德地位。根据该观点，一条狗和一个人之间并无道德差异，因为在衡量时，狗所遭受的痛苦和人所遭受的痛苦并无差异。根据批评者，否认这样一种平等性就是承认了某个物种高于

---

[1] 《新英格兰医学杂志》，第 315 卷，第 14 期，1986 年 10 月 14 日，第 865~869 页。摘自迈克尔·帕尔默《医学中的道德问题》，剑桥：卢特沃斯出版社，1999 年，第 99~102 页。

另一个物种,这是不公平的偏见。有关这种物种的道德平等性,彼得·辛格的下列陈述最富影响力:

> 种族主义者在自己和其他种族成员的利益发生冲突时,更加重视自身所在种族成员的利益,这样做违背了平等原则;性别歧视者偏袒自己所在性别的利益,这样做违背了平等原则;与之相似的,物种歧视者允许自己物种的利益凌驾于其他物种成员的更大利益之上,这样做也违背了平等原则。上述几种情况的模式如出一辙。①

该论点不仅荒谬:简直可以说凶恶残暴。通过这种刻意构思的排比句得出一个颇具进攻性的道德结论,这完全就是华而不实。种族主义并不具备任何一种理性的依据。在尊敬或关注程度上对人类区别以待,不为别的任何原因,而只因他们是不同种族的成员,这是一种不公正,就其种族自身特性而言也不具备任何依据。种族主义者,即便遵照错误的实际信仰行事,也在犯严重的道德错误,准确而言,其原因在于,各种族之间并不存在道德相关的差异。假设这些差异的存在导致了骇人听闻之事。在性别方面亦是如此,没有哪个性别会比另一种性别被赋予享受更大尊敬或关注的权利,这是无可厚非的。

然而,在各拥有生命体的物种之间——一方面是人类(比如说),另一方面是猫和鼠——道德相关方面却有着巨大的差异,而且这也得到了普遍赞同。人类拥有道德反省,人类具备道德自发性,人类是道德共同体的成员,他们可以在与自身利益相抵触的情况下,承认正

---

① 见本书第 189 页。

当的索求。人类确实有权说，他们的道德地位不同于猫或鼠的道德地位。

我是一名物种歧视者。物种歧视不仅貌似有理，而且对于正当行为至关重要，因为若非如此，物种中那些不具备道德相关差异的群体就几乎一定会误解它们的真实义务。将物种歧视与种族歧视加以类比是狡猾阴险的。每一种敏锐的道德判断都要求顾及各生命体的不同本性，这些本性决定了其负有的义务。如果所有形式的生命体——或者说脊椎动物生命体？——必须得到平等对待，而且因此假设在评估一项研究计划时，将一只啮齿动物所承受的痛苦视同于一个人所承受的痛苦，那么我们就被迫得出以下结论：①人和啮齿动物都不具备权利，或者②啮齿动物具备人所具备的一切权利。这两个结论都是荒谬可笑的。然而，如果有人辩称所有物种均道德平等，那么他不得不承认上述的其中一个结论。

人应对他人给予一定程度的道德尊重，这是无法给予动物的。有些人承担了支持和治愈他者的义务，这同时包含了人和动物，作为他们生命中的主要职责，履行该义务可能需要牺牲很多动物的生命。不应为了服务人类而对动物采取什么行动，如果那些生物医学研究者因为认同了这一点就放弃以高效的形式追求他们的专业目标，那么客观地说，他们将不能尽到自己的责任。拒绝承认不同物种之间的道德差异，这将不可避免地导致灾难。

有些人反对在生物医学研究领域应用动物，其依据是快乐和痛苦净值计量，他们犯了第二个同样严重的错误。就算这是真的——当然并非如此——必须对所有生命体的痛苦一视同仁。是否将动物应用于实验室研究，一项令人信服的功利主义计量要求我们在这两者引发的所有结果之间进行权衡。那些坚持动物权利（然而，这种坚持是错误的）的批评者或许会忽略此类研究产生的效益，权利成了一张王牌，所有利益和好处都得给它让路。然而，如果有论点明确指出，我们应该考虑的是长期的利益和好处，那么它也必须注意到，在研究中不应用动物所招致的种种不利后果，同时还要考虑到那些只有通过动物实验方能获得的成果。将动物应用于研究领域带来的效益总和完全是不可估量的。消除可怕的疾病，延长生存的寿命，避免巨大的疼痛，拯救可贵的生命，提高生活的质量（同时包括人和动物），诸多益处数不胜数。那些批评者有条不紊所坚持的论点并未支撑他们的结论，恰恰相反：基于功利主义的理由，在生物医学研究领域限制动物应用，这在道德层面是错误的。

将动物应用于研究领域，在平衡由此产生的种种快乐和痛苦时，我们必须考虑到，如果不用动物已然导致的、正在发生的以及将长期持续存在的剧烈痛苦。每一种消除的疾病，每一类研发的疫苗，每一个缓解疼痛的方法，每一项发明的外科手术，每一台植入的假肢装置——确实，任何现代医学疗法事实都或多或少地归功于动物实验。同时我们不能忽略一点，在不断平衡的过程中，我们可以预测，人类（以及动物）在未来还会进一步获得福祉，但假如现在就决定终止或缩减此类实验，那些福祉就无法实现。

一旦在工作中给动物对象造成了痛苦，医学研究者几乎都能敏锐地感受到，而那些动物实验的反对者强加的条条框框也会导致各种残酷无情的后果，可他们对此往往麻木不仁。无数的人——那些真实的个体，虽然现在尚且无法辨认——将成为这所谓善意却短视的柔情的牺牲品，他们将由此遭受巨大的痛苦。如果人们能考虑到人类和动物之间的这些道德相关差异，如果人们能通盘权衡这所有相关的考虑，那么经过长期效应的计量，就动物应用生物医学研究而言，人们必将予以充分的支持……

问题：科亨

1. 根据科亨所言，实验者们为什么忽略其动物对象的权利？你同意他的观点吗？

2. "物种歧视是功利主义的一种有效形式。"针对功利主义有一些主要批评，从这个角度讨论上述论断。

3. 科亨声称，动物权利的倡导者其实在以某种形式表达了对其自身所在物种的歧视，他这样说对吗？

4. 从科亨的论点出发，思考以下陈述："在道德层面上，我们总是将人类置于低于人类的生物之上，动物能真正拯救人类生命的情况下尤为如此。这就是最初开始的人类故事。比如说，动物经常被作为食物和衣服。"①

文摘 3. 罗杰·斯克鲁顿：动物的道德地位 ②

我特地使用"动物"这个字眼，意指那些动物，它们缺乏道德生命体所拥有的突出特征——理性、自我意识、人格诸如此类。如果存在某些理性和具有自我意识的非人动物，那么他们就如同我们一样，是人，而且理应得到与之一致的描述和对待。如果所有动物都成了人，那么也就不存在我们该如何对待他们的问题了。他们将成为道德共同体的正式成员，和我们其余人拥有一样的权利和责任。然而，恰

---

① "对杰克·普罗佛萨博士的访谈"（罗马琳达医院基督教生物伦理中心主任），《美国新闻与世界报道》，1984 年 11 月 12 日，第 59 页。
② 《动物的是非曲直》，德莫斯，1996 年，第 66~69, 80~85 页。

恰因为存在着这些非人动物，道德问题才会存在，而如同人一样对待这些非人动物，既不是为了授予它们某种特权，也不是为了提升它们的满意率。这样做是为了忽略它们本质上为何物，也就附带生成了与它们整个的关系。

罗杰·斯克鲁顿

人的概念隶属于我们持续进行的对话，它约束了这个道德共同体。那些生来无力进入这场对话的生物既无权利，也无责任和人格。如果动物拥有了权利，那么我们在关押它们、训练它们、驯养它们或以任何方式令其为我们所用前就应征得其同意，但我们却想象不出任何可以表达同意与否的方法。进一步说，一个拥有权利的生物体就有责任尊重他者的权利。狐狸将有责任尊重鸡的生命权，而狐狸这整个物种都将因为其吃鸡的天性而被谴责为罪犯。任何迫使人们尊重非人物种权利的法律也将对捕食者形成重压，以至于后者在不久之后就走向灭绝。任何真正赋予动物权利的道德也将因此对其构成恶劣且无情的虐待。

这些考量是显而易见的，却绝非无关紧要，因为它们指明了一点，即我们在试图将动物和人平等对待这条道路上遭遇的一个重大困难。通过赋予动物权利，并以此促使其成为道德共同体的正式成员，这样一来，我们就令其背负了既不能履行也不能理解的义务。这不仅本身是一种无意识的残忍，它实际上还破坏了我们和它们之间所有友好互惠关系的可能性。只有避免动物的人格化，我们才是以动物所能理解的方式对待它们，甚至连那些最为多愁善感的动物爱好者也懂得这点，他们有选择有专制地赋予其最爱的动物"权利"，以此表明自己并非真的在与一般的道德观念打交道。当一条狗野蛮地乱咬一头绵羊时，不仅仅是狗主人，任何人都不会认为应对狗造成的损害提起诉讼。清少纳言在其所著的《枕草子》一书中描述了一个故事，一条狗违反了某些宫廷礼仪规则，并按照法律的要求被痛打一顿。这一幕在现代读者中最广为流传。不过可以肯定的是，如果狗拥有权利，那么它们一旦漠视自己的职责，就理应受到惩罚。

然而，我们讲的这一点不仅关乎权利，还关乎基于对话、批评和正义感之上的人际关系间深刻而不可逾越的差异，以及基于感情和需要之上的动物关系。动物的道德问题之所以产生，是因为它们无法进入第一类关系，而我们则深深地受到这些关系的约束，以至于尽管有些生物本身并不受这些关系的约束，我们在面对这些生物时依然受其束缚。

"动物自由"的捍卫者列举了诸多事实，试图以此表明动物和我们一样能遭受痛苦：它们感受到疼痛、饥饿、寒冷和恐惧，正因如此，正如辛格所言，它们拥有"利益"，这形成或应当形成一部分的道德平等。好吧，就算这是真的，它也不过是局部的真理。道德可远不止避免受苦这一点：如果仅仅按此标准生活，那就是逃避生活、抛弃风险和冒险，这就陷入了一种卑躬屈膝的病态。此外，就算我们应当予以同情，而且不可避免地将其延伸到动物群体的话，那么也理应是一视同仁的。尽管动物没有权利，我们依然对它们，或者对其一部分负有义务与责任，而这些将打破功利主义的等式，区分出那些接近我们的动物，这些动物要求获得我们的保护从而免受一些群体的伤害，而对于后者，我们则负有更广泛意义上的慈善的职责。

这一点之所以重要有两个原因。首先，我们将三种不同的情境与动物相关联，这也分别定义了三种不同的责任：作为宠物、作为服务

英格兰的猎狐行动

人类的家畜、作为野生动物。其次,一旦人类对动物产生兴趣,其情境也就立即发生剧烈且往往不可逆转的变化。宠物以及其他家畜的存活和幸福往往完全有赖于人类的关心,而野生动物也越来越多地依赖人类采取各种措施,从而保障其食物供应和栖息场所。

因此,道德法则的某些影子在我们对待动物方面有所浮现。我不能漫不经心地将我自己的狗的利益视同于任何其他狗的利益,无论是野狗还是家狗,也无论其是否具有相同的受苦能力和帮助需求。我的狗对我有着特别的请求权,这在某些程度上类似于我的孩子之于我。是我令它对我产生依赖,确切而言,是我引导它对我有所期待,期待着我将满足它的需求。

各个物种之间的差异又使问题进一步复杂化。狗会终身依附于主人,而由某人一手带大的一条狗不能再与另一个人融洽相处。一匹马或许可被多次倒卖,只要每一任主人都给予合适的照料,它们不会或者很少会因为换主而感到沮丧。绵羊总是成群结队,它们在对人类照料的依赖性方面与狗和马一模一样,但绵羊对此浑然不觉,在它们眼里,牧羊人和守护者几乎无异于周围环境的一部分,犹如早晨升起的朝阳和傍晚沉落的夕阳……

在这方面,我们的道德判断不仅源于责任意识,还源于人类美德的理念。我们给予冷漠无情之人负面评价,不仅因为他们引发了一些苦难,而且还因为,可以说尤其是因为他们的轻率自私。即便他们计量了一切具有感知力生物的长期利益，我们依然因为他们在某些情况下的精明算计而对其加以谴责，其中某些别的动物可能直接需要获得他们的同情，他们却置若罔闻。狂热的功利主义者，往往会依据长期目标采取行动，他们全然不顾眼前的和最关乎自身的事情。他们可能由此变得难以想象的残暴。善良之人拥有同情和悲悯，这使得他们始终能关注身边人并给予其回应，那些人有赖于他们的支持，也最易受到他们无情冷漠的打击……

在思考（这些问题）时，我们不得不讨论一个多数人迫切关心的问题：一般而言，我们是否应该食用动物制品，尤其是肉制品。那么，这个问题属于哪个道德辩论的范畴呢？这显然不属于道德法则的范畴，它不能就食人是否错误给出一个明确的答案（假设被食用之人已死）。这也不属于同情的范畴，它几乎无法就如何对待有生命动物遗体给出毫不含糊的指示。在这方面，唯一能明确指引我们的是虔诚，因为它是由传统形成的，也并不颁布任何终审判决。在犹太 - 古希腊传统中，动物被用来献祭给神，而为一名如此尊贵的宾客准备一顿膳食，这被视为一种虔诚的行为。与之相反，在印度教传统中，献祭动物生命和食肉则和食人一样，被视为不敬的行为。

面对各种文明的碰撞，除了选择和宽容的需要之外，习惯怀疑的良心几乎没有什么可以认定的东西。与此同时，我也不认为一名动物爱好者会在印度社会中看到动物交上什么好运，在那里，动物们往往只会受到冷落、营养不良、饱受疾病摧残。如果选择西式方法，我觉得自己是出于对动物的爱而吃掉它们。绝大多数动物之所以能在我们的田野上吃草，是因为我们会食用它们。在英格兰广袤的牧场上，绵羊和肉牛在良好的环境中吃饱喝足，舒适惬意且受到保护，一旦遭受疾病也会得到照顾，在和自然的同伴们共处了恬静的生活之后匆匆离开世间，我想如果人类理性的话，他们也一定会对此流露羡慕。在这件事上并无什么不道德之处。恰恰相反，这为整个动物世界赢得了最为鲜明的胜利，动物们的舒适享受超过了受苦受难。正因如此，在我看来，这种做法不仅应当获得准许，而且是绝对正确的，我们食用那些动物，而它们的舒适正依赖于我们的这种行为。

每当虑及人们在现代医学规则制约下的命运时，我更加倾向于这么想。相较于一般的农场动物，一个人的下场似乎更为糟糕。通过器官移植这类自然界从未发明过的手段而人为地活得很久，我们可以想象在遭受数年的痛苦折磨和感情疏远之后，唯一等待我们的奖赏是死亡——作为一项亘古不变的规则，死亡延期而至，要不这么做，人又会后悔不堪……面对这种情境，我们又如何认定那些受到良好照看的奶牛或绵羊，其命运就是悲惨的呢？……

面对这种情境，我们自然不能认为屠宰幼小牲畜是内在不道德的。得到悉心照料，一头小牛或小羊羔的生命增加了快乐的总量，而原则上说，如果医生充实而积极，那么我们不应该反对人道的早逝。给予食草动物机会跨出门槛，漫步草场，这样做是正确的，成群结队正是它们的自然属性。在生命终结前，允许猪猡在露天拱土和挖刨翻找，允许小鸡在农家庭院里啄食和叽叽喳喳都是正确的。不过，当它们的大限将至，这更是一个经济问题，而不是道德问题。

简而言之，一旦人们接受了动物可被食用的概念，事实上很多动物之所以存在仅仅因为它们将被食用，也有很多方式可以赋予它们充实的一生，在它们被端上餐桌前也会得到轻松的解脱，那么我就不觉得遵照这些方法蓄养食用动物的农民有什么错。那些批评农民的人往往会提出自己的理由，但这些人自身无须考虑饲养家畜的种种麻烦和困难，只看到自己温柔可人的一面，他们躺在舒适的座椅上，提出了自以为是的批评。农民也是人，他们不会比我们其余人缺少同情怜悯之心，而一个好农民，在草场上牧养绵羊和肉牛，将狗、猫和马作为家畜培养，放养土鸡生蛋，就增加动物的幸福总量而言，他们的贡献超过一千个城郊的白日做梦者，后者只不过是看了电视上的一部纪录片就显得义愤填膺，信誓旦旦。这些人或许很容易就能想象，所有动物都很好相处，就像蜷缩在人们膝盖边呜咽叫着的猫儿，摆在他们眼前的罐装食品上并未透露任何信息，为了生产这份食品牺牲了别的动物的生命。有些人既无能力也不愿意照顾动物，却为这些动物的命运假声哀号，在有关家畜的这场争辩中，如果道德高地屈服让步于这些小人，而不是那些倾尽全力优先保障动物生存的农民，那么这实在令人悲叹不已。

问题：斯克鲁顿

1. 斯克鲁顿将动物排除在道德共同体之外是基于什么原因？你同意他的观点吗？

2. "我觉得自己是出于对动物的爱而吃掉它们。"斯克鲁顿是如何支持这一说法的，为什么辛格否决了这种说法？在这场争辩中，你赞成谁？根据斯克鲁顿的观点，请构思一个论点支持下列行为：① 猎杀狐狸；②动物实验。

问题：动物权利

1. 将动物器官移植到人类身上，对此行为，你持有何种道德态度？

2. 动物权利保护者们开展暴力行动反抗物种歧视行为，他们这样做合情合理吗？

3. 医学科学领域的每一项新技术必须经过安全测试。这些测试是否应该选用动物而非人作为操作对象。

4. 如果坚持动物自由是一贯且合理的主张,那么为什么几乎很少有人愿意在食物、衣服以及诸如此类的事物上采取完全的素食主义?

5. 将物种歧视和种族歧视进行类比是合情合理的吗?

6. "但只要说到动物,我们对其并不负有直接的责任。动物……只不过是服务某个目标的手段而已。这个目标是人……我们对动物的责任仅仅是对人类的间接责任"(康德)。请就此论点加以评论。

7. 医学科学领域的进步发展在何种程度上令动物实验合情合理?

8. 如果只有人类具有不灭的灵魂,那么虐待折磨非人动物就更加应当受到谴责:动物并不能因其不该受到的痛苦而在来世中获得补偿。就此进行讨论。

9. 若一个人吃土豆,他是否在对土豆犯罪呢?

10. "母亲和孩子之间存在着一种特殊的关系,正因如此,如遇火灾,母亲选择只救自己的孩子就合情合理。与之类似,人类彼此之间存在着一种特殊的关系,我们选择牺牲其他物种从而满足自身物种的利益,这也就同样的合情合理。"就此进行讨论。

第五章　伊曼努尔·康德的伦理学理论

I. 引言

德国哲学家伊曼努尔·康德（1724—1804）提出了伦理学最富影响力的理论之一。作为一名义务论者，康德和前一章中所述的那些宗教信徒一样，面临着相同的问题：如何才能找到一系列道德规范或原则，无论其应用在何种情境中，总能普遍被承认为正当有效。如果对你而言的好规则对我而言并不必然是好规则（而且貌似很有可能如此），如此看来，即便我建立了所谓好规则，难道它就对所有人有效，并且就能要求每个人都绝对服从于此吗？于是，我们需要的其实是某种可以评估规则道德价值的方法，由此，我们可以说别人和我一样，应该遵守这些，而非那些规则。我们需要的是某种测试，我们可以借此精准地找到应当遵守的法律，而康德正在追寻这种测试方法以提供给世人。

伊曼努尔·康德（1724—1804）通常被尊崇为西方哲学传统中最富影响力的思想家之一，他也是最后一批构建出一个完整哲学"体系"的哲学家之一，该"体系"范围广泛，涵盖了哲学领域大多数的主要问题。乍一看来，康德的个人经历极为有限，

伊曼努尔·康德

因此他所取得的这一成就显得尤为卓越非凡。康德在东普鲁士的省府小镇哥尼斯堡度过了整整一生，最初是一名学生，之后成为一名家庭教师，最后担任了逻辑学和形而上学的教授。他终身未娶，也从不旅游，他的生活刻板有序，鲜有变化。德国诗人海因里希·海涅向我们生动有趣地描述了康德在其邻居们心目中的印象：

伊曼努尔·康德的一生难以描绘，确实，无论是在现实还是历史中，我们都难以找到合适的词汇形容他。他住在哥尼斯堡这座德国东北边境老城的一条相当偏僻的街道里，过着一种抽象、机械的老单身汉生活。我觉得康德每天的工作应该就同城里大教堂的那座钟吧，冷静清醒，井井有条。伊曼努尔·康德起床、喝咖啡、写作、讲课、吃饭、走路，所有活动都有一成不变的固定时间，而邻居们都知道，当他们见到康德教授时一定恰好是四点半的时候，披着灰色外套，手里挂着一根拐杖，迈出他的家门，前往狭窄的菩提树林荫道，这条路后来也以他命名为哲学家小径。一年中的每个季节，他都会在那条路上来来回回漫步八次，如果天气不好，人们就会看见他的仆人老兰普胳膊里夹着把雨伞，急匆匆地跟在康德后面，一副上帝的模样。他的外在生活和内心足可摧毁世界的思想之间构成鲜明的反差。事实上，只要哥尼斯堡人对康德的思想略有所知，就会在其面前胆战心惊，犹如位于一名刽子手的刀下。然而，这些善良的人们在他身上什么也没有看到，只不过视其为一名哲学教授罢了，每当康德准时路过，他们就友好地和他打个招呼——并且顺便校准一下自己的手表。①

在试图提供一种客观而普遍有效的规则方面，该神学立场——道德规范乃神授——正如我们在第四章中所见，是极为不成功的。以尤西弗罗的两难困境为出发点——要么是，正确的行为之所以正确是因为神赞成（或命令）它；要么是，神之所以赞成（或命令）某项正确的行为是因为该行为是正确的——其中后一种选择具有压倒性的优势。康德也赞同后者，他支持该观点基于两个理由，而这两个理由也确定了他处理问题的方法。他提出，这世上根本不可能存在道德的神学体系，原因在于①这样一个体系将在道德行为中摧毁人之自由（或自主）的必要性，而且②在行为之中，道德法则是独立于任何立法者（神或其他）存在且仅仅凭借理性的能动作用而发挥效应的。在道德情境中，道德代理人的行为应当既自由又理性，前述理由结合这一要求，它们共同形成了康德整个论点的核心支柱。

（1）道德的自主性。康德首先坚持一点，每一种道德行为必须是个人的自由行为，也就是说，个人在未受干涉或限制情况下采取的行为，由个人对其负责。这无异于我们熟知的"应当即能够"的一种变体：② 这种道德行为暗示着现实选择，而没有选择意味着不必受到责难。如此看来，自主的个体永远没有义务去执行他被命令所做之事，即便是神下达了这条命令也不例外。与之相应，康德否决了尤西弗罗困境的第一种方案。我们并不能依据神所认定的正确标准去评判何为正确。这样一种定义就要求我们服从通过某种外部权威强加于我们的规则，从而破坏了我们行为的道德效力。因而，如果将神之命令强加

---

① 由 E.W.F. 汤姆林引述，《西方哲学家》，哈钦森公司，1968 年，第 202 页。
② 见本书第 52~54 页。

于自由者身上作为一项必须履行的义务，这是不道德的。

（2）道德的理性。康德进而解释了尤西弗罗困境中的第二种方案为何正确。判定何为正确，这在逻辑上并不有赖于神的存在，而且也并非只有信徒才是善的。原因在于，这世上存在着一种道德义务的形式原则，凭借这条原则，无论我们的宗教信仰如何，都能区分何为该做，何为不该做。正如康德将解释的，这条原则就是理性原则，而且这源于人与生俱来的理性能力。换言之，人类不仅在面临道德选择的情况下采取自主的行为，而且他们也认可行为道德是理性的事情。

《纯理性批判》最初的扉页

我们需要着重强调康德思想中的这一方面。与启蒙运动时期的其他哲学家一样，康德非常重视人的理性能力。他的两本最为伟大的著作，《纯理性批判》(1781）以及《实践理性批判》(1788）证明了他的信念，即人有能力抛开自身所处情境或个人偏好进行客观思考，这是他的理性，这也使人有别于其他生物。一个人本质上而言是一个理性存在，而这构成了他的内在尊严。不仅如此，理性使人约束于彼此。康德指出，这是因为理性是或多或少平等存在于所有人当中的一种与生俱来的智慧力量，它使得个体能以每个人都或多或少能够接受的方式处理问题。举例而言，假设一个人经过合乎逻辑的推理认为某个特定的论点是自相矛盾的，那么另外一个人，如果仔细审查该论点并也进行了合乎逻辑的推理，那么他将得出相同的结论。此处，是理性令他们的答案如出一辙。现在，显而易见的，康德认为我们也应当在道德问题上应用自身的理性。比如说，如果我依据自己的理性判定某项特定的行为正确，那么康德会说，任何站在我立场上的人都会得出相同结论。我用自己的理性判定为正确的事物，那么对于每个动用理性的人而言，也是正确的。

何种测试可以判定我们究竟应该无条件服从哪些道德法则，现在我们可以看到，康德对此的寻觅方向。这种测试蕴藏在理性的执行过程中。这是因为，倘若理性是普遍存在的，那么由理性生成的道德命令也将是普遍且适用于所有人的。不过，尚需拭目以待的是，理性如何才能创造这些规则，以及这些规则是什么。说到这里，我们不得不转向康德一本极为著名的小册子——《道德形而上学基础》(1783)。

II. 善良意志

在这本基础手册中，康德说道，如果道德法则是无条件且普遍具有约束力的，那它就必须含有某些无条件且普遍的善，即某些内在善的东西，而且是至善。可是，这种善又会是什么呢？康德审查了种种不同的可能性。这其中有"天才的思想"，诸如智慧和判断力，也有品质特性，诸如勇气、决心和毅力，还有所谓的"后天机缘"，诸如权势、财富和名誉，还有最后一点，功利主义所暗示的快乐。然而，康德基于同一个原因否认了以上种种说法：这些都能使某种情况在道德层面变得更为糟糕。举例而言，假如一名罪犯充满智慧，或拥有权势或财富，那么总体上讲，他的犯罪将更加严重。与之类似，如果一个虐待者从他的行为中获取快乐，或者一名谋杀犯从他的罪行中攫取荣誉，那么我们会认为其行为应受到更多，而非更少的谴责。正因如此，所有这些品质，无论其拥有什么个体性的优点，都会时不时地引发某些糟糕透顶之事，单就这个原因而言，我们就不可能称其为具有内在的善，也就是康德所谓的"无条件的善"。何为无条件的善，它是一种不会减少任何情况中道德价值的善。既然如此，康德自认为的至善又是什么呢？他这样写道：

> 除了善良意志以外，我们在这个世界上，甚至是世界之外，都根本不可能构思出任何无条件的善。①

因此，做一个好人就是拥有善良意志：没有这一点，一个人就不可能成为好人，但是确切而言，"善良意志"究竟是什么呢？首先要注意一点，善良意志"并非由于它所影响的或所实现的而善——其之所以善是因为其适合于实现某些既定的目标"。②换言之，善良意志之善并非源于其结果的善——这一点突出表现了康德思想的义务论特征。毕竟，一名本性邪恶的谋杀犯可能无心做善事，但这意料之外发生的事并不会改变他的邪恶本性，使其改邪归正：即便结果为善，他们依然邪恶。康德还说，如果善良意志的道德价值将有赖于其产生的效应，那么我们就无法再认为其具有无条件的绝对价值，因为一旦如此，我们就不再仅仅将其判定为一种达到目的的手段，而是一种工具性的善，一种有赖于所达成结果的善；然而，这不能成为一种内在的善，一种"无条件"的善。

正因如此，我们在确定某项行为的道德价值，评判其是否受善良

---

① 《道德形而上学基础》，由 H.J. 佩顿翻译于《道德法则》，带有分析和注释，哈钦森公司，1972 年，第 59 页。
② 同上，第 60 页。

意志支配时，该行为的结果其实是毫不相干的。对于康德而言，起决定性作用的并非某项行为所达成的结果，而是蕴含在该行为之后的动机：善良意志之所以善是因为拥有了正确的意图。然而，这样一种意图可能是什么样的呢？康德对此给出了著名的答复，善良意志的唯一动机就是为了职责所在。换言之，一个人做某事的唯一动机是出于职责所在，那么这个人就是善的。

这一点确实很难理解，为了帮助我们更好地想明白这一点，康德介绍了下列案例：

就职责而言，一名杂货商当然不应该向一个毫无经验的顾客索取过高的价格，但凡存在竞争，明智的店主就不会这样做，他会保持一个固定和通用的价格，一视同仁，童叟无欺。这样一来，人们获得真诚的对待，但这并不足以让我们相信，这个店主之所以这样做是为了履行职责或公平交易的原则，他这么做其实是受到自身利益的驱使。我们并不能假设他会额外对自己的顾客抱有直接的倾向，就好比，他不会出于爱而在价格上给予某人特别的优惠。那么，店主之所以这么做既非出于职责，也非出于直接的倾向，唯一目的就是自身利益。[1]

康德以此告诉我们履行自身职责所不包含的内容：它并不包括服务自身的利益。这名杂货商之所以诚实是因为诚实有利于生意，而不是因为他认为诚实是自己的职责。如果不欺诈顾客，他就能获得更多的利润。正因如此，他之所以选择不欺诈的行为，并不是为了履行自身

---

[1] 同上，第63页。

职责，而是为了达成自己的目的。那么，这种行为就并非出于善良意志。当然了，也有可能存在这样一种情况，这个特定的杂货商具有诚实可靠的倾向，他这样做是符合自己本性的，而且也从中获得了快乐，但即便如此，康德补充说道，这也并不能表明这个人具有善良意志。如果一个人做着自认为理所应当的事，即便其所为与其职责要求相吻合，我们也不能认为他就具备了什么特别的优点。他这么做依然有可能是别有用心——他们做的是令自己享受而非职责所需的事——而且一直存在着那么一种可能，即一旦自己这么做不再感到享受时，他们就会采取别的做法：只要诚实能令其感到快乐，他们就会诚实。因此，康德得出一条结论，他们并没有善良意志，这样做只是出于自私自利。

　　正因如此，康德在描述一个具有善良意志的人时会提到，其行为的动机或意图必须是善的。他再一次声明，这种动机必须完全无关乎个人私利，也完全不基于对该行为所引发结果的考量。同时，它也不具备某些快乐情绪的特征——比如仁慈、慷慨或爱的感受——因为这些情感都与个人倾向相关，它与无私履行个人职责并无关系，后者是独立于个人欲望和渴求的。与之相反，具有善良意志的人仅仅会采取符合职责要求的行动，而且他们这么做仅仅为了履行职责，他做正确之事的唯一动机就是，他意识到这是自己该做的正确之事。他做正确之事，因为这是正确的，而非任何别的原因。

练习 1

依据康德的观点，履行下列各项职责，其中哪些并不具备善良意志？就你的回答给出理由。

我有职责……

1. 保全自己的生命，即便我认为它已经不堪忍受。
2. 当我认为生命不堪忍受时，实施自杀。
3. 恪守诺言，即便我的朋友将因此遭受痛苦。
4. 偷窃面包，因为我的孩子们正在挨饿。
5. 惩罚我的孩子。
6. 照顾我年迈的父母，因为他们曾经照顾了我。
7. 照顾我年迈的父母，即便他们未曾照顾过我。
8. 作为父母而将自己的儿子送往一所好学校。
9. 作为一名医生而治疗这个病人，即便他是阿道夫·希特勒也不例外。
10. 作为一名驾驶员而遵守交通信号灯。
11. 作为一名纳粹党人而杀害犹太人。

Ⅲ. 绝对命令

我们已经了解到，根据康德的理论，道德上善的人是具有善良意志的人，而具有善良意志的人是履行自身职责的人。正因如此，只有出于职责而采取的行为才具备道德价值。由此，我们也了解到履行自身职责并不包含的内容：这和服从某人的倾向，服务自身的私利并无关系，它也不以行为引发的结果作为评估依据。目前来看这还不错，至少我们能说，我们清楚什么并不属于履行个人职责；然而，何为履行个人职责尚待我们去发现。康德还应该告诉我们，我们的职责究竟何在。

不过，对于这些至今尚未命名的职责，我们已经明确了两点。第一点，由于康德否认了某项行为道德价值存在于其结果之中的观点——这是目的论的主张——那么在二选一的情况下，他只能认同另一种方案——义务论的主张——某项行为的道德价值在于其服从了某项特定的规则或原则，而无论其偏好倾向、个人私利或结果如何。由此看来，无论这项原则或法则是什么，我们履行自身职责在于服从于此。

对于这类职责，我们所明确的第二点在于，它必须具有普遍适用性，适用于每个人而无论其所处情境如何。与之相应，它必须诉诸于人的本性，这种本性已然使人与人之间彼此束缚，也就是说他的理性。换言之，这类职责必须满足这样的条件，它将发挥理性的力量，而不服从于此将陷入非理性的混乱。那么，在服从这项法则的过程中，具有善良意志的人是在某个道德问题上运用了他的理性，而且在类似情况中，任何一个别的理性的人也会采取和他一样的做法。与之相反，做出非理性决策则与履行自身职责的行为相违背。对于康德而言，矛盾的就是不道德的。

那么，究竟什么才是道德的最高原则呢？具有善良意志的人在履行自身职责时，有意识或无意识中承认的规则或法则是什么呢？康德称其为**绝对命令**，这种命令告诉我，自己可能采取的行为中哪些是善的，而且这是以一种命令的形式下达的，用言语来表述就是"我应该"。康德给出了三个不同版本的绝对命令，其中第一种也是最为重要的版本内容如下：除非愿意自己的准则变为普遍法则，否则我绝不应该行动。①

---

① 同上，第67页。康德的第三条公式与之非常类似：不论做什么，总应该做到使你的意志所遵循的准则永远能成为一条普遍的法则（第96页）。

让我们首先注意一点，这条必要的规则或命令是绝对的，而非假言的。一条**假言命令**告诉我们，仅仅作为达成另一目的手段，哪些行为将是善的——比如说，"如果我想减肥，我必须少吃东西"。这里的关键在于，（少吃东西）这条命令有赖于达成某个结果（减轻体重）这一期望，但假如我并不想减轻体重，这条命令就将失去效力。正因如此，少吃东西这件事本身并不被视为善的，它仅仅是为了达成某一目的的手段：它是一种工具性的善。

另一方面，绝对命令得以严格服从是因为，人们认为它所命令之事本身是善的，即具有内在的善。人们之所以采取这项行为是因为其本身的属性，而并非因为它是达成某些别的目的的手段，人们也不会考虑这项行为可能引发的结果。"如果你想赢得尊重，就讲实话"，这是一条假言命令，而与之相当的绝对命令则会表述如下"讲实话"。这是一条为其本身而必须服从的命令，它没有任何别的隐秘不明的动机。康德说，所有道德命令都属于这类命令。绝对命令是道德的强制性命令。

然而，绝对命令最为重要的特点在于它特别强调了普遍有效性——"我自己的准则应当成为普遍法则"这种意志——康德告诉我们，恰恰是这一点给人们提供了一种方法，借此可精准鉴定哪些法则才具有普遍的道德价值。换言之，一直以来我们苦苦追寻的检测方法，一种可以告诉世人哪些规则应得到我们所有人服从的检测方法，并不在于我们所考虑的规则是否能普遍化，或如康德以另一种方式所描述的，是否我能愿意将其变为一项"自然法则"。我必须要意识到的一点是，该规则是否能在所有相似情况中得以一贯遵行，规则的一贯性在这里起到决定性的作用。因为想必我们还能记得，不一贯性恰恰是不道德的本质，因为它击中了我们作为理性人类的本性基础。由此看来，任何规则一旦在普遍化的情况下出现矛盾，那么必将被视为不道德的而遭到摒弃。举例而言,"总是接受帮助,永不给予帮助"这条命令就缺乏道德价值。当然,你作为个体很有可能遵行这条命令,但要每个人都遵行这条命令,这几乎是不可能的。这条命令无法普遍适用于每个人,原因在于,如果每个人都拒绝给予帮助,那么就不可能有人获得帮助。那么,这条命令一旦延伸到每个人就会出现矛盾,也因此不能被视为一条真正的道德命令。在这里,无法具有普适性导致了该命令缺乏道德价值。

为了阐明目前阶段的论点,康德列举了以下四个案例:

1.一个人在经历了一系列不幸之后感到心灰意冷,直至陷入绝望之境,但假如他还没有完全丧失理性,就可以问问自己,自杀这一行为是否会违背自己应当履行的职责。此时,他就可以应用如下检测方法:"我的行为准则是否可以变成一条普遍的自然法则?"他的行为准则是"如果延续生命只会带来更多痛苦而非快乐时,我就可以基于自爱将缩短生命作为自己的准则"。那么可以再问的是,这条自爱准则是否可以成为普遍的自然法则呢?人们立刻就可以看到,以通过情感促使生命的延续为职责的自然体系竟然把毁灭生命作为自己的法则,这是自相矛盾的,从而也就不能作为一个自然体系而存在。也正因如此,它和所有职责的最高原则是完全不相融的。

2.另一个人发现自己需要向他人借钱,但他知道自己将无力偿还,可是他也清楚,除非他能承诺在限定期限内偿还债务,否则他是不

位于哥尼斯堡的康德雕像

可能借到贷款的。他倾向于做此承诺，却尚有足够的良心扪心自问："以这种方法度过困难，这是否非法并有违职责？"然而，假设他确实决定这么做了，那么其行为的准则将是"无论何时，只要我认为自己手头缺钱，即便知道永远无法偿还，也会向别人借钱并承诺偿还"。此时，这种自爱或个人利益原则可能与我自己整个儿未来的幸福是极为一致的，那么只剩下一个问题需要考虑，"这是正确的吗？"正因如此，我将自爱的需要转化为一种普遍法则并设定我的问题如下："如果我的准则变成一条普遍法则，情况又会如何？"我立即就会看到，这条准则永远无法成为一条普遍的自然法则并且自相一致，它必然是自相矛盾的。鉴于法则的普适性，每个人只要自认为有需要，就可以按自己的喜好做出任何承诺，并且有意不兑现承诺，这就使得承诺本身以及承诺的根本目的不可能实现，因为没有人会再相信自己所被承诺的任何内容，而只会嘲笑这种承诺，视其为一种空洞虚伪的骗局。

3. 第三个人发现自己是一名天才，他被培养成一名在各行各业都非常有用的人，但他看到自己处于舒适惬意的环境中，他更想让自己放纵快乐，而不必为增加和提高自己的幸运天资而烦忧。不过，他自己进一步追问"我个人的准则是忽略自己的天赋异禀，它本身和我放纵的倾向相吻合，抛开这一点，它也同时符合所谓的职责吗？"于是他看到，即便（诸如在南太平洋诸岛）每个人都糟蹋自己的天赋并下定决心终其一生都沉溺于懒惰、放纵和繁衍后代之中，这样一个自然体系确实总是能在如此一项普遍法则的统领之下得以存在。唯一他可能不愿看到的一点是，这将成为一项普遍的自然法则，或这将出于天性而植入我们体内。因为，作为一个理性的存在，他必然希望看到自己的全部力量得以施展，这些力量能服务于他，并为实现各种各样的目的而被赋予他。

4.第四个人自己蓬勃发展，却看到他人不得不艰难挣扎（而且他能轻而易举地帮助这些人），而他想："这与我又有什么关系？每个人有多快乐是天意或者自己努力达到的结果，我不会剥夺他任何东西，我甚至不会嫉妒他，我只是不愿意为他的幸福做任何贡献，也不愿意在他危难的时候提供支持！"应当承认，如果这样一种态度成为一项自然的普遍法则，人类会得到极好的发展——毋庸置疑，虽然实践这条法则有时会带来痛苦，但这将好过所有人一方面在那里胡扯着同情和善良，另一方面却极尽所能地欺骗、肆意地交易或以别的方式破坏人权。不过，尽管不可能存在一条与此准则协调一致的自然的普遍法则，对于这样一条准则，我们也不可能期待它会在任何地方被推崇为一项自然法则。因为，以此方式确定的意志是自我冲突的，事实上可能出现很多情况，其中人们需要从他人处获得爱和同情，而依照这样一条源于其自身意志的自然法则，他将自己夺走一切他本想为自己赢得帮助的希望。①

通过这些案例，我们更多地了解了所有不道德行为的内在矛盾。在前两个案例中，我们看到了康德所谓的自然法则中的矛盾。这包含了那些甚至不能被视为具有普遍性的规则，因为它们显然是自相矛盾的。这样一条规则可能是"这样做但不要那样做"，但也存在一些别的规则，虽然乍眼看来并非如此，但实际上它们就是不可能的。就拿

---

① 同上，第85~86页。

康德恪守诺言之例来说，你我都很有可能采纳这条规则："只有在符合自身利益的情况下才恪守诺言。"然而，一旦这条规则得以普遍化，又会发生什么呢？会出现一个矛盾的结果。因为，假如每个人都能轻而易举地做出虚假承诺，就没有人会再相信他人的承诺，一旦如此，这条规则的先决条件，即履行恪守承诺的做法，将功亏一篑。

在案例 3 和例 4 中，我们看到了康德所谓的意志中的矛盾。不同于上述提及的规则，我们很可能找到一些规则，它们本身并不自相矛盾，但牵涉其中的人却不可能看到这些规则得以普遍化。原因在于，对他而言，由此产生的情况必然是完全难以接受的。由此看来，那些不关心他人者不能期望每个人都和他们采取一样的行为，因为有可能出现他们也需要获得帮助的情况。即使是那些自私者，那些追逐一己私利的人，他们也不可能希望自己生活在一个没有人给予他们帮助的世界里，他们在追逐自身私利的过程中需要获得帮助。那么，这里的矛盾点在于，一项规则的普遍化在之后有可能反被用作对抗他们的手段。

练习 2

下列各项命令具有普遍性吗？如果不是，是不是因为它们具有自然法则的或意志中的矛盾吗？

1. 在考试中拿第一名。
2. 没有人跟你讲话就不要说话。
3. 不要把钱施舍给穷人。
4. 变卖你的一切财产施舍给穷人。
5. 插队。
6. 如果方便的话，就撒谎。
7. 先开枪，再理论。

8. 独树一帜：将你的头发染成蓝色。

9. 降低人口数量：戒除性关系。

10. 取你所需。

11. 彬彬有礼：让他人先行进入。

12. 自卫，但绝不挑起战斗。

为了更好地总结康德对道德理论的这番阐释，我们有必要重申一点，有一条信仰在其理论中占据了核心位置，即理性存在应当始终一视同仁地按照对待自己的方式对待所有其他的理性存在。康德在绝对命令中的第二条公式对此观点进行了最佳阐述，这也使其成为启蒙运动中最伟大的人文主义学说之一：你要这样行动，永远都把你的人格中的人性以及每个他人人格中的人性同时作为一种目的，而不仅仅作为一种手段。①

由于人类是理性存在，他们具有内在的价值：他们本身就是目的，每个人都一样重要。因此，他们的价值并不在于他们如何才能被他人所用，作为达成目的的手段：他们的价值是内在的，而非工具性的。普遍性的原则强调了这一观点，即作为个体存在的男男女女具有内在的价值。自杀是错误的，因为其中个人利用了自己作为一种手段，从而逃避某种不堪忍受的情况。与之类似，做出虚假承诺之所以错误是因为，它利用了其他人作为获得更大利益的手段。正如绝对命令的第一条公式，第二条公式要求，凡是对所有理性存在具有普适性的行为规则，没有一项能制裁偏袒部分群体的行为，或规定某人将他人作为达成目的之手段的行为。这样做就是贬低自己，从而也有辱整个人类。

---

① 同上，第91页。

练习 3

分析以下具有普遍性的案例:

1. 作为一名糖尿病患者,我不得不每天都注射胰岛素。由于这样做对于我而言是正确的,所以每个人这样做都是正确的。因而,每个人每天都应该注射胰岛素。

2. 如果我喜欢猪肉胜过羊肉,那么每个人都应该喜欢猪肉胜过羊肉。

3. 耶稣说"爱你们的仇敌"是错误的,因为如果每个人都爱他们的仇敌,那就没有可以去爱的仇敌了。

练习 4

根据康德的理论,下列案例中你的职责何在?你自己认为你的职责何在?

1. 维克多·雨果在其著作《悲惨世界》中讲述了一个越狱犯——冉·阿让的故事,他生活中用了一个假名,成为一个小城的大慈善家、雇主和市长。之后,他发现有一名年迈的流浪汉被当作冉·阿让而遭到逮捕,并押往大帆船服徭役。真的冉·阿让认为自己有职责揭示其真实身份,从而拯救那个流浪汉,以免其获得不公正的惩罚。

2. 一架飞机在安第斯山脉坠毁,很多乘客幸免于难。然而,救援队迟迟没有抵达,他们的食物很快就不够了。在这种面临饿死的极端情况下,他们认为自己有职责去食用那些罹难者的尸体以活命。

3. 史密斯夫妇是耶和华的见证人。他们的儿子大卫遭遇了一场严重的事故并急需接受手术。他的父母亲并不反对手术,却不愿接受输血。他们认为这样做有违其宗教信仰,而医生答复说,如果不输血,大卫就将死去。

练习 5

根据康德理论,自杀是错误的。正如他所提出的:

为了自我毁灭而适用自由意志的力量,这是自相矛盾的。如果自由是生命的条件,它就不能被用来破坏生命,这样会一并摧毁并破坏其本身。使用生命来摧毁自我,使用生命来引发死亡,这是自相矛盾的。这些初步的评论就足以表明,人仅仅对自己所处的境况,而不对自己以及自己生命具备任何的处置权。[1]

罗马的斯多葛学派哲学家兼诗人——卢修斯·阿奈乌斯·塞内卡(公元前 4—公元 65)。你在多大程度上同意或不同意塞内卡的另一种见解?

……生命之船以最快的速度载着某些人入港停泊,即便在路上逗留,这艘船终将靠岸,而另一些人则受到生命的烦扰和侵袭。你也意识到了,对于这样一场生命,我们不必总是紧抓不放。你要知道,单纯活着并没什么好的,关键在于活得幸福。与之相应,在生命的长度方面,智者会活他应该活,而非能够活的时间。他会记录下来,在什么地方、和谁一起,以及他是如何表明他的存在的,还有他将做什么。他总是反映出自己对生命质而非量的关注。只要在生命中烦忧之事层出不穷,打乱了他内心的安宁,他就选择自我解脱。这是他的特权,

塞内卡

---

[1]《伦理学讲座》,路易斯·英菲尔德翻译,纽约:哈珀 & 罗出版公司,1963 年,第 147~148 页。

不仅是面临困境危机的时候，财富幸运使他沉溺难以自拔时也是如此，此时他就要认真审视，想想自己是否应该基于这个原因结束自己的生命。他坚持认为，无论这种离世是自然发生的还是自己造成的，来得是早是晚，对他而言都没什么区别。他不会犹如遭受了重大损失一般，怀揣着惧怕之心看待它，因为如果某人手头只剩下最后那么一丁点儿的时候，他也不可能再失去更多的什么。这不是死得早或晚的问题，而是死得安详或痛苦的问题，而死得安详意味着逃离了活得痛苦这种危险。①

Ⅳ. 对于康德的一些批评和修正

康德的论点具有不可否认的力量，而且近年来，其重要性没有衰退，反倒是与日俱增。康德理论的各种特征依然显得极富吸引力。

首先，康德理论考虑了公平正义。更为具体地说，它纠正了功利主义的假设，即惩罚无辜者的行为可因其有利于大多数而变得合情合理，这是康德所不允许的。某项行为的道德并不源于其所产生的利益或从中获利者的数目，而是源于所执行行为具有的内在公正。绝对命令具有普遍性和公正性的特征，它要求我们所有人履行

康德之墓

---

① "关于自杀"，《道德书信》，勒布版本，第 2 卷，理查德·M. 古默里，威廉·海尼曼翻译，1970 年，第 57~59 页。

同样的职责，这就确保了每个人都能得到公正的待遇。如果针对个体采取了有违职责的行为，那么不管多少人有别的想法，这种行为都是错误的。

康德从另一个角度出发，得出了相同的结论，即他认为人是一种具有内在价值的存在。此处，每个人的尊严使之成为一种理性动物，成为造物的巅峰，这就拒绝将他仅仅作为一项达成目的的手段，将他作为实现他人更大幸福而有待开发的东西加以种种利用。康德在临死前发表的一番言论很好地阐释了这一观点。尽管身体极为虚弱，当医生进门时，康德依然挣扎着站了起来，直到来访者就座之后，他方才坐下。"为人之感尚未离开我。"换言之，康德做这个动作并不因为来访客人是名医生，而是因为康德是一个人。在这里，礼貌的行为是理应赋予每个作为理性存在的个体的尊重。这种"为人之感"贯穿并统领了康德的整个哲学。

康德显著区分了职责和倾向两者，这一点也值得大加赞扬。这就防止了一些个体假设，凡是对他们自己好的，给他们自己带来快乐或益处的就是具有道德善的，就会对每个人都有益处。我们所有人都很容易做出一些例外的不公正的道德评判——这些例外显然有利于我们自身及我们的朋友，而不利于那些我们不喜欢的人——但是根据康德的理论，这是不可饶恕的，而且依据逻辑推理，这也不符合道德生活的要求。具有善良意志的人服从一部一视同仁的法律，也只有这样，他们会令自己的自然倾向屈服于此而无论这显得多么慷慨大度，他们才会不那么以自我为中心而承认他人权利的价值。这确实是普遍性的强大力量。我如果主张你应该在 Y 的情况下应该做 X，那么出于道德必然性，我就要承认这样一条普适的规则，即每个人在类似 Y 的情况下都应做类似 X 的事。如此看来，我所认识到的对他人负有的职责无异于我对自己负有的职责，我的权利也等同于他们的权利。正如之前多次指出的，这一点对于康德非常重要，其地位相当于世界伦理学的黄金法则："己所不欲，勿施于人。"

不过，也有很多人对康德的立场提出了批评，尤其是他认为道德人是那些在生活中仅仅服从于由绝对命令生成的规则的人。批评者提出，若是如此，那么履行自身职责必然也包括了向那些我们并不觉得具有道德义务的对象服从规则，或者服从那些允许例外情况发生的规则，而这些规则正是康德在区分职责和倾向两者时竭尽全力所要消除的。不妨让我们思考下以下准则：

1.无论何时，无论何人买了一本新书，购买者都应在书籍扉页写下他或她的名字。

2.无论何时，无论何人，只要超过了六英尺高，秃顶，没有右耳，左手没有小指，并且在曼彻斯特就职为一名核物理学家，那么就可豁免缴纳所得税。

关于这些准则，重要的是注意到一点，它们既非自我矛盾，而且根据康德的标准（无论何时，无论何人是 X，他们就要做 Y）都具有普遍性。然而，在第一个案例中，我们的这条规则既不好也不坏，它是道德中性的，而且几乎没有人会将此作为一项义务。而在第二个案例中，我们非常精准地定义了一条无益于任何人而仅仅有利于单个个体的规则。既如此，如康德那样将道德人定义为某个遵照绝对命令行事的人就是错误的。因为这世上存在着很多种行为，普遍化的过程对其进行了正当的谴责，但与此同时也很有可能出现这样一种情况，恰恰是这同一过程可以达成某些我们大多数人认为具有倾斜性和偏袒性或根本不具备道德重要性的规则。

这些案例告诉我们的是，一条规则得以普遍化的能力本身并不能确保这条规则在道德上是善的，甚至根本是否算得上道德。

如此看来，若人们提出一条规则，一个具有善良意志的人究竟该如何判定它是否算是一条好规则呢？在他就所谓善良意志中的矛盾进行的讨论中，康德提出了一种解决办法，这也确实为我们提供了一种实际的测试方法。如果有些规则一旦得以普遍化，就会引发一种事态，所有理性之人都对其表示极端反对，那么我们就可以否决这些规则。这样一来，没有个体会在理性层面愿意看到那些无助者永远得不到帮助，原因在于，作为理性存在，他们必然渴望获得自己的幸福，而为了实现这个目标，他们希望有时获得来自他人的帮助。就所有理性人都必须拥有的目标而言，但凡出现有违于此的事物，他们就不得不一概否决。

可是，这并不非常有用。康德貌似忽略了一点，就算所有人可能都是理性的，我们也未必拥有相同的性情或渴望，而这就导致了，针对同一情况，我们所有人并不会一致认为这是不堪忍受的。比如，有谁能说，虐待狂者就不希望看到虐待现象得以普遍化？他们可能更希望看到世界上到处都践行着虐待主义，就算他们自己同时成为实践者和牺牲者也在所不惜，他们觉得这总比压根不存在虐待主义要好得多。与之类似，小偷们可能更希望看到偷盗得以普遍化，他们相信，就算自己的财产也将面临巨大的风险，他们依然能从中牟取金钱上的利益。或者不妨想想康德自己的"永远不要帮助无助者"的案例。现在我们或许可以看到一个真切的事实，那些既不希望也不想要看到自身利益遭受损失的人，他们并不喜欢这些规则应用到自己身上，但我们并不能因此就说，他们认为规则的普遍化是道德上不公正不合理的，他们认为此项规则一旦应用于每个人（包括他们自己）时就是不道德的。需要重申的是，这取决于当事人的性情。一个赶走自己房客的残暴无情的房东可能会承认，他也不希望类似的事情发生在自己身上，但这并不意味着他就觉得自己的驱逐行为是错误的，或者设身处地而言，他就不认为自己的驱逐行为是正确的。的确，我们可以想象，事实上很多人都是这样想的，他们接受这一点，正如他们忽略了别的人，那么别的人也可能忽略他们。毕竟，这是自救的资本主义学说，根据这一点，个体意识到生命是残酷且富有竞争性的，他们也就接受了一个事实，即追求成功的道路上存在着失败的可能，但是，这其中并无什么不理性的成分。如果这样一个个体积极主动地希望他的利益被忽视或者喜欢他的利益被忽略，这才是非理性的。对于这类人，他们残暴无情地对待别人，并能接受别人也同样残暴无情地对待他，这也就没有什么非理性的了。

　　针对康德所谓的**自然中的矛盾**，我们也可提出一条同样颇具破坏性的批评。康德说，撒谎或失言总是错的，因为这两点都无法一以贯之地得以普遍化。如果我们试图这么做，那么很快就会发现，说真话和守诺言的核心本质就会崩塌。出于这个原因，禁止撒谎和失言是绝对的，而且概无例外地适用于每一个人。然而，需要重申的是，问题在于康德对例外的排除。无论我身处何种情况，必须讲真话总是正确的吗？难道就不存在任何情况，其中撒谎可被认为道德上公正合理的吗？当然了，有很多人认同康德有关这些规则的绝对性观点。无论情况如何，那些正直善良的反对者拒绝挑衅，他们接受了康德的立场，因为"生命是神圣的"，而事实上，他们也基于同样的理由反对实施死刑。不过，也有很多别的人不认同康德的观点，他们指出，有些时候允许例外发生，这在道德层面是可行的：和希特勒做斗争就是这样一个例外，而将恐怖分子处以绞刑是另一个例外。确实，如果我们始终严禁例外的发生,那么我们很容易想象会发生一些情况,其中要么不可能做出任何决策,要么所做的决策会受到道德上的谴责。

比如说,出现了一种情况,其中我们的职责出现了冲突。如果说失言总是错的,撒谎也总是错的,那么当我不得不通过撒谎来恪守诺言时,又该怎么办呢?假设我向我的朋友许诺,会将他藏匿起来躲避一名谋杀犯,而那个谋杀犯之后又问我,我的朋友在哪里。我该怎么回答呢?如果说真话,我就违背了诺言,如果恪守诺言,我就在撒谎。康德的理论无法解答这个两难困境,这也就构成了它的一个致命弱点。然而,我们中的大多数都会轻而易举地解决这个问题:就说真话这个规则而言,我们会引入一种例外情况,这可以避免出现我朋友死亡这个不幸的结局(比如说"说真话,除非它将导致一个无辜者的死亡")。做出这类破例也将有助于我们解决另外一个问题。如果我未承诺藏匿我的朋友,又会发生什么呢?若是那样,就不会出现职责冲突的情况,我就有职责向谋杀犯说出真相。换言之,如果我在此不做破例,我的职责就要求我不得不做出一些我多半会认为在道德上应受谴责的恶事。由此看来,在这些案例中,康德的理论要么会引发一种道德僵局,其中人们无法做出任何道德决策,要么会导致一种情况,其中我视其为履行职责的事情,其实正是错误之事。

练习 6

以下情况是否揭示了康德理论的弱点?

1. 我娶简是要令其快乐,因此我不应告诉她我已经娶了一个疯女人的事实。

2. 正如陀思妥耶夫斯基的拉斯柯尔尼科夫一样,我是一个与众不同的人,因此,那些共同道德的规则并不适用于我。

3. 不接受他人的帮助使我成为我，因此，我能为他人做得最好的莫过于不帮助他们。

4. 食婴是错误的：除非它们是手头唯一可以获得的食物。

V. W.D. 罗斯的理论

正因为出现了诸如此类的问题，现代哲学家 W.D. 罗斯（1877—1971）就康德的伦理学理论提出了一条重要的修正。罗斯指出，我们不应该将康德的职责视为绝对职责，而是允许例外存在的职责。罗斯将这些职责称为初定职责（其中初定意指"初看起来"）。一种初定职责是一种非绝对或者有条件的职责，该职责总是会被另一种更具强制性的职责所超越。于是，"绝不取人性命"是一条初定职责：这不是我无论何时都必须履行的职责，只有当它未被另一条更具强制性的义务或初定职责的规则所逾越时，我才必须履行该职责（比如说"绝不取人性命，除非出于自卫"）。罗斯指出，我发现这样的义务会出现在下列六种情况中，其中前两种是面向过往的，而其余四种是面向未来的：

1. 忠诚的职责，我的行为是为了遵照我之前许下的承诺，以及修正的职责，我的行为是为了纠正之前自己的不当行为。

2. 感激的职责，我的行为是为了还债（也就是别人曾为我完成的服务）。

3. 公正的职责，我的行为是为了获得愉悦和快乐的平均分配。

4. 慈善的职责，我的行为是为了增进其他很多人的美德、智慧或愉悦。

5. 自我改善的职责，我的行为是为了提升自己的美德或智慧。

6. 切勿伤害的职责，我的行为是为了避免对他人造成伤害。[1]

我们不妨以感激的职责为例，看看这是如何运作的。如果我看到我的父亲和一名著名的医生同时溺水，我究竟该救谁？我们应该还记得，功利主义者会敦促我救那名医生，因为这会给人类带来更大的益处。但我们中很多人都会觉得这个建议令人厌恶，因为我们对自己的父母负有一种特殊的感激的职责，他们含辛茹苦地抚育我们，支持我们，无论一个陌生人的生命会对大多数人带来多大的幸福，我对父母的职责超过了我对任何一个陌生人可能负有的职责。于是，罗斯指出，这完全是一种针对某特定个体负有的个人职责，这种职责以特定个体对象以及他们为我们的付出为基础；它也完全是面向过往的，而非面向未来的。

正如我们马上就会见到的，罗斯的这份清单也有自己的问题，他自己也承认这是不完整的。更直接地说，他的理论延伸了我们应当履行职责的范围，这是康德未曾涉猎的领域，这一点值得大加赞扬。确实，一旦我们意识到应该履行的职责是绝对且毫无例外的，那么很快我们就会发现，几乎不存在什么职责符合这个要求。不变的是，总有那么些情况，其中康德的绝对职责会被逾越。由此看来，如康德所说的那样，一项职责要成为道德职责，它就必须具备一以贯之的普遍性，仅凭这样还是远远不够的。正如罗斯指出的，不存在一条没有例

---

[1] W.D. 罗斯，《正当与善》，牛津：牛津大学出版社，1930 年，第 21 页。

外的规则。是否破例,很大程度上有赖于我履行职责所处的境况,我履行职责可能引发的结果,以及我和我认为有履行职责之对象间可能存在的人身关系。

练习 7

罗斯认为,相较于慈善的职责,切勿伤害的职责一般更具约束力。除此之外,罗斯并未对其初定职责的重要性进行排序。理查德·珀蒂尔建议了以下排序方式。[①] 你是否同意下列排序?如不同意,你会如何修正或添加什么内容?

1. 切勿伤害他人。
2. 若由我们造成伤害,要加以弥补。
3. 恪守我们的承诺。
4. 报答我们的恩人。
5. 以其应得的方式对待他人。
6. 做对他人有益的事,无论其是否应得。
7. 以某种方式提升自己。

针对罗斯的理论,有以下两条突出的异议:

1. 我们如何知道,一条初定职责究竟是什么?
2. 当初定职责之间出现冲突时,我们如何知道,应该服从哪一条初定职责?

[①]《思考伦理学》,恩格尔伍德·克利夫斯,N.J.,普伦蒂斯-霍尔出版社,1976年,第44页。

针对这两个质疑,罗斯的回答是一致的。功利主义者和康德的理论都犯了一个错误,即它们假设总能找到一条判定孰是孰非的绝对标准,前者采用了快乐的标准,后者采用了职责的标准。罗斯指出,我们的快乐和职责在种类和范围上都无限之多,其引发的效应更是无穷无尽,无论是从目的论还是义务论的角度出发,都绝无可能找到这样的标准。然而,这并不是说,我们的伦理决策并不具备认知价值。我们仅仅知道,乍眼看来,诸如恪守诺言、公平分配利益或增进他人的利益这样的行为是正确的,而我们之所以知道这一点,不过是因为倾听了灵魂深处道德信念的呼唤。这些事情之所以正确是因为它对我们而言"不证自明",这既不是因为我们向来知道这事如此,也不是因为我们能证明这事如此,而是因为"我们已经拥有足够成熟的心智"来知道这就是如此。正如几何学或算术中的公式,它们已经成为认识的实例,也是广袤宇宙基本性质的一部分。

将一门自然科学建立在"我们实际所想"的基础上是错误的,也就是说,在对科学问题进行科学调研之前,以所谓受过良好教育人士深思熟虑后对其的看法为基础。这类观点只是一种解读,更多时候是一种误读,它们是感觉经验的结果,而科学之人必须不服从于这类观点而诉诸于感觉经验本身,后者向他提供了实际的数据。在伦理学中,人们并无可能提出这样的不服上诉。除了对其进行思考以外,我们没有别的更为直接的方式探清正确和善良的事实真相,也没有别的更为直接的办法判定何为正确何为善良。那些深思熟虑且受过良好教育人士的道德信念就是伦理学中的数据,正如感性知觉是自然科学的数据一样。正如我们会否认自然科学中的一些数据,认为其是无稽之谈,我们也会否认一部分伦理学中的数据,但这两者亦有区别,否认自然科学中的数据仅仅因为它与其他更为精准的感性知觉出现冲突,而否认伦理学中的数据，仅仅因为它们和另外一些能更好经受住反思检测的信念相互冲突。最为优秀人士的道德信念的状况是数代人道德反思的累积产物，它已然衍生出一种理解道德差异的极为微妙的力量，而理论家除了给予其最大的尊重外别无他法。对最优秀人士道德意识的裁决是理论家赖以生存的基础。当然了，他们首先要将其互相比较并消除任何可能包含的矛盾。①

很多人都觉得这个回答不尽如人意。比如说，如果一个人判定回馈的服务并不是一项初定职责，或者回馈的职责（并不包含在罗斯的清单中）是一项初定职责，又会发生什么呢？想必罗斯会声称，这个人并不具备"足够成熟的心智"来做出恰当的判断，或者以某种方式误读了自己的思想。罗斯指出，这种情况下，我们不能认为这个人的内心道德信念能够理解不证自明的事实。我们这里想要获得某种方法，借此可以判定一个人何时才是道德成熟的，一个人何时才是正确解读了他的道德信念，而罗斯并未就此给我们提供答案。此外，回应他人的道德信念并作为伦理学的数据，就算这些人深思熟虑且受过良好教育，这么做就是在假设他们是"最优秀的人"。原因在于，我们对何为初定职责心知肚明：他们确实拥有了罗斯认为他们不可拥有的，判定行为对错的一条准绳。

练习 8

你认为康德和罗斯会如何解决下列的两难困境？你又会如何解决这些两难困境？

1. 你的一个朋友曾经救过你的命，他犯了谋杀罪并请求你将他藏

---

① 同前，第 40~41 页。

匿起来，你该这么做吗？

2. 你是一名参与长时间罢工的工会领导者，你的成员中有很多已经穷困潦倒。为了缓和他们的境遇，你是否应该接受来自一股备受鄙视的国外势力的资金支持呢？

3. 你的孩子必须接受一项昂贵的手术，否则就必死无疑，而你是一个穷人，此时你可以以非法途径获得金钱吗？

4. 一个妻子已与她的丈夫结婚多年而且很幸福，但她怀疑他是一名间谍。她的丈夫还有一年就要退休了，她应该立即将此事通报权威机构吗？

5. 你敲诈一名地主，要求他降低物质极度匮乏地区收缴的租金，这样做是合情合理的吗？

6. 你是一名医生，若发现一名14岁的少女在使用避孕剂，你认为你有职责将此事告知其父母吗？

7. 你得知消息，有一艘黑手党货船正装载着海洛因进入这个国家。如果警察抓获这艘船只，黑手党就会知道你是告密者并追杀你。你应该将此告诉警察吗？

8. 你的牢友已然年迈，即将死去，他帮助你越狱并告诉你有个地方藏匿了大量的金钱。他的唯一条件就是要你承诺资助他的家庭。你同意了，也找到了宝藏，但你接着发现，自己家庭赖以生存的商贸业务就要破产了。你是否应该将牢友的钱投资进去呢？

VI. 规则功利主义

由于罗斯的理论同时包含了义务论和目的论元素，因此它是混生的。他接受康德的观念,认为我们有义务履行某些职责(尤其是面向过去的忠诚的职责及感激的职责),与此同时,他也认同功利主义者的观点,即如果采取某些做法,结果将被证明是灾难性的,那么我们并无义务服从这些规则。我们已经做出承诺的事实成为我们恪守承诺一个非常强烈的道德理由,但该承诺不一定在任何情况下都成立,可能有更为紧迫的义务超越了这个职责(尤其是在那些面向未来的职责中:慈善的职责、自我改善的职责、切勿伤害的职责)。

有一条针对康德理论提出的进一步的修正意见,罗斯的理论与之颇为相似:**规则功利主义**。该理论也是混生的:它认同罗斯有关规则向心性的观点,同时也接受这样的主张,即有时服从这些规则的结果要求打破这些规则,但它们得出这些结论的理由是截然不同的。规则功利主义并无初定职责的概念,它否认这世上存在任何面向过去的职责,而且首先,它就所做道德决策提供了一条绝对的评判标准。由此,很多人认为,它也克服了针对罗斯所提出的一系列质疑。

我们应该还能记得,根据边沁的理论,道德判断的终极标准是效益原则:某项行动若能带来快乐(或避免痛苦)就是正确的,反之,若能带来痛苦(或减少快乐)就是错误的。然而,现在应用于行为的效益原则——可以说,对边沁理论更为明确的描述应该是"行动功利主义"——也就可同样地应用于规则。所有我们要做的就是,以任何人服从该规则是否能最大化整体快乐或不快乐为依据来评价一条规则。换言之,我们要做的就是判定一点,当每个人都服从规则时,是否能促进最大的善。如若这样,那么任何符合该规则的行为就将被视为正确的,而任何不符合该规则的行为就将被视为错误的。

比如思考下列问题,"我应该靠左还是靠右行驶?"如果对此的回答是,"好吧,这得视我当时的需要而定,可能某一天靠左,接下来一天靠右",那么引发的结果无论对于开车一族还是步行者都将是灾难性的。基于这个原因,我们需要查阅当地的法律,我们知道这种情况下,只有每个人都采取相同的做法才能最大限度地确保安全。换言之,效益原则要求每个人都应该,而且总是遵照某条特定的规则采取行动。这就防止了由个人选择导致的危害。如果法律规定"总是靠右行驶",那么这样做就是正确的,因为这符合法律的要求。

正因如此,在行动功利主义中,一项行为正确与否仅仅是由该行为引发的结果决定的,而在规则功利主义中,一项行为的正确与否不仅仅由该行为引发的结果决定,它还受限于执行行动所遵照的规则所引发的结果。更为精准地说,这两种功利主义的区别点在于,规则功利主义更多地吸收了康德普遍性的理念:一项规则是好是坏,这取决于规则普遍化所引发的结果。规则功利主义有别于康德的地方在于,它依据规则引发的结果来评价规则,因而也就坚持了以效益原则作为所有道德决策的终极标准。

为了更显著地区分这一点,我们可以引用另外一个例子。假设一名教师看到一个颇有能力而且向来诚实可信的学生在考试中作弊。除他之外,没有人看到他考试作弊,而且这场考试对这个学生的职业和他年轻的家庭而言至关重要。这名教师该怎么做呢?作为一名行动功利主义者,他可以说,考虑到揭发将给学生带来的灾难性后果,他应该假装没看见,尤其是这一举动是悄悄进行的,并不会给他人树立坏榜样。然而,规则功利主义者就会有不同的见解。尽管在此特定案例中,这名教师保持沉默或许更有利于这名特定的学生,而且由于永远不会有人揭发,保持沉默或许真的不会对未来的情况造成什么不良影响,但即便如此,这么做依然是错的,原因在于,如果每个人都这么做,那么整个考试秩序就将遭到破坏。虽然事实上这是秘密的行为——对于行动功利主义者而言,为了限制行动可能引发的恶果,这是需要考虑的非常重要的一点——但这只会使情况更糟,因为没有人会知道是谁保持了沉默,也没有人会知道任何考试的结果是否准确。那么,在这里,问题的关键就是普遍化所引发的灾难性后果。认为教师这样做是错的,这种判定结果并非源于我们认为欺骗不能生成快乐的信念——对于学生而言,欺骗或可生成快乐——而是源于我们认为,如果我们将教师遵循的规则普遍化会导致更大的不快乐。正因如此,教师的这种行为之所以受到谴责,并不是因为他的所为,而是因为若将其行为放到康德的理论中,他行为的准则——"如果欺骗能生成快乐,就允许欺骗"——一旦得以普遍化,将引发诸多恶果。再一次,效益决定了这里适用的规则。

练习 9

一名规则功利主义者会如何应对以下命令?

1. 反正每个人都在影院吸烟,忽略禁烟的标识。
2. 相较于帮助别人,总是更多地帮助你自己的孩子。
3. 如果法律判处你某项你未曾犯过的罪行,那么试图越狱。
4. 劫富济贫。
5. 如果你不赞同战争,就逃避征募。
6. 永远不要当众,而只能私底下悄悄地给一个小学生额外加分。
7. 不要成为一名素食主义者:有太多的人吃肉,你一个人的行为改变不了什么。
8. 罗马天主教神父终身不娶,所以你也应该如此。
9. 如果税收中包含了用于购买核武器的支出,不要纳税。

规则功利主义者认为他们的立场解决了两个突出问题：

1. 冲突职责的问题，这是康德和罗斯都面临的问题；
2. 公平正义的问题，这是行动功利主义者面临的问题。

1. 冲突职责的问题。 罗斯和其前辈康德一样，并未就各项职责出现冲突时应该服从哪项职责提供评判的标准。他只是提到，当事者通过内省就能知道应该选择服从哪项职责。然而，规则功利主义者会诉诸于一项绝对标准——效益原则——其也一并考虑到了出现冲突的一些特殊情况。比如说，让我们再次回顾一下康德的两难困境：如果"绝不失言"和"绝不撒谎"是两条绝对命令，如果我已承诺我的朋友要保护他，那么面对意欲杀害他的谋杀犯，我又该说什么呢？如果我告诉谋杀犯我朋友的藏身之处，那么我就违背了诺言，但如果我要恪守诺言，我就不得不撒谎。[①] 此时，规则功利主义者会问：在此特定情况下，哪一条规则将使快乐最大化？显而易见，撒谎能使快乐最大化。换言之，身处特定情况，应用效益原则，我们否决了"绝不失言"这条绝对命令。

该程序就规则制定做了两条重要暗示。其一，将规则置于情境中，这将不可避免地使规则更为复杂，这可远比康德所想要复杂得多，康德会提出诸如"绝不杀人"这样的绝对命令——无论结果如何都要执行的一条命令——而针对一些别的情况又会有一大堆单独的命令，诸如出于自卫的杀人，战争中的杀人，出于法律威慑的杀人，出于仁慈的杀人等。尽管更为复杂，这些规则中的任何一条都优于康德

---

① 见本书第 233~236 页。

的规则，因为它们将自身置于实际情况而非一般情况中，而且任何时候，只要出现职责间的冲突，我们就可以凭借实证的效益测试来解决这个问题。规则功利主义者坚持认为，这种测试是完全面向未来的，它甚至同样适用于那些用来弥补所造成伤害的职责，或对于父母亲负有的报恩义务。需要再次重申的是，正如罗斯所主张的，遵守这些规则并非因为其包含了某些针对特殊人群负有特殊的初定职责，而是因为一个普遍遵行这些规则的社会将变得更好——也就是说，这样的社会能更加高效地最大化快乐——一个不普遍遵行这些规则的社会肯定做不到这一点。规则功利主义者的评价保留了目的论的特性。

规则制定的第二条重要暗示如下。对于康德和罗斯而言，无论任何特定的社会中存在什么条件，人们总是负有遵守某些规则的义务：其普遍性要求人们，无论时间地点必须服从于此。然而，在规则功利主义中，由效益原则生成的规则有可能适用于某个社会，却不适用于另一个社会。比如说，节约供水这条规则在撒哈拉沙漠或许是有益的，但在苏格兰却并非如此。严格控制人口出生这条规则可能适用于中国，却并不适用于某个人口锐减的地区。不过，并非所有的规则都具备这个特性。有那么一些规则，无论对于哪个社会，它们都是维持其福利及保护其公民的基本准则——比如说，反对肆意杀人的规则——这些规则具有普适性。不过，我们还需牢记一点，即便人们和社会在道德判断方面意见相左，这也并不会颠覆规则功利主义所信奉的规范性伦理原则。不同社会之间无论存在着多么巨大的历史和文化差异，任何情况下，我们依然会遵照由效益原则生成的规则来判定一项行为的正确与否。

2. 公平正义的问题。我们应该还记得针对行动功利主义提出的一条批评，即它未能充分地考虑公平正义，未能确保快乐的平均分配，也因此未能根据个人的应得或优点来对待他们。由此看来，如果一名功利主义的判官认为判处一名无辜者死刑能带来更大的益处，诸如恢复法律和秩序，他这样做就是合情合理的。我们能对规则功利主义提出同样的批评吗？

毋庸赘言，规则功利主义者认为并不能对其提出同样的批评。在之前所给的案例中，要问的问题是"如果有一条规则支持对无辜者施加惩罚，结果会是怎样？"显而易见，其影响将是灾难性的。构建这样一条规则——人们普遍接受一个观点，即无论应得与否，可任意向对象施加惩罚——这将摧毁人们对作为维系社会基础的法律的信任，还将引发人们内心担心被捕的恐慌。正因如此，规则功利主义将康德的普遍性原则与效益原则相结合，由此确保了个人得到公正的待遇，事实上，遵照这一点确实能保障公民在法律之下享有的权利，如果判处无辜者刑罚这一行为对我而言是错误的，那么任何人这么做都是错误的。

不过我们在这里碰到了一个棘手的问题。在前述的论点中，公平正义被视为效益的一部分，它是实现快乐最大化的条件之一。可是，它算得上一个必要条件吗？貌似并非如此。规则功利主义者认为，只有当普遍践行公平正义确实能使快乐最大化的时候，我们确保了公平正义，但这同时也意味着，如果公平正义未能做到这一点，人们就会将其摒弃并转而迎合别的什么标准，目前在我们看来，这些标准可能是极不公正的，它们也无法确保公平正义的平均分配。规则功利主义已经允许了一点，即不同的规则适用于不同的社会。若是如此，人们就会发问，一个国家因用工短缺而面临经济崩塌，那么其采用奴隶制度是否就合情合理了呢？但是，我们真就想说奴隶制度是公平的吗？或许在此情况下，实施奴隶制度能使快乐超过不快乐，从而实现两者间最大限度的平衡，但是奴隶依然是奴隶，他被迫这么做：他之所以成为奴隶，并不是为他的所作所为接受惩罚，而是为了给他人带来益处（他自己可能并无法从中得益）。正因如此，一条规则即便实现了快乐总量的最大化，但它依然有可能因为对快乐的分配方式问题而不公正。由此看来，尽管规则功利主义以某种行动功利主义无法做到的方式接纳了公正，它依然不能确保全然做到公正。与之相应，效益原则是把双刃剑——它既能使公正，也能使不公变得合情合理，而且，由于每个人都有赖于自身所处的环境，我们并不能铁板钉钉地说，不公正就不能实现效益的最大化。

　　鉴于这条反对意见，人们对规则功利主义做了最后的修正，有时人们也称其为**扩展的规则功利主义**。其中包含了一点，公正原则——或者更为精准地说，公平分配的原则——不再从属于效益原则而是与之并重。公平正义不再是衍生的，而是根本性的，它是道德行为的必要条件。正因如此，我们要依据效益和公正这一对原则所生成的规则来判定行为的正确与否。我们坚持效益原则是因为人们接受以下这个目的论（以及功利主义）的命题，即人们确实负有保障快乐超过不快乐这一平衡的道德义务，但至于这一平衡该如何分配，这就要由公正原则来决定了。因此，我们坚持公正原则是因为人们同样接受以下这个义务论（以及康德）的命题，即人们具有得以平等对待的内在权利。然而，这并不是说，我们必须总是结合应用这两个原则。这条两原则中的每一条都单独生成一些义务。举例而言，我们主要从效益原则出发，得出了切勿伤害他人的义务，主要从公正原则出发，得出了法律面前确保平等的义务。还有一些别的义务，诸如说真话或者帮助弱势群体等，我们或许能用两条原则之一来对其加以合理解读，但无论在规则和原则之间如何进行匹配，我们总是以这两条原则为基础构建出一系列规则,并凭借它们最大限度地实现善良战胜邪恶的平衡,也在最大限度上均等且广泛地对其进行分配。

那些接受对规则功利主义做此番修订的人也承认,有的时候,效益原则和公平原则之间会出现冲突。他们认为很难接受一点,即微小的不公永远不可能胜过较大的公正,或者不平等的对待永远不可能形成更大的利益。难道说,杀人就永远不可能是正确的吗?或者说真话就永远不可能是错误的吗?于是,冲突的问题依然存在,只不过即便真的出现这样的情况,可能人们也将视其为执行道德决策过程中无法克服的难题。我们所能合理期待的不过是,一旦出现冲突,我们所做的决策能增加人类的快乐总量,同时依然确保个人权利能"始终被视为一种目的而不仅仅是一种手段"。

问题:康德和罗斯的理论

1. 康德是如何将其伦理学理论建立在理性概念之上的?

2. 绝对命令如何有助于区分行为的对错?如果你认为它有助于区分行为的对错,请给出具体案例。

3. "己所不欲,勿施于人:他们的品位可能有所不同!"(乔治·伯纳德·肖)就此进行讨论。

4. 乔治抵制住了杀害你的诱惑,而杰克压根从未想过要杀害你,前者是否在道德层面优于后者?康德在职责和倾向之间做了区分,上述问题从哪个角度对康德抛出了问题?你认为康德将如何解答这个问题?

5. 康德告诉我们,对待个体"始终要将其视为一个目的而不仅仅是一种手段"。请给出现代社会中仅仅将人视为"手段"的例子。你还能提出别的什么替代性的对待方式吗?

6. 罗斯初定职责的理念致力于解决一个什么问题？他成功了吗？

7. 罗斯认为，我们拥有一种可以帮助我们判定孰是孰非的"道德观念"。你认同他的观点吗？这样想存在什么问题？

8. "规则功利主义只不过是一种伪装的行动功利主义，两者存在着一样的问题。"请就此进行讨论。

9. 欺骗一个正在从事犯罪活动的人，这是错误的吗？请就你的不同选择进行讨论。

10. 阅读以下文摘。其中包含了哪些问题？康德、罗斯以及规则功利主义者分别会如何应对这些问题？

> 当我还是大四学生的时候，威廉·西德尼·泰勒霍普金斯伟大的医学教授，一个绝顶聪明又富有热情的人，来到哈佛大学，给我们做了一次有关病人护理的讲座。他描绘了恶性疾病，告诉我们该如何应对这种疾病，以及作为医生始终应当告知病人真相。对我来说，那是一次生动鲜活的经历。他讲述了自己接触过的一名病人，这名病人因为此前遭到别处内科医师的拒绝，而前来巴尔的摩找他。那个病人知道自己未得到答案，而我想，泰勒博士一定知道需要告诉他真相。病人渴望知道实情，这也是他来到巴尔的摩的原因。于是，泰勒博士告诉了他实情，当然，这家伙感到非常沮丧，病人的妻子因此很生泰勒博士的气。泰勒博士说，病人的妻子严厉地斥责了他："你拥有什么权利告诉他真相？"过了两小时，泰勒博士接到了一个电话。病人夫妇俩回到了宾馆，并打电话告诉泰勒博士说出了实情，因为长达数月以来，这是他们两个人第一次能够坐下来好好交谈。这是一个生动的案例，而我想到自己曾经犯过的错误。一名女子明显患有甲状

腺癌，而且也对此知情。她知道这点，是因为她的内科医生和她说话闪烁其词的方式，每个人都感到惊恐。是个人都能看出医生的恐慌，因此她在手术前一晚让我承诺，一定会告诉她事情的真相，而且是虔诚地承诺。她怀疑事实的真相，她向我罗列了需要知道真相的种种理由。她是一名寡妇，她的孩子们还尚未完全长大成人等，而我出于种种非常实际的原因不得不告诉她真相。事实上，它是一种迅速生长未分化性癌，预后极不乐观的那一类，可能只能存活九个月或一年，而且不得不接受放射治疗。

于是，我一直等到她过了麻醉的劲儿，第二天早上我进了她的房间，搬了一把椅子坐到她身边，并说道："现在，我就要按你要求的那样告诉你真相。你现在情况严重：我们将给你进行放射治疗。当然，这些治疗会帮助到你。我们也有可能完全地消除问题，不过正如你所说的，最好还是重新安置一下你的财产，照顾好你的孩子等。"她对我感激万分，我走出房门也大大松了口气，心里想着，自己妥善处理了这件事情。在接下来的两三天里，她表现得挺自在的，我也为此感到高兴，觉得自己做对了。到了手术后的第四天，我要进她房门前，护士拦住了我。"你知道，B女士正在等待。她想知道，你什么时候才能履行承诺，告诉她你所发现的真相。"当时的我要比现在年轻得多，我并没有利用病人提供给我的明显暗示，也就是说，她屏蔽了坏消息。于是我走进房门并告诉她，"你的护士告诉我，你说我并没有告诉你真相。就在手术后的那一天，我已经告诉了你真相，难道你不记得了吗？""告诉了我什么？"于是我又重复了一遍。显然，她陷入了重度抑郁，而且非常糟糕。这摧毁了她的生活，而且不止如此，我的错误似乎还蔓延了开来。长话短说，病理学家和我赌认为她患的是一种未分化癌,但事实并非如此,它其实是一种非常特殊的肿瘤。四年之后,我们在她的胃壁上发现了相同类型的肿瘤。她在之后又活了12年,最后死于冠心病。[1]

Ⅶ. 讨论：战争的道德

战争在什么时候才是道德所允许的？对于康德学派者而言,反对战争的决定性依据在于,战争致使无辜者死亡。康德本人也是一名主张惩罚主义者,他也就坚持主张,只有对罪有应得者方可施加惩罚,但我们看到那些没有犯罪的人也被杀戮,这就否认了上述原则。在这个意义上,战争的惩罚并无正当合理可言。除此之外,杀害无辜者也有违康德伦理学说的两大主要元素：其一,将人的生命视为可消耗商品对待,它将人类降低到一个对象或者物件的水平,这也就否认了他们作为理性人的独特地位。其次,这与普遍化的原则相矛盾：如果一旦某种行为适用于包括我自己在内的每个人,就会创造一个我自己也会加以谴责的世界（也就是说,一个没有公平正义的世界,身在其中,我不再受自身清白无罪的保护）,那么这种行为可以得到宽恕。基于上述原因,在战争中杀人并不比在其他任何时候杀人更加正确或更加合情合理。为了镇压一场叛乱而将无辜者判处合法但不公正的死刑,康德学派者对此表露出道德上的深恶痛绝,同样地,若为军事或政治目标而牺牲无辜的男人、女人和儿童,他们也对此极端愤慨。当然了,身处一个热核武器的时代,非战斗人员的伤亡人数可能是以

---

[1] 奥利弗·M.科佩,《人、心智和医学》,费城,J.B.利皮科特,1968年,第28~29页。

百万计的，这无疑是对诸如此类的现代战争的声讨。假设国家 A 受到国家 B 的攻击，而且这场攻击是无端入侵，发起攻击只是出于邪恶。进一步假设，在此情况下，A 采取自卫行动甚至杀害了进攻者也并无错误。如果自卫者为了报复而滥杀无辜，那么他们的行为就是不道德的。正因如此，由于任何现代战争中都会不可避免地出现无辜者被杀害的情况，如今，任何发动的战争都会受到谴责并被认为不正当。

面对这一情形，功利主义者则有截然不同的处理方式。在这里，军事行动的正当性并不取决于战争是否与基本的道德原则相抵触，诸如"绝不杀害无辜"，而是取决于它所产生的某些结果。如果某项战争行为能在整体上最大限度地实现快乐超过不快乐的平衡，那么正如效益原则所规定的，这项行为就是道德所允许的。如此看来，我们在评估 A 国对 B 国开展的自卫或入侵性战争的道德时，一切都依赖于以下这点，即 A 国将能从中获得的益处是否能超过战争中死伤者及其家属所遭受的痛苦。然而，我们可以这样解读这种益处，如果无辜者的牺牲有助于获得更大的集体的快乐，那么这种行为就是合情合理的。当然了，面对核问题，这条结论似乎就不那么明朗了。一方面，拥有核武器可能具有阻止敌人的功利主义效应，这点值得称道，而另一方面，这种威慑的力量有赖于使用这些核武器的现实可能性。可是，如果真的使用了核武器，功利主义的效益又将毁于一旦，原因在于，一场互相毁灭的战争中是不可能牟得利益的。正因如此，功利主义者可以和康德学派者一样强烈地谴责核战争。我们反对的不是无辜者的死亡——尽管这令人惋惜，但出于"军事必要"的考虑可以宽恕这一点——我们真正要反对的是，使用核武器所造成的痛苦和其目的：为了获得军事或政治利益完全不成比例。

伟大的中世纪哲学家兼神学家托马斯·阿奎那（1224/1225—

1274）在其著作《神学大全》中采纳了一种介于康德学派及功利主义者之间的第三种观点，该观点也颇具影响力。阿奎那在此设定了一系列"正义战争"得以发动的条件。

阿奎那出身贵族，1224 年，他在家人极力反对的情况下加入了道明会，很快就成为一名能力出众的学生。1245—1252 年间，他在科隆学习并师从大阿尔伯特，也正是在那里，阿奎那拜读了亚里士多德的著作，这对他的作品产生了巨大的影响。随后，阿奎那作为教皇法院的顾问和讲师在巴黎和罗马执教。他的哲学产出在其未竟的作品《神学大全》（也被称为 Summa Theologicae，"神学汇总"。之后的版本和译本也采用了 Summa Theology 或 The Theological Sum 这样的标题）中到达了巅峰。始于 1256 年，这本大全最为完整地展现了阿奎那的哲学体系，其中也包含了他著名的"正义战争"论点。1323 年，阿奎那被封为圣徒，1567 年，他被宣布为教会圣师（天使博士）。教皇利奥十三世在其通谕《永恒之父》（1879）中认可他的哲学为其教堂的官方神学，它也成为罗马天主教教育中的必修课。

阿奎那

阿奎那（和康德一样）认为，血流成河的战争在本质上是错误的，他指出，一场战争得以"正义"必须至少符合三个条件，其中第二和第三条在表述上显然是功利主义的。它们分别是：①合法权威（权威原则 auctoritas principia，也就是说，战争必须由有关国家的合法政府宣布和发动的）；②充分理由（正当原因 justa causa，也就是说，发起战争必须是为了预防或纠正实际伤害）；③正当动机（正当动机 recta intention，也就是说，战争采用的方法必须足以获得胜利，而不能进行不成比例的野蛮厮杀）。阿奎那阐释自己的立场如下：

> 任何战争要成为正义之战必须符合三个要求。其一是宣布发动战争命令方的主权权威。个人是没有权限宣布战争的，他只能要求自己的上级进行评判并索赔，同样，个人也不能召集众人去义无反顾地作战。这是因为，那些负责监管其辖区内城市、王国或省份的当权者应当致力于大众福利，当他们挥舞法律之剑严惩罪犯从而镇压国内动乱时，正如保罗所说的，"**他并不是徒然地挥舞手中之剑，因为他是神之大臣，作为一个复仇者，向作恶者宣泄愤怒**"，因此，他们是在合法地应用手中的战争之剑，以捍卫大众福利免受外来侵袭。于是，我们可以这样描述这些当权者，"**解救柔弱者和贫困者，使其免受邪恶之侵**"。于是，奥古斯汀写道："有利于人类和平的自然秩序要求，商议和宣布战争的权力属于那些拥有至高权威者。"
>
> 其二，正义的战争还需要一个正当的理由，也就是说，那些被攻击者之所以被攻击是因为他们曾经有过错误行为而罪有应得。奥古斯汀说道："**我们通常将一场正义战争描述为报复恶行的战争，也就是说，一个民族或国家拒绝弥补自己犯下的暴行，或拒绝修复其所导致的伤害，它就必须受到惩罚。**"
>
> 其三，发动战争还需要正当的动机，也就是说，战争必须是惩恶扬善的。于是，奥古斯汀写道："**在那些真正的上帝崇拜者看来，那些旨在缔造和平的战争，其动机既不在于扩张，也**

不在于残暴,而是以保障和平或惩恶扬善为目标。"现在可能会出现这样一种情况,即便合法权威以正当理由宣布战争,这场战争依然有可能是错误的,因为其动机并不正当。于是,奥古斯汀再次说道:"伤害他人的强烈渴望,意欲报复的凶残渴求,无法平息和冷酷无情的情志,持续战斗的野蛮凶恶,占有统治的贪婪欲望,以及诸如此类——所有这些都应在战争中受到公正的谴责。"[1]

阿奎那的论点之所以有别于康德学派和功利主义者,是因为他提出了政治权威的理念,这一点体现在他对圣保罗《罗马书》(13:4)的引言中。他主张,由于国家对于规则具有神授之权,它的政治决策具有一种独特的道德权威。该权威源自于神,凭借这一点,它就可以依靠武力抵抗武力进攻者,也可以对那些它眼中的违法犯罪者施加惩罚。

人们经常讨论阿奎那的论点,也对此提出了不少批评。针对阿奎那的一条普遍诟病在于,即便正义战争的三个条件同时满足,这也并不能自动使得军事活动合情合理,如果可以通过别的方式同样达成此类行为的目标,那就尤其显得如此,比如说外交的方式。然而,就目前来说,我们尤其感兴趣的是阿奎那此处在战争的正义(jus ad bellum)和战争中的正义(jus in bello)两者间的区分。前者指的是发动战争的道德,而后者指的是发动战争所采用方法的道德。正如阿奎那所阐明的,战争过程中过度使用武力——为了获得军事利益而不必要地催生较多的苦难——这将破坏战争本身的公平正义。该区分具

---

[1]《神学大全》,XXXV,2a2ae,40,艾尔&斯波蒂斯伍德出版社,1972年,第81~82页。

有深远的蕴意,它也在诸多领域引发了一系列问题,诸如对待囚犯、扣留人质、游击战、密集轰炸以及最为重要的,核武器的使用。一个人如何解决这些问题,很大程度上依赖于他所采纳的一般哲学立场。

接下来的三篇文摘提出了以莫罕达斯·甘地(1869—1948)为代表的和平主义传统。主要受到印度教薄伽梵歌以及托尔斯泰对登山宝训的解读,甘地接纳了"消极抵抗"原则并组织了非暴力的不合作运动(satyagraha,字面意思是真理坚固),这促成了1947年的印度独立运动。甘地对战争的拒绝是绝对的,他主张,从整个儿的人类经验出发,非暴力反抗是消除战争唯一实际且有效的方法。

甘地

英国哲学家伊丽莎白·安斯康姆(1919—2001)则采取了迥然不同的方法。和平主义的信仰认为在战场上搏斗必然是错误的,在她看来,这种观点既错误又危险。说它错误是因为其否认了人们的自卫权,说它危险是因为其鼓励人们相信所有的杀戮一概错误,它忽略了战争中合法杀戮和非法杀戮两者间的区别,这也就导致战争较之原先更为凶暴残忍。安斯康姆认为,这世上存在着一种正义战争,其中,主权权威出于自卫或是维护本国法律的目的,确实拥有杀害其敌人的道德权利。它所不能做的是杀害无辜以及任何没有主动参与其中的当事方,如果违背了这一点,其行为就是谋杀,也就不再合情合理。

道格拉斯·拉基采纳了最后一点,他拒绝在一个核世界里实施"威慑"政策,而上述观点在此发挥了巨大的作用。虽然拉基著述之时,世界恰处于美国和苏联势力两极分化的国际关系中,他的文章依然表明了反对此类政策的立场。威慑包括以屠杀数百万无辜者作为威胁，这就增加了其实际上惨遭杀害的概率，从这个意义上说，威慑在道德层面是令人憎恶的，也因此应当遭到摒弃。由此看来，即便其他的核大国没有采取同样的行为，美国依然有道德义务扭转其当下的核立场，并立即解散其核军火库。拉基还指出，这两点中的后者更为重要：它牵涉整个世界的福祉，而非任何一个单独国家的国家利益。

文摘1. 莫罕达斯·K. 甘地：非暴力[①]

我不是一个空想家。我可以自称一名务实的理想主义者。非暴力宗教并非仅仅针对哲人和圣徒而言，它同样适用于普通大众。非暴力是我们种族的法律，正如暴力是残暴种族的法律一样。非暴力的精神在残暴者心中处于休眠状态，除了暴力以外，他们目中无法，而人的尊严要求其服从于一部更高级的法——精神的力量。

正因如此，我冒险前往前印度一些地方探寻自我牺牲的古代法律。非暴力不合作运动及其分支，不合作主义及公民抵抗只不过是受苦法的新名字而已。在暴力法之中发现了非暴力法的那些哲人，他比牛顿更加天才。他们本身是比威灵顿更为伟大的战士，在知道使用武力的情况下，他们意识到了武力的无用性，并告诉这个困倦的世界，只有通过非暴力才能拯救它。

动态条件下的非暴力意指有意识的受苦。它并非指谦恭温顺地服从于为恶者的意志，而是指令一个人整个儿的精神反抗暴君的意志。按照这个行事准则，作为单个的人就有可能藐视一个不公正帝国的全

[①]《和平与战争中的非暴力》，艾哈迈达巴德，那瓦吉凡出版社，1942年。

部势力，并以此来捍卫自己的荣誉、宗教和精神，这就构成了该帝国衰败或其重建的基础……

我确实认为整个非暴力是合情合理的，而且在人与人、国家与国家间的关系中，这是有可能实现的，但这并不是说，我们就要摒弃一切反对邪恶的实际战斗。与之相反，我所理解的非暴力相较于本质在于增加邪恶的报复而言，是一种抵抗邪恶的更为积极也更为实际的战斗。我深深思考着一种反对不道德的精神，也就是道德立场。我并没有拿出一把更为锐利的武器，从而试图削弱暴力之剑的威力，我只是采用了身体抵抗的方式令其期望落空。如果我以精神抵抗取而代之，就会躲避它。这首先会令其目眩眼花，最后会迫使它承认，这种承认并不能羞辱它，反倒会抬高它。或许有人会敦促说，这是一种理想的状态，而它确实如此。我所提出的论点基于某些命题，而后者就和欧几里得定义一般绝对可靠，而且千真万确，因为事实上，我们甚至无法在一块黑板上画出一条欧几里得线。然而，即便是一名几何学家也认为，要脱离欧几里得的定义而有所进展是不可能的。我们也无法……脱离非暴力不合作运动学说所依赖的基本命题……

问 一个解除武器的中立国怎能容忍其他国家遭到毁灭呢？上次战争期间，要不是我们的军队在前线整装待发，我们早就被夷为平地了。

答 冒着被视为一个空想家或蠢蛋的风险，我不得不以我唯一知晓的方式回答这个问题。一个中立国如果容许一支军队毁灭一个邻国，这就是胆怯懦弱，但战争的士兵和非暴力的士兵之间有两个共同点，假如我是瑞士的公民和联邦国家的总统，我就会通过拒绝供给的方式切断入侵军队的通路。其次，通过重现瑞士的温泉关，你将把大量男男女女和孩童堆叠成一座活生生的人墙,并邀请入侵者踩踏你们的尸体而过。可能你会说,这种事完全超越了人类经历和承受能力,我说并非如此,这是相当有可能的。去年在古吉拉特邦,那些女人面对铁棍毫不妥协地挺立着,在白沙瓦,数以千计者站立着面对肆虐的子弹而并非诉诸于暴力。想象一下,若是这些人站在一支要求安全通往别国的军队前沿,或许你会说,这支军队会残暴无比地践踏他们而过,而我却会说,即便你允许自己被歼灭,你依然履行了自己的职责。一支敢于践踏众多无辜者尸体而过的军队将无法重复这个试验。如果你愿意,你或许能拒绝相信那众多男男女女拥有的勇气和胆量,但你不得不承认,非暴力是铁汉的利器,它从来就不被视为弱者的武器,它是坚不可摧之心的武器。

问　一名士兵可否朝天放枪从而避免使用暴力?

答　一名已经入伍的士兵,自称通过朝天放枪从而避免暴力,这并未表明他具有勇气或他信仰非暴力,在我看来,这样一个人恰恰因其虚伪和怯懦而有罪——他的怯懦在于他想逃避军队的惩罚,而他的虚伪在于他从军当兵,却没有如期开火,这将败坏交战的名声。抵制战争者不得不如同恺撒之妻那样——不容怀疑。他们的力量在于绝对遵守这个问题的道德……我们不能指望足不出户就学会非暴力,它需要进取之心。为了检验自我,我们应该不惧危险和死亡,禁欲苦修,并拥有忍受一切苦难的能力。看到两个人开打就浑身颤抖、拔腿就跑的人算不上非暴力,他只不过是个懦夫。一个非暴力者将愿意牺牲自己的生命来阻止这样的争执。非暴力者的勇气远远超过暴力者。暴力者的徽章是他的武器——矛、剑,或者步枪,而非暴力者的盾牌则是神。这不是提供给意欲学会非暴力者的训练课程,但依据我所制定的原则，一个人也很容易得以进化。

以上论述表明，这两种类型的英勇之间并无可比性。其中一者具有局限性，而另一者是无限的。没有任何事物能如同非暴力那样具有同情之心，具有反战精神。非暴力是无敌的。毋庸置疑的是，我们可以实现这种非暴力，过去二十年的历史足以向我们证明这一点。

甘地的拥护者

问题：甘地

1. 甘地自称为一名务实的理想主义者，而非空想家，他这样做合情合理吗？

2. 甘地的非暴力政策可能不利于当时在印度的英国人，不过，你能构思出另外一种场景，其中他的非暴力政策可能一败涂地吗？

3. 不合作主义和公民抵抗总是能击败敌人吗？

文摘2. G.E.M.安斯康姆：战争和谋杀[①]

由于总是存在诸多小偷、骗子、暴力袭击邻居的人以及谋杀犯，由于缺乏具有足够支撑力的法律，总是存在着成帮结队的盗匪。由于在大多数地方，法律的执行者都要求暴力执法以抵抗违法者，于是一个问题就接踵而至：就统治者以及他们的下属官员而言，究竟何为行使暴力强制权的公正态度？

[①] G.E.M.安斯科姆，"战争和谋杀"，《核武器：一条天主教的回应》，瓦尔特·施泰因编辑，纽约：希德&沃德出版社，1961年，第45~46、48~49、56~57页。

有两种可能的态度：其一，世界是一片专制的丛林，统治者行使强制权只不过是其一种表现；其二，行使这种权力既必要又正确，采用这种方式的世界要比没有这种方式的世界更加有序和安稳，所以我们原则上应为这类权力的存在而感到欣慰。当然，不公平地行使该权力应被视作例外。

有一点非常明确，统治者和法律的存在使得这个世界更为有序和安稳，正如现在所表现的那样，形式强制权对于这些体系而言至关重要——这一切不言自明，可能只有丁尼生的进步观才会使那些不想将自己和世界分离的人认为，尽管如此，这样的暴力依然应当予以反对。按照目前的形势，某一天我们将消除暴力，而和平主义者正是那些预见并追求着这种理想目标的人，这是未来文明终有一天将奋力追求的。然而，这是一种幻觉，要不是感觉上如此亲切熟悉，它简直就是天方夜谭。

在诸如英国这样一个和平守法的国家，统治者似乎不太可能立即需要下达暴力命令，以至于非要将那些反对者置于死地，但是简短地反思一下，事实确实如此。那些反对将武力作为法律支撑的人，他们并不会一味地取缔殊死奋战，也并不总是会因为停止殊死奋战而遭到镇压。

倘若一个权威平息了内部纷争，并在能力范围内颁布法律并约束那些违法者，那么这个权威必须同样抵抗外敌。这些外敌不仅包含了入侵该权威统治之下人民之边界的群体，还包含了诸如海盗和沙漠大盗这样的对象。总而言之，就是那些逾越了国家规定的界线，其行为充满敌意，对该国家造成损害……正如很多其他富有强烈影响力的概念一样，如今的"侵略"概念是一个负面的概念。为什么在一场搏斗中，先发者必然是错误的呢？唯一需要关注的问题是，谁是正确方。

然而，在这里，人类的骄傲、恶意和残酷是那么司空见惯，以至于我们确实得承认，多数情况下，战争仅仅是由双方的邪恶所引发的。正如某个个体，无论其做了什么，他总会认为自己是正确的，而事实上总有那么一个东西是正确的，于是各国都会错误地自以为是正确方——当然，他们也总能找到一个自己正确的理由来。毫无疑问的，帕麦斯顿并没有怀疑过针对中国发起的鸦片战争，这简直恶毒至极，可是他在取缔奴隶贩子时却表现得欣喜若狂。不过毋庸置疑的是，他在一件事上像是恶魔，而在另外一件事上却光明正大。

想必我们可以说战争是不公正的，从军的一生是糟糕的一生，正如圣安瑟伦所言，"与其说它是从军的一生，不如说它是邪恶的一生"。这种可能性要大于另一种可能（也是存在的），既然具备成为警员的资格，其血液中就流淌着恶意和怨恨，因为这正是战争的特性：在极端情况下，代表军队指挥官及交战政府充满恶意地执行不公正的程序，这种行为有时还会收获人民的褒扬而非谴责。与之相同的，一名统治者的一生通常也是邪恶的一生，但这并不意味着，统治本身是如此邪恶的一项活动。

诱惑人们从事战争最大的罪恶在于杀害无辜，这种行为往往免于惩罚，甚至成为参与者的荣耀。很多地方，很多时候，杀害无辜甚至被理所当然地视为发动战争的一个自然组成部分：指挥官，而且尤其是征服者，他们屠杀数以千计的人民，仅仅为了炫耀自己，或者将其作为一种恐怖主义的手段，或是他军事战术的一部分……

对于那些相关意义上被作为非无辜者加以攻击的人，我们所要求的是，他们自身应当参与到这一客观上并不公正的程序中。其中，攻击者有权表示自身的关切，或者，最为常见的情况应当是，非无辜者应当不公正地攻击他。这样一来，攻击者就可以戴着阻止他们攻击的帽子来攻击他们以及他们的供应线和兵工厂，但是那些仅仅以种植庄稼或纺纱织布等为生计的人，他们就对攻击者构成了一个障碍——这些人是无辜的，攻击他们或以他们作为攻击目标从而帮助自己获取胜利是凶狠残暴的。对于谋杀而言，蓄意杀害无辜者要么为了谋杀本身，要么作为进一步实现某个目标的手段。

只有统治者以及那些接受其下达命令者才会以杀戮的视角看待攻击的权力。我必须指出的是，这种权力之所以属于统治者，恰恰因为，正是那些对于人类社会生存至关重要的权威人士施加了暴力强制的威胁……

当前，和平主义教导人们，要对无辜者的血流成河和任何人的血流成河一视同仁，而和平主义正是以这种方式令无数不按其准则行事的人屈服低头。他们确信一些邪恶的事情却没有看到避免"邪恶"的方法，它们对此未设限制。和平主义者不断大声疾呼，所有的战争必须都是死战，而那些发动战争者都必然竭尽科技进步所能以摧毁敌方的人民。相较于英格兰国王亨利五世的法国战争，拿破仑的战争貌似屠杀了更多民众，而事实并非如此：可以说恰恰相反。科技的进步与此并不特别相关，对于那些同一区域大规模轰炸的人而言，说是科技阻止了他们本来惯常进行的手工大屠杀，这简直就是神经质。

在过往的战争中，同盟国采用了毁灭城市的政策，他们本不需要走这步棋，之所以这样做很大程度上是出于罪恶的憎恨感，从该政策也可以推出，他们这样做是为了谋求"无条件投降"这一结果，而

伊丽莎白·安斯科姆

目前，人们对该政策予以了普遍性的诋毁（该政策本身显然就是邪恶的，在当时就是那样，而且也被判定为如此，即便当时没有人能够足够智慧和超脱地预见到结局，该政策所导致的灾难性后果也并不足为奇）。

并非只有和平主义以及对和平主义的尊重，才会让我们普遍性地遗忘反对杀害无辜者的法律。但它确实对此做出了巨大的贡献……

问题：安斯科姆

1. 和平主义是一种合情合理的道德观念，安斯科姆就此提出了哪些反对论点？你对此持何看法？

2. 是否存在任何可使在战争中杀害无辜者这一行为合情合理的情况？

3. 你认为甘地会如何回应安斯科姆？

文摘3. 道格拉斯·拉基：伦理学和核威慑 [1]

假设俄罗斯基于某个理由，或者根本没有理由，首先向美国发起了核进攻。即便在这样的情况下，如果美国以牙还牙同样以核武器报复苏联，这种行为显然还是不道德的。原因在于，美国的报复行为将导致数百万计无辜者的死亡，其目的无非就是实现无谓的报复。现行威慑政策之下，我们要对这类报复和威胁行为做好准备，一旦美国受到攻击，我们有理由确信将会发生这样的猛烈报复。确实，如果我们的威慑持续具有公信力，那么美国面对攻击所做的反应将是半自动

---

[1] 道格拉斯·拉基，"伦理学与核威慑"，《道德问题》，詹姆斯·雷切尔斯编辑，纽约：哈珀 & 罗出版公司，1979 年，第 437~442 页。

的。武器装备的守卫者可以名正言顺地做好各种反击准备，他们这样做的理由是为了保卫我们免受侵袭。他们认为，如果需要实施报复，那么说明威慑体系已然失效。现在，俄罗斯攻击美国，这种行为只会比我们的报复更加不道德。于是，威慑的道德问题需要考虑一下这方面：如果某人采取威胁行为背后的动机是防止某些不道德事情的发生，那么其威胁去做一些不道德的事是合情合理的吗？

不妨让我们思考一些与之类似的情况：

（1）即便杀人者在被杀者还清债务的情况下，压根就没动过要杀害他的念头，但是为了防止某人拖欠债务而以杀人相威胁，这依然是不道德的。确实，即便某人在任何情况下都没有杀人的动机，但是以杀人作为催债的威胁，依然是不道德的。至少在这种情况下，好的结果或出现好结果概率的增加并不足以使邪恶的威胁合情合理。或许，其之所以不够合情合理，是因为这类暴力威胁具有内在的不合法性，或者，假若每个人都经常性地施加如此类威胁（无论为何缘由），这将导致恶果，而由此威胁带来的好的结果确实不能使之合情合理。我会说，即便在一个不包含任何司法制度的自然状态中亦是如此。

（2）有人可能会提出质疑，认为这个案例并不公平，因为该问题中的风险还不够高。如果说为了防止琼斯实施谋杀而以死威胁他，而且这种威胁只有当琼斯真的实施谋杀时才会执行，那么这种威胁是否也同样不道德呢？或许，威慑理论家正是以这种方式实施战略性缓和的。我们不得不承认，在此情况下，以死相威胁并非不道德。事实上，任何人，凡是赞成判处谋杀犯死刑的，其实也就许可了这类威胁，如果其受到正当法律程序的调和，就不能算是不道德。

这个案例的难点在于，它并没有真实地反映出我们当下核政策的结构。我们的政策并非旨在为了防止某个潜在的谋杀犯实施谋杀而以死威胁他,并在他实际实施谋杀的时候将其处死。事实上,我们的政策是为了防止某个潜在的谋杀犯实施攻击而以死威胁某些别的人,而一旦那个谋杀犯果真袭击时,我们又将某些别的人判处死刑。美国人的反击将直指俄罗斯的民众,但事实上,向美国民众发起进攻命令的并非是这些俄罗斯民众。与之类似,如果美国的领导者下达命令向俄罗斯发起进攻,那么俄罗斯的反击将会落在美国民众,而非下达攻击命令的美国领导者头上……在当前的缓和政策中,各方领导人都手持对方人质并以此威胁对方,倘若敌方领导人未满足其所提出的某些特定条件,他就将杀害人质。由此看来,劫持人质的案例是用来分析缓和政策最为恰当的道德案例。

(3) 假如有着世仇的哈特菲尔德和麦科伊这两个家族生活在一个穷乡僻壤,他们根本不可能将争执诉诸于更高的权威。基于各种各样的原因,这两个家族讨厌彼此。不妨让我们假设,他们各自都拥有足以彻底摧毁对方的手榴弹,同时又都没有足够的力量抵御这些手榴弹。这两个家族各自出于自卫的动机,绑架了对方家族的一个小孩并将其劫持为人质。双方都将人质捆绑在一架装置上,一旦附近出现什么响声——诸如手榴弹袭击的声音,还有可能性不大却依然有可能的,捕获人质者自己的手榴弹爆炸,或是附近区域的一声雷鸣,该装置就会爆炸并杀死人质。

我相信,这个案例公平地体现了我们当下的威慑政策。捍卫哈特菲尔德外交政策的人可能会这样为自己辩护:"我们并无意杀害麦科伊的小孩,当然,除非我们受到侵袭。一旦受到侵袭,我们必须不假思索地杀掉这个小孩(否则,这种威慑就将失去公信力),但我们觉得在这些条件之下,基本不太可能发生任何侵袭行为。诚然,存在很小的概率,那个小孩意外死去,但这只是个小概率事件,因此我们完全有理由相信这不会发生。与此同时，相较于没有人质在手，拥有人质可以减少麦科伊向我们发动进攻的概率。如果那个小孩死去了，这也怨不得我们，因为我们完全有理由相信他是不会死的，而如果他活着，我们将因采取了这样一条事实上防止了攻击的政策而受到赞许。"

对此的道德回应显而易见：无论哈特菲尔德抓获麦科伊的小孩是否会获得些什么益处，前者都无权这么做。是的，他们只是威胁要杀害他，但以死相威胁增加了他被杀的概率，而他们并没有增加他被杀概率的权力。哈特菲尔德所采取政策之所以在道德上令人憎恶，是因为，他们为了实现那令人将信将疑的目的而滥用无辜者，以这种方式威慑麦科伊无异于为了避免邻居在路上冲撞你而抓了他们的小孩，并将其绑在你车子的前保险杠上……如果每个人都这么做了，或许交通事故量会减少，总的来说，因此得以拯救的生命会超过失去的生命。或许，我们可以预测，单个小孩死于汽车保险杠的概率微乎其微，可能奇迹般地，没有一个孩子会因此死去……无论其概率大小，也无论其可能性时多么微乎其微，任何一个人都无权用这种方式对待任何一个孩子。然而，当前的美国政策似乎一如既往地正以这种方式利用着整个俄罗斯民众……

（4）前述批评中的关键一步在于，哈特菲尔德家族无权增加麦科伊家族小孩死亡的概率，与之类似，美国也无权增加俄罗斯民众死亡的概率。威胁一旦成真，它就是违法的。这就有可能发生一种颇为有趣的情况，即如果该威胁具有欺骗性，它就是合法的。假设美国说，一旦俄罗斯发起攻击就将予以反击，并且以一切迹象表明它将予以反击（建筑好导弹地下发射井，潜水艇在海底巡航等），可事实上，除了政府的最高官员知道实情以外，没有人知道，所有的美国弹头都处于缴械状态，根本不可能发射。这种情况下，美国并没有施加威胁，而仅仅是貌似威胁予以反击。如果俄罗斯进攻的概率减小，这样一个计划就发挥了良好的效应，它就不具有当前政策的内在的恶。

但是，这样一个计划有着实际和道德上的缺陷。实际的缺陷在于，除非俄罗斯确实发现了这一点，这种伪造的威胁实际将无法构成威慑，根据通常的分析，战争的概率将大幅增加。因此，该计划引发良好结果的可能性并不显著，人们必须在战争概率的降低（如果俄罗斯受到威胁震慑）和战争概率的增加（如果俄罗斯发现该威慑是伪造的）之间保持平衡。此外，如果该计划得以成功执行，而俄罗斯并没有这样一个与之类似的计划，那么这种伪造弹头计划将导致俄罗斯高额且无谓的军费支出，同时还将增加俄罗斯方面偶发性或故意袭击可能性的增加。

自20世纪60年代以来，核战争的发生概率已经大幅下降……我们目前的政策要比以往安全得多，然而，我们并不能因为这些进步，就对当前政策及其蕴藏危险的内在邪恶熟视无睹。相较于在理性人可理解范围之内的其他政策，相互威慑这一政策既不理性，也不谨慎，更不道德……

问题：拉基

1. 思考下述论点：当我们的敌人拥有核武器且不准备解除武装，我们就不能解除武装从而置自己于不利地位。另一方面，如果我们的敌人选择解除武装，我们依然不能解除武装，否则我们将失去优势。由此看来，无论我们的敌人采取何种行为，我们都不会解除武装。就此论点，拉基会做何回应？你会如何回应？

2. 拉基指出，任何人，只要他认为使用核武器合情合理，那么他也相当于认为，将一个孩子绑在汽车保险杠处以防事故发生是合情合理的。

3.1932年11月10日在英国下议院举办的一场演讲中，斯坦利·鲍德温说道："唯一的自卫方式就是进攻，这就意味着，如果你想保护你自己，就要先发制人，比敌人（能够做到的）更快地杀死更多的女人和孩童。"在一个核武器的时代，这样一种战略有意义吗？

问题：战争的道德

1. 阿奎那认为，一场"正义"战争要采用恰当的手段（debito modo）获得胜利。你认为何为"恰当手段"？我们应该在道德和非道德的武器间加以区分吗？

2. "个体有权出于自卫而杀人，一个国家可以基于同样的理由认为其有权发动战争是合情合理的吗？"

3. 支持单边和多边裁军，这两个论点之间应该做何道德区分？

4. 哈特利·肖克罗斯爵士说，在纽伦堡审判中指出："有的情况下，如果某个人也要服从自己良知的话，他就有必要拒绝追随其领袖。"你认为什么时候会出现这种情况？

5. 杜鲁门总统认为对日本发动核战争是合情合理的，请就此进行评论。杜鲁门采用的是何种论点？你在多大程度上同意他的观点？

这个世界会注意到，第一颗原子弹被投掷在日本的一个军事基地——广岛。之所以投掷在那里是因为，我们原本希望这次进攻能尽可能地避免杀害平民，但那场进攻仅仅是对即将发生之事的警告。如果日本没有投降，炸弹就不得不被投掷在其军工企业中，很不幸，数千计的平民将由此丧生。我敦促日本民众立即离开工业城市，以免自己遭到杀戮。

我意识到了原子弹的悲剧性意义。

政府生产和使用原子弹并非易事,但我们知道,我们的敌人正在积极探索原子弹,我们现在也知道,他们已经非常接近于制造出原子弹,一旦敌国首先制造出原子弹,这个国家、所有热爱和平的国家以及一切文明都将面临灭顶之灾。这就是我们必须拥有紧迫感的原因,在发现和生产原子弹方面,我们要进行长期的努力并不惜付出大量不确定且昂贵的劳力。

在这场研发原子弹的竞赛中,我们赢了德国。

我们已经找到了那些曾经使用过的炸弹。在珍珠港毫无预警地袭击我们的人,那些饥饿、殴打、处决美国战俘的人,那些无视国际战争法则的人,是他们率先向我们发动了进攻。我们用它来缩短战争的痛苦,以拯救成千上万美国年轻人的生命。我们将继续使用它,直到我们完全摧毁日本的战争力量。只有日本投降才能阻止我们。

正因如此,英国、加拿大以及美国都在秘密生产原子弹,它们都不打算揭露这个秘密,除非是为了保护自身及保护世界其他地区免于遭受彻底毁灭的危险,这些国家才会不得不寻找控制炸弹的手段。[1]

哈里·S. 杜鲁门

---

[1]《美国总统的公共文件》,1945 年 8 月 9 日(华盛顿:美国印刷局,1961),第 212~213 页。

第六章 美德伦理学

I. 什么是美德伦理学

纵观全书，我一直提到了目的论伦理学理论和义务论伦理学理论[①]两者间的区别，这是一种常见的哲学区别，最早于1930年由剑桥哲学家 C.D. 布罗德提出。前者依据某项行为的结果判定其道德上的正确性，而后者则不管行为的结果如何，只关注行为内在固有的正确特性。尽管如此，正如目前所反复重申的，我们不应忘记一点，目的论和义务论伦理学两者具有一些别的共同点。它们都是道德行为的规范性理论，而且，单就那个方面而言，或许它们在伦理规则的起源方面有所分歧，但两者都一致认为，这世上确实存在一些此类的规则，而道德人必须服从这些规则。更为具体地说，功利主义（采纳经典的目的论）以及康德主义（采纳经典的义务论）都认同一点，即我们判定某特定个人道德与否的依据在于，他在生活中是否遵守了某些大家约定的原则。这些原则或"道德应该"要求我们必须履行所有相关职责，它们是引领我们道德行为的必要指导。我们是否服从这些原则是检验我们是否具有道德价值的试金石。

[①] 见本书第 4~7 页。

人们通常认为，以"美德伦理学"著称的当代运动始于伊丽莎白·安斯科姆于1958年所写的一篇题为"现代道德哲学"的文章。[1]其中，安斯科姆敦促人们，"应该"这一道德观念应被整个儿地从现代伦理学讨论中删除，它是"一种已然普遍消亡的较早的伦理学概念"的遗留。[2]其强调的是道德"应该"——或者正如上一段所描述的，更为精准地说，其强调的是如下这种观点：某些预定的规则告诉我们何为我们的道德职责——她指出，有一种伦理学将取而代之，后者罗列出一系列对于个人快乐、成就或兴旺发达而言必不可少的美德或道德特征。

安斯科姆的该提议被其他很多哲学家所采纳，其中包括阿拉斯代尔·麦金泰尔以及费丽帕·福德。[3]他们一同提出了规范伦理学中的"第三条路"，它并非从职责（无论是怎样生成的）的角度，而是从代理人所展示特征的角度来定义道德行为。换言之，此处，一项行为之所以正确并非因为其遵守了某项道德原则，而是因为代理人展现除了善良的品质特征，诸如慷慨、诚信以及同情。正因如此，在美德伦理学中，如果一个有品德之人在面临道德选择时会采取某项行为，那么该行为就是正确的。

我们以这种方式认定自己道德行为合情合理的观点不断累积，以至于伦理思想发生了真正的改变。我们必须更密切地检查清楚，某项行为

---

[1]《哲学》，33（1958），第1~19页，转载于她的著作《伦理学、宗教和政治》，牛津：巴兹尔－布莱克维尔出版社，1981年。

[2] 同上，第1页。

[3] 麦金泰尔，《追寻美德》，第二版，达左沃斯出版社，1985年；以及福德，《道德哲学中的善恶及其他随笔》，牛津：巴兹尔－布莱克维尔出版社，1978年。上述著作也参考了以下两本实用的合集：《美德伦理学》，由罗杰·克里斯普和迈克尔·斯洛特编辑，牛津：牛津大学出版社，1997年；以及《美德伦理学：一位持批评态度的读者》，由丹尼尔·斯特曼编辑，爱丁堡：爱丁堡大学出版社，1997年。

产生的原因究竟何在。首先让我们回到基于职责之道德的两条核心原则：

1. 如果某项行为以职责而非倾向为出发点，它就是正确的。
2. 如果某项行为促进了最大多数人的最佳利益，它就是正确的。

康德学派职责理念的核心特征在于，当我们遵照被视为**普遍规律的准则行事**时，我们就履行了职责，而服从于诸如"绝不撒谎"这种形式的绝对命令显然排除了任何对于未来结果或个人倾向的考量。让我们再回顾一下那个诚实杂货商的案例。这名杂货商之所以诚实，既不是因为他能以此增加自己的利润，也不是因为他从自己的诚实中获取了快乐，而仅仅是因为他为了履行职责而行事。由此看来，尽管事实上他确有可能从中获得一种"传播快乐的内在愉悦"或者"以满足他人为乐"，根据康德，这些情感的状态并不具有真正的道德价值，从而也不能作为判定某项行为是否道德的依据。① 但这果真如此吗？因为若真是这样，我们就可以举例说，若一名父亲出于爱救自己的女儿，这就不如他出于职责救自己的女儿来得高尚有道德，或者说，我出于职责拜访一名病人要比我仅仅出于友情而拜访他更加值得称赞。通过这些例子，我们是否真的想说，我们采取 X 这一行为的倾向越低，X 所含有的道德价值就越高？

练习 1

在下列案例中，该行为背后的动机是增加还是减少了其道德

---

① 见本书第 217~219 页。

价值?

1. 我希望结束自己的生命,但为了孩子们,我不会这么做。

2. 面对敌人时,我的勇气比你大:你不想逃避敌人,而我想。

3. 尽管我们向贫穷者施舍了相同数量的金钱,我是更具美德的施主:我天生吝啬,但你天生慷慨。

4. 因为没有能力撒谎,乔治·华盛顿始终讲真话这一点没有彰显他的美德。

5. 因为我还钱比你来得困难,因此我偿还债务所彰显的美德更大。

6. 一个受到诱惑的人总是比一个不知诱惑为何物的人更具美德。

功利主义的职责是依据效益原则定义的——无论其是否会为最大多数人生成最大数量的净快乐(愉悦)。[1] 由此,某项行为的道德价值无关乎任何行为动机的估计,也无关乎代理人的特性,而仅仅有赖于行为执行之后其将产生的因果效应。可是,代理人和行为之间的这种脱节本身就招致了问题。即便如此,我们或许还是想说,诸如爱、勇气和慷慨这样的品质是美德,而一个好人将彰显这些美德,他们并不在乎告诉我们那个人是否为好人,因为这只能通过评估其行为是否有助于增加整体上的快乐总量而得以判定。那么,严格意义上说,以坏的动机做好的事,这似乎要好于以好的动机做坏的事:这里起到关键作用的并非动机,而是行为作为一项优化快乐的手段而具有的工具价值,而非内在价值。因此,套用一个老掉牙的例子,一名父亲选择挽救溺水的癌症外科医生而非自己的孩子,这表明,他在衡量当前的

---

[1] 见本书第 99~101 页。

痛苦和未来的幸福之间选择了更大的效益。因此，他做了一件正确的事。

然而，这一结论看起来却非常奇怪。人们立即会提出批评，这名父亲的行为目前看来有违父母之爱的自然倾向，而假如真有父亲确实这么做了，我们不会认为他有道德，而只会觉得他是魔鬼。功利主义者们即便掉转枪头说，相较于挽救著名的医生而言，父母之爱会产生更为巨大的公共利益，他们也无法轻易地回避这种异议，他们可能会解释说，父亲对后代的普遍关爱将生成一个更美好的世界——但与之相应的，这个特定父亲的所为依然是错误的，因为目前，我们并不认为父母之爱本身是好的，它仅仅基于其社会效用才得以提倡。这个孩子依然能够获救并不是因为她是这个男人的女儿：她之所以得以获救，并非因为她被爱着，而是因为她是快乐的源泉，并非因为她是女儿的身份，而是因为她对社会具有更多的普遍价值。

练习2

在下列案例中，该行为背后的动机是增加还是减少了其道德价值？

1. 他可能希望向我们一员捐赠，但我不会从这样一个歹徒手中收钱。
2. 我是一名死刑执行者。我并不喜欢自己的工作，但总得有人做这件事。
3. 你说，如果我杀死这个人，其他的囚犯将得救，但我拒绝这么做：我不能令自己成为谋杀犯。
4. 作为一名医生，我有职责将真相告诉我的病人，正因如此，我已经告诉病人，她明天就会死去。

5. 我们应科学利用死者以造福生者,因为我们不可能羞辱一个既无法感知快乐也无法感知痛苦的人。

这些针对经典义务论和目的论的批评有助于解释为什么安斯科姆对其也多有抱怨,以及美德伦理学为何如此与众不同:在美德伦理学中,代理人的情感具有重要的道德意义。换言之,在美德伦理学中,优先顺序发生了逆转:在判定何为道德正确的行为时,当事人的欲望和情感不再仅仅发挥次要且消极,而是主要和积极的作用。我们知道某些形式原则(比如,"绝对命令"或"最大快乐原则")禁止或允许我们做一些事情,但我们并不借此明确何为正确的行为,而是通过某种方式在自己的内心培养某些感受和情感,从而使我们自然地渴望去做善事,并从中获取快乐。由此看来,做正确之事有赖于品质的教育,因为我们并不会天生去做正确之事,这必须经后天教育获取。这样,一个人出于"忠诚"而对另一个人采取某项行为,并非因为这能为他人带来更大的快乐(即使事实上确有可能如此),也不是因为他的职责要求他这么做:他之所以这么做是因为,忠诚是一种美德,而"保持忠诚"是他作为一名道德人的品格的表现。

II. 亚里士多德的美德伦理学

正因如此,与以职责为中心的道德相反,以美德为中心的道德,其主要问题并不在于"我应该做什么?"而是"我应该成为什么样的人?"而如果其回答是"成为一个有美德之人",那么下一个问题必然接踵而至:这样一个人彰显出来的美德是什么?为了就此做出回答,美德伦理学家们几乎会毫无例外地求助于伟大的希腊哲学家亚里士多德，尤其是他的一本著作，之后我们会对其进行相当的分析，这就是他的尼各马可伦理学。

亚里士多德（前384—前322）生于哈尔基季基半岛上一座名为斯塔吉拉的希腊小镇北部。亚里士多德的父亲尼各马可是一名宫廷医生，也是马其顿阿明塔斯二世的朋友。人们普遍认为，亚里士多德一生热爱科学是源起于这种家庭背景。17岁时，亚里士多德旅行前往雅典，并在柏拉图的学院里与他一起研习，他在那里待了近40年，直至柏拉图于公元前347年去世。此后，他又周游了爱琴海，对海洋生物学进行了研究，结婚，最终定居在莱斯博斯岛上。然而，在公元前343年，马其顿的国王腓力邀请他回来担任其13岁皇储的导师，这位皇储也就是后来的亚历山大大帝。亚历山大在其父亲被谋杀身亡后继承了王位，亚里士多德也就结束了使命并于公元前336年永远地返回了雅典，他一生中最富创造力的时期由此拉开序幕。城市的东北部坐落着一片阿波罗学派的神圣小树林，亚里士多德租下了一些楼房并开办了自己的学校，雅典学园，它和柏拉图的学院一样存在了800年，直至最后，基督教皇帝查士丁尼将其关闭。公元前323年亚历山大去世之时，整个雅典都沉浸在悲痛却强烈的反马其顿情绪中，而亚里士多德被诬告犯有"不虔诚"之罪。考虑到苏格拉底的先例，亚里

亚里士多德

士多德拒绝让雅典"冒犯哲学两次",他带着自己的门徒逃离雅典,来到了埃维厄岛的哈尔基斯。次年,他在那里去世,留下了一份揭示人之本性善良有爱的遗嘱。

1. 幸福伦理学

尼各马克伦理学始于一条一般性陈述,它为所有人设定了动机,其表述如下:"每一种艺术和每一种调查,以及与之相似的,每一项行为和追求,都被视为以某些善为目标。"① 采用"目标"(telos)这个字眼表明,亚里士多德的伦理学立场主要是有目的性和目的论的,而且对他而言,包括道德行为在内的所有人类故意采取的行为都是目标导向的。那么,所有我们社会所指向的这种"善"究竟为何物呢?这里,亚里士多德接纳了以下这种大家一致认可的观点:

> 好吧,名副其实地,这条一致意见相当笼统。"这种善就是快乐",普通人和受过教育的人都这么认为,而且他们将快乐等同于生活得好或做得好。②

"快乐"一词是对希腊词幸福(eudaimonia)的翻译,而从亚里士多德的此前所言来看,它指的不仅仅是一种心理愉悦的状态。若果真如此,我们就不得不认为下述案例在道德上是值得尊敬的:那些

---

① 《亚里士多德的伦理学》:尼各马克伦理学,由 J.A.K. 汤姆森翻译,休·特雷德尼克修订,乔纳森·巴尼斯作序和汇编参考文献,企鹅丛书,哈蒙兹沃思出版社,1981年,第63页。
② 同上,第66页。

快乐但无知的人,那些过着声色犬马生活的人,那些沉溺于他人的谄媚奉承或者财富生活的人,还有那些之前章节中所述的施虐狂式的守卫,他们显然很享受自己所做的事。[①] 这就解释了,为什么亚里士多德小心翼翼地引入了"生活得好"及"做得好"这一概念。因为相较于任何其他东西,幸福(eudaimonia)带有更多的成就感、成功感以及享乐主义的快乐标准中并不包含的道德美。当代的美德伦理学家将其称作为繁荣的条件。就此来看,幸福(eudaimonia)是灵魂的一种动态条件:它要求我们发挥作为人的最大潜能和能力,通过这种状态,我们才能作为道德个体而蓬勃发展。

在否决了这一系列更为我们所熟知的快乐理念之后,亚里士多德开始了他的自述,并以其目的论观点的一项核心原则为起点:目的和功能的概念。

> 如果我们以一名横笛吹奏者或一名雕塑家,或者任何艺术家为例——或是一般而言,拥有某项特定功能或从事某项特定活动的任何一类人——人们认为他的善良和精通在于其功能的履行。
>
> 如果某个人具有某种功能,那么这一点也就同样适用于他,然而,有可能工匠和鞋匠拥有某些功能或从事某些活动,但不

亚历山大大帝的马赛克

[①] 见本书第 109~112 页。

具备这些的人难道就天生地被遗忘成为一个无用之人吗?①

亚里士多德此处问的是人类是否具有某种独特的"功能"(ergon),只有这些人可以履行这些功能,或者他们履行该功能要优于别的任何人。②当然了,人体的特定器官有着各自特定的功能——眼睛是用来看的,耳朵是用来听的,胃是用来消化的,诸如此类——如果它们各司其职,良好地履行了各自特定的功能,我们就有权称其为"好的"。可是,人类之存在的与众不同的功能(ergon)又是什么呢?亚里士多德认为,这种功能不是简单的生存、营养、成长以及感官知觉,原因在于,所有这些也都存在于马、牛以及其他种类的动物之中。然而始终存在着这样一种最后的可能性:人类理性,这体现在两大方面:①人的推理能力,以及②人服从理智的能力。

这恰恰是亚里士多德阐述伦理德行的转折点。如果 X 具有某种特定且独一无二的功能,那么 X 的优点或"美德"(arete)将有赖于其是否发挥了这种美德。我们已然将理性确定为将人区别于其他动物的特征,那么理性在德行生活中——以前述的两种方式——发挥着作用。不过,这并非一种纯粹的贬低自然欲念的理智主义。与之不同,人类所有的显著个体属性都发挥着作用,否则的话,我们就不可能实现永恒的满足感。正因如此,我们所要求的以及只有人类有能力做到的就是过一种人的冲动和激情有意识且有理性地得以控制及引导的生活。亚里士多德警告说,这可能不会立即发生,它仅仅出现于"完整的一生中",③但我们至少知道应该采取哪个方向。人类行为的"目的"

---

① 同上,第 75 页。
② "ergon"一词也可被译为"工作"或"任务"。
③ 同上,第 76 页。

是快乐，而快乐是"一种与美德相一致的灵魂活动"。正因如此，达到幸福这一终极目标的手段是美德：一种被视为人类最高属性得以有效运作或幸福安乐的美德，即他的理性。由此我们明白，美德是人类为了过上美满生活和蓬勃发展所要求的一项重要品质。

2. 伦理德行

现在，亚里士多德伦理学的区别性特征也就非常明显了。道德生活并非架构在强加于人的规则之上，而是基于个人追求幸福（eudaimonia）的动机。这种目的论式的对幸福的渴望进一步揭示了一点，即过道德生活并非是人的一种自然状态，它是只有通过实践才能获取和发展的：只有以让自己良好运作的方式运用我们的理性，我们才能蓬勃发展。

目前，我们在两个意义上拥有理性——通过推理的行为以及服从理智——这两者中任何一个的良好运转都会引发两种类型的美德：智力的美德（比如，智慧、理解和才智）以及品质的美德。要过上快乐的生活，这两者缺一不可，不过其中后者和伦理德行（ethike arete）以及诸如慷慨、自制、英勇、宽宏大量、公正这样的品质尤其相关。正如我们所见，为了获得这些品质，我们必须通过运用理性来自律和训练我们的感情和冲动：这些情感本身既非善也非恶，它们不过是一些原材料，我们可以通过教育和理性的

马其顿的腓力

控制从中创造出好和坏的品性。那么，我们先来讲讲做善事的能力，但是要知道，只有通过实践，我们才能获得善良意志，这很大程度上类似于人们"通过良好的建造工作而成为好的建造师，通过糟糕的建造工作而成为差的建造师"①。换言之，训练可以使一种能力转化为一种习惯，而通过习惯，美德变成了我们自己内在的一部分。由此看来，我们通过反复执行正确的行动而获得了正确的性格类型，从而作为个体得以蓬勃发展。

3. 中庸之道

现在，让我们来谈谈通常被视作亚里士多德对伦理学理论做出最重大贡献的部分。下面我们想知道的是，人们应以何种方式运用自己的理性，从而可以区分行为和品质的是非善恶。亚里士多德在回答这个问题时引用了希腊人对健康问题进行思索时一个司空见惯的模型。这是中庸的理念：不足和过量都会招致损害，而与之相应的，健康是一种"自制"或者平衡的状态。

> 运动过量和运动不足都会摧毁一个人的力量，饮食过量或不足都会损坏健康，鉴于此，恰如其分的量才能生成、增加和维护健康。这也同样适用于自制、英勇和其他各种美德。一个人若逃避和畏惧任何事物，不敢勇敢面对任何事物，他就成为一个懦夫，一个人若无惧任何事物，面对每一种危险都迎头而上，他就成为一个有勇无谋者。②

---

① 同上，第92页。
② 同上，第94页。

亚里士多德此处告诉我们的是他著名的中庸之道,其中指出,有道德的行为是介于两种极端情况之间的中点,而与之相应的,只有当"具有实践智慧之人"(the phronimos)选择了中庸的行为,才能获得正确的功能,也从而能够避免出现过度或不足的极端情况。正如我们饮食过多或不足都会损害身体一样,过多或过少的付出自然冲动或感情也会损害我们的灵魂:需要重申的是,美德处于中间状态。由此,展示出平衡和均衡的那类训练能增进我们的好习惯,从而帮助我们获取美德。于是,亚里士多德得出了伦理德行的正式定义:"它是居于过量和不足这两种恶之间的中间值,之所以如此是因为,它致力于击中感情和行为的中点。"①

铸有亚历山大头像的硬币

我们不得不说,亚里士多德的论点极易遭到误解。尤其值得注意的是以下四点:

(1)首先要说的是,道德中点并不等同于数学均值,即数字 3 恰好是 1 和 5 之间的平均值。亚里士多德并没有说每个人的中点都一模一样,其具体值取决于个体代理人的情况。就拿吃来举例吧,一名训练有素的运动员,其合理的摄食量肯定不适用于一名学校的图书管理员。

这一点同样适用于英勇的美德,亚里士多德将其归为介于轻率鲁莽(过头)和怯懦胆小(不足)之间的中值。和前述的摄食量一

---

① 同上,第 108 页。

样，这里所谓的英勇行为也取决于实际的情况。一名中年妇女在面临暴力威胁时所表现的英勇在一名面临相同情况的重量级拳手看来肯定不算什么。如此看来，究竟什么才算得上一种美德，对此的评估始终是相对于我们自己的，同时这也因人而异。不过，我们在这里也得小心谨慎。亚里士多德的相对主义并不是说，对于索菲而言好的事物就是索菲认为对自己好的事物。重申一点：尽管美德是相对于我们自己而言的，但它"由一项理性原则所决定，是由一个谨慎之人（phronimos）运用该理性原则而决定的"①。于是，所谓的谨慎之人（phronimos）——"拥有实践智慧之人"——是一个能够通过运用中庸之道，在道德情境中正确推理的人，他拥有一定数量的道德知识（phronesis），并且不仅能将该知识运用于自身，同时也能将其运用于索菲。只有谨慎之人（phronimos）能够决定索菲应该执行的正确理性原则，可能连索菲自己都做不到这点。尽管如此，这条规则依然仅仅与索菲以及她所处的情境相关，我们不能将其作为一条适用于任何人的具有普适性的伦理原则。

（2）第二点需要注意的是，亚里士多德的中庸之道并不必然建议我们的所有行动和感情都需要适度有节制。比如说，他就不建议人们在生气的时候还能确保中庸，即我们在生气时永远不能超过适度的范围。确实，在有些情况中，强烈的愤怒或者极度的怜悯才是恰当的反应。举例来说，当你目睹了骇人的不公或残暴时就会表现极端的情绪。正如亚里士多德所解释的，所谓中庸是指那些"在正确时间，基于正确理由，以正确方式，为了正确动机，向正确的人"② 所拥有的感情，因此，一个有道德之人有的时候会表达出极端的情感并以此作为

---

① 同上，第 101~102 页。
② 同上，第 101 页。

一种恰当的回应。

（3）我们需要意识到的第三点是，中庸之道仅可适用于那些具有一种价值尺度的行为或情感，即确实存在从过量到不足的一系列可能性。于是，亚里士多德写道：

> 然而，并非任何一种行为或感情都允许中值的存在。因为有些行为和感情的名字就直接表露了其邪恶，诸如恶意、无耻和嫉妒，还有属于行为类的通奸、偷窃以及谋杀。所有这些，还有更多诸如此类的被称为本性为恶，它们并非因为过量或不足才为恶。那么，在这种情况下，采取正确的行动是不可能的，它始终都是错的。

希腊邮票

（4）我们要说的第四点也是最后一点是，由于美德是一种按照某种方式行为的倾向——由于追寻快乐是有目的性的——界定道德行为的，并非是对中庸之道的外在服从，而是一种行善事的内在渴望。正因如此，我们必须在合乎道德的行为以及采取与道德相一致的行为这两者间做出区分。

> 诚然，一个公正或温和有度的人所采取的行为被称为公正和温和有度，但是令该代理人公正或温和有度的却并非只有他们采取此般行为的这一事实，而在于其按照公正且温和有度之人的行

事方式采取行为这一事实。[1]

换言之,知道何为中庸并亦步亦趋是不够的:一个人还必须有意识地选择这样做,犹如一种意志的自由行为。因此,一个有道德之人并非一名中庸的机械工,他追随中庸是因为其为中庸,是因为他知道,只有通过这种方式采取行为,才能达到其存在的"目的"——作为达成特定目的的特定手段,这是他最为渴望的,胜过一切——实现愉悦和快乐。这就使两类人形成了有趣的鲜明对比,第一类人根据职责做了 X 并压制自己内心不这样做的欲望(道德代理人的康德模型),第二类亚里士多德模型下的人不加挣扎地做了 X,他们是出于快乐之感才这样做的。亚里士多德的案例倒不是将内心渴望作为道德上毫无价值的东西排除在外,只不过在其中,动机和行为两者和谐地相依相扣;做令他感到愉悦之事也恰使其富有道德,而做善事已经成了他的自然倾向。正因如此,这个人是真正幸福(eudaimon)、快乐的。

4. 亚里士多德的伦理学

现在,亚里士多德只需根据其中庸理论对各项伦理德行进行分类了。他接受一点,即我们并不总是能赋予其中每项伦理德行一个精准的名字,但是广义上说,他将其分为三大类,各自分别侧重于感情或行为:①有三种美德与恐惧、愉悦和生气这些基本情感相关(勇气、自制以及忍耐);②有四种美德与人类的两大主要追求相关,即对财富和荣誉的追求(在面对蝇头小利和金山银山时所表现的慷慨和

---

[1] 同上,第98页。

高尚,在面对高低不等的荣誉时所表现的宽宏大量和适度的上进心);③有三种美德与社会关系相关(真诚、智慧和友谊),还有最后两项美德,严格意义上讲,它们还根本不算是美德(谦逊和义愤)。这些准美德包含更多的感情状态,它们因为普遍受到赞扬而通常被视为美德,但其实这完全有赖于其出现的情境,而真正的美德并不需要有赖于此。以上分类还可以进一步细分,比如说,除了介于怯懦和鲁莽之间的道德勇气之外,还有五种不同类型的勇气,它们分别是:①公民或政治勇气;②源于经验的勇气,比如一名专业军人所拥有的勇气;③由愤怒或疼痛激发的"最为自然"的一类勇气,人类自然对此有所体验,但我们发现这最多体现在动物之中;④源于多血质或热血气概的勇气;⑤源于无知的勇气,这也是最不具有持久性的一种勇气。

练习 3

以下表格罗列了亚里士多德对各种善和恶的分类。请填补空白并对照脚注中的完整清单检查自己的答案。①

范围	过量:恶	适中:美德	不足:恶
恐惧和自信	鲁莽	勇气	怯懦
愉悦和痛苦		温和自制	冷漠无情
索取 & 付出(小)		慷慨	吝啬
索取 & 付出(大)	粗鄙	高尚	

---

① 恐惧和自信:鲁莽、勇气、怯懦;愉悦和痛苦:放荡、温和自制、冷漠无情;索取 & 付出(小):挥霍、慷慨、吝啬;索取 & 付出(大):粗鄙、高尚、褊狭;荣誉 & 耻辱(小):野心、上进心、毫无抱负;愤怒:性情暴躁、忍耐、缺乏精神;自我表现:自吹自擂、真诚、谨慎性陈述;交际:插科打诨、机智、粗野笨拙;社会行为:谄媚/奉承、友好、刚愎自用;羞耻:羞怯、谦逊、无耻;愤慨:嫉妒、义愤、以恶为乐。同上,第104页。

荣誉 & 耻辱（小）	野心	上进心	
荣誉 & 耻辱（大）	虚荣心	宽宏大量	
愤怒	性情暴躁	忍耐	
自我表现		真诚	谨慎性陈述
交际		机智	粗野笨拙
社会行为	谄媚/奉承	友好	
羞耻		谦逊	无耻
愤慨		义愤	以恶为乐

亚里士多德所处的文明希腊时代最为推崇一系列品质，而他对各项美德所做的分类就是这方面一本富有启发意义的指南，他采用的方法也为其老师柏拉图提供了一种颇具影响力的备选方案。正如我们在他与克里托的谈话中所见[①]，柏拉图作为一名义务论者指出，某些规则和义务具有高于一切的重要性——诸如"永远恪守承诺"——无论结果如何，道德行为必须与之相符。相比之下，亚里士多德是一名目的论者，因而其观点指向道德行为的终极目标（幸福 eudaimonia），他认为道德行为并非受制于绝对的标准，而是具有实践智慧的个体（phronimos）理性和自由选择的结果，这种行为是他们在某种特定情况之下的中庸之道。再一次地，亚里士多德所谓相对主义的含义趋于明显：中值是相对于当事人及相对于其所处情况的。换言之，我们运用理性知道，对于我们而言，该中值到底位于哪里，我们又理性地控制自身感情和欲望，从而实现该中值。那么，根据亚里士多德的概念，我们本性中激昂和理性这两方面间并不存在冲突：可以说，理性

---

① 见本书第18~27页。

和情感交织在一起，共同作用，作为美德促使我们蓬勃发展，从而也实现了我们人类应有的功能，我们的快乐幸福也才能得以保障。

练习 4

下面是所谓善与恶的另一种分类。在这些案例中，"善"与"恶"这两个词汇用得恰当吗？这些信念屡见不鲜，它们可能具有一些社会文化根源，对此你是如何看待的？

1. 性欲是一种恶。
2. 获取金钱是一种善。
3. 学问太多是一种恶。
4. 不服从是一种恶。
5. 竞争是一种善。
6. 爱你的邻居是一种善。
7. 翻脸无情是一种恶。
8. 单独行动是一种恶。
9. 欺骗是一种善。
10. 拥有一辆汽车是一种善。

Ⅲ. 对亚里士多德伦理学的一些批评

亚里士多德已经就何为美德给出了一份系统且连贯的分析。他指出，只有当美德能引发或有助于生成人类幸福（eudaimonia）时，才算具有重要的道德意义。而且他还得出一条结论，这些美德都可以通过特定的道德教育培养和获取，在这个过程中，理性和情感交织在一起，促使我们作为道德自我得以蓬勃发展。值得再次重申的是，该论点对道德行为构成了一次卓越非凡的再评估。我们不再通过代理人对普适原则的唯命是从或者效益最大化原则来界定一项道德行为，取而代之的是，我们通过代理人自身的品质特征对行为加以评估：该行为是否揭示了代理人选择的倾向，是否表明代理人采取了中庸之道？换言之，这里的正确行为并不源于正确的规则，而恰恰相反：正确的规则由有德者的行为所产生，因此在这个意义上，它是与特定情境相关的。

然而，亚里士多德的立场也面临一些问题，我们现在就对此探究一番：

1. 亚里士多德的功能论点

亚里士多德指出，人类与众不同的功能（ergon）在于其理性的理论及实践活动，而与之相应的，德行生活中必须行使这种独一无二的能力。从表面上看，这似乎很有根据：毕竟，我们不会仅凭一个人能吃得好或繁殖得好就认定他是好人。通常而言，我们确实认为，道德行为的履行需要某些凌驾于动物性功能之上的东西。但是，除了这个显而易见的事实之外，有一系列理由表明，亚里士多德的主张似乎难以为继。

首先我们要注意一点，所谓人类具有特定功能的论点诠释了亚里士多德对于自然世界的"目的论"观点，其中创造活动总是带有目的的，没有什么东西生于偶然。在后达尔文年代，这种观点似乎不再那么可信，而亚里士多德眼中井然有序且积极进取的世界很大程度上被一个更为残忍野蛮和偶然随意的世界所取代，后者没有什么内在的目的，它只服从于自然选择事件。然而，即便我们为了论证亚里士多德的观点而承认，理性人所独有的——要撇开那烦人的程度高低不说，其实所谓的"低等"动物也拥有理性——X 具有某种独一无二的能力特征，单凭这个事实并不意味着，X 只有当行使该能力的时候才会感到快乐或满足。比如说，人类还具有其他一些具有区别性的特征——比如，他们能建立集中营，积压怨愤，书写诗歌以及修理洗衣机——但我们并不会说，因为这些是人所独有的，所以它们就是好的和值得拥有的。我们也不会说，它们最显著的特点就必然是其最好的方面。同样地，我们也并不认为，因为女性具有生育孩子的特殊能力，就说还没当妈妈的女性就无法获得成就感，就不能快乐，就永远难以发展。

还有一个事实不容我们忽视，一方面，推理能力往往有助于一个人获取快乐，打开它否则无法进入幸福之门，但另一方面，这种能力有时也会增加他的苦恼（还有其他种种不幸），他可能会因此更加意识到自己的智力不足，更加畏惧未来，诸如此类。最后，我们会注意到一点，在哲学的历史中，就道德的主要成分而言，还存在着数个同样貌似可信的说法，下面让我举其中一例。和启蒙运动时期的其他众多哲学家一样，在哲学家大卫·休谟看来，道德判断是由某种特别的自然本能所生成的，他将其描述为一种对其他快乐及痛苦的共鸣和同感。理性当然扮演了一定的角色，尤其是在评估我们的道德行为所产生的结果时，但正如亚里士多德所言，它并非道德的来源。休谟说道，道德之源在于我们对身处困境的同胞给予富有同情心的回应。[1]

---

[1] 具体参见休谟《有关人类理解和道德原则的询问》，由 L.A. 塞尔比 - 比格编辑，第三版由 P.H. 尼迪奇修订，牛津：克拉伦登出版社，1989 年，第 272~274 页。

练习5

将以下所列各项按价值大小（1～10）进行升序排列，并将你的答案和他人进行比较。有关幸福的本质，该练习告诉了你些什么？

1. 尽管……我依然感到快乐
2. 失去朋友
3. 失去财富
4. 失去一个臂膀
5. 失去视力
6. 失去安逸
7. 失去书籍
8. 失去自由
9. 失去国家
10. 失去自尊

2. 中庸之道

伦理德行（ethike arete）是一种依据中值采取行动的倾向，或者，更为精准地说，具有实践智慧之人（the phronimos）将能感知到中值位于何处，他有着正常的人格状态并倾向于采取相应的行为，也就是道德的行为。中值始终都是我们对内心情感及欲望的理性驾驭，无论是在情感还是行动中，它都引领着我们以不偏不倚的方式采取行为，既不极端过量，也不极端不足：采用中值使得我们作为人类得以蓬勃发展。我们通过拆分该论点能看到，亚里士多德的这个论点包含两方面：①它告诉我们何为美德，即一种介于两种恶之间的中间状态；②它向我们提供了一种能获取美德的方法，即以一种既不过量也非不足的方式采取行动。换言之，亚里士多德向我们指出了两点 a) 何为好人的解释，以及②对人而言何为好的解释。然而，他的理论在这两个方面都遭到了质疑。

伦布兰特：抚摸着荷马半身像的亚里士多德

（1）针对亚里士多德所列美德清单提出的最为普遍的一项批评是，它同时包含又排除了过多的东西：它包含了一些我们通常并不视作道德的项目，又排除了其他一些我们本期望罗列在内的项目。因此，我们在尺度表的一端发现了诸如勇气、克制和亲和这样的品质，我们很难想象，这些品质在任何人类社会中会不受重视，而在尺度表的另一端，我们又发现了一些美德，在基督教思想的影响下，我们对其的当代理解截然不同。中世纪的神学家跟随柏拉图的主张，认为一共存在着四种自然美德——智慧、勇气、自制以及正直——将其中前两者转化成其近亲：谨慎和刚毅。不过，他们还补充了神学三德——有理、有望、有爱（caritas）——其中每一者都和亚里士多德的思维方式互不相容。亚里士多德的典范式人物是一名杰出且从容悠闲的雅典绅士，独立自主且关注自身利益。正因如此，《新约全书》将一项品质称赞为美德——谦逊——在亚里士多德的分类模式中，这接近于一种恶。亚里士多德尊崇高等的社会地位、积极的上进心、财富，以及对公共项目朴实无华的资助，反之认为贫穷或一贫如洗毫无诱人之处。基督教则与之不同，它视金钱为美德的有力阻碍，歌颂失败者的心态。亚里士多德称赞义愤为一种美德，而基督教认为含忍耻辱不予回击才是对的。难怪阿拉斯代尔·麦金泰尔在其饱受赞誉的《追寻美德》一书中得出这样一条结论："亚里士多德当然没有尊崇过耶稣基督，他肯定被圣保罗给吓坏了。"[1]

亚里士多德采用中庸之道罗列的美德清单在其他一些方面也令人困惑。比如说，我们被告知，有一些行为（比如通奸、偷窃以及谋杀）及一些情感（比如恶意、无耻和嫉妒）其本身就是邪恶的：在这些特殊情况中，"不可能存在正确的行为，这个人始终是错的。"[2] 这是否与中庸之道有所矛盾——因为，貌似现在并非所有的品质缺陷都由过量或不足所致——不过，稍作调整就能拯救亚里士多德的论点。毕竟事实上，他的美德图表（如上所述）不仅阐明了恶意、无耻和嫉妒属于过量或不足，根据他的模型也不难解释，通奸、偷窃以及谋杀也

---

[1] 达克沃斯出版社，1985年，第169~189页。有趣的是，麦金泰尔还将亚里士多德和简·奥斯汀（她强调了坚贞和亲切）及本杰明·富兰克林在其自传（他引用了自制、沉默、秩序、决心、节俭、勤勉、诚挚、正直、中庸、洁净、平静、贞洁以及谦逊）中所列的美德清单进行了比较。

[2] 同上，第102页。

在此列：它们分别是过度的性行为、过度的占有欲和过度的愤怒，但如果说这些绝对的恶能经过调整而匹配中值，那么其他一些恶就不那么容易在其三折模型中站稳脚跟了。举例而言，正如亚里士多德所描述的，"以恶为乐"（或怨恨）以及嫉妒的极端反面是"设身处地为我们的邻居着想，与其感同身受"[①]。采用中庸之道，我们会说，如果有人遭到冷漠对待，有德之人（"义愤填膺"者）就会为此感到苦恼，嫉妒之人则会跳过他，而为任何他人的成功走运感到苦恼，怀恨在心者对此则丝毫没有苦恼之情，倒是窃窃自喜。然而，这显然是错的，面对此景没有苦恼而只有欢愉之情，这似乎非常荒谬，不仅如此，即便说一个怀恨在心者在别人进展顺利时感到欢欣鼓舞，这貌似同样是错误的，更加可能的情况是，他们会在别人表现不佳时才感到快乐。不过，这还不是亚里士多德的分类中唯一令人难以信服的案例。比如说，我们就很难接受，鲁莽的极端反面是怯懦，与其说是怯懦，倒不如说是过分谨慎更好些，而与之相应的，勇敢的美德更适于作为怯懦和不假思索之无畏两者间的中值。与之类似，如果说作为中点的中值总是比端值本身更接近端值，那么我们就很难看明白，一个小丑是如何更为接近一名智者，而非一个莽汉的。

（2）但是，或许针对亚里士多德的中庸之道所提出的最为重要的批评在于，它似乎无力指引我们做出道德选择。我们所被告知的中值是由具有实践智慧之人加以鉴定的，可我们又该如何鉴定这样一个人呢？我们恰恰是通过他鉴定了中庸之值这个事实来鉴定他的，这显然毫无用处，若如此，那么由中值生成的美德清单也不会对我们有什么帮助。遵照亚里士多德的雅典模型，即便一个彰显了勇敢、忍耐和

[①] 同上，第106页。

真诚的个体真的就是一个有德之人，而且他或她通过彰显这些美德而成为道德个体得以蓬勃发展，可一旦面临某个特定的道德两难困境时，这依然起不到什么实质性的作用，原因在于，或许在你所处的情境中，这样的品质特征可被视为美德，但在我所处的情境中，它们并不必然仍旧被视为美德。通常情况下，一个自由斗士被认为具有英勇的美德，但若此人被视为恐怖分子时，情况就截然不同了：在某种情况下被视为善的，或许在另一种情况下就被视为恶，比如说英勇变成了怯懦。与之相似，如果说真话始终是一种善，那么我们应该可以由此推断，撒谎始终是一种恶，即便不难想象，有些情况下显然并非如此。难道我们能说，无论病人的健康状况或心理状态如何，医生必须始终说真话吗？当然，这条批评是一条司空见惯的批评，其对象是任何在形式上具有相对主义的道德，但在亚里士多德的案例中，这并不足为奇，这条批评之所以适用，不仅仅因为道德代理人所处的情境可能发生变化，还因为即便在情境未发生变化的情况下，代理人的品质特征同样也可能有所改变。我们还记得，对于亚里士多德而言，美德是一种后天养成的习惯，而非内在的本性：它不是一个人与生俱来的，而是为了实现追寻快乐（eudaimonia）的目的而量身定做的一种动态品质。由此看来，我们产生以下这一推论也似乎合情合理，即当我们对快乐这一概念的理解发生了变化，那么目前被视为有助于我们道德繁荣的良性习惯也有可能随之变化。与之相应，在一生之中，被我们尊崇为美德之物也会一直发生变化。因此，亚里士多德笔下那天赋美德的典范式有德之人（phronimos）并不能被视作道德危机情况下可靠的行动指导者。原因在于，这名道德圣人的品质特征并不是静态的，而是不断变化的，这不仅取决于他概念中的快乐为何物，也取决于他自己身处的具体情境。

值得强调的是在此发挥作用却似乎不甚可靠的教育原则，让我们不妨称其为效仿法吧。如果说品格德行是后天获得的习惯，那么，正如人们通过良好的建造工作而成为好的建造师，人们通过良好的行为而成为有德之人。从这个意义上说是熟能生巧：一个人通过做正确之事而养成正确行为的习惯。[1] 这就解释了，为什么对于亚里士多德而言，一个人受到怎样的教育，以何种方式被抚养长大是至关重要的，这就是"我们从最早阶段形成的一种习惯"[2]。我们必须通过教育方能知道，哪些倾向被视作美德，而哪些倾向并非如此——也就是说，它们是否有助于增进我们的幸福（eudaimonia）——而在这里，我们必须得到具有实践智慧者（phronimos）的指引，他们在这件事上的自身经验使其成为我们最值得信赖的行为榜样，但这还是很难成为一项教育原则，因为正如我们所提过的，这个具有实践智慧者还远不能向我们提供一条能够用来判断各种不同幸福（eudaimonia）理念的标准，他本人也受限于自身对其的理解——怎样才能最好地实现快乐——他将推荐一种特定的教育方法来实现快乐，而他自身可能就是这种方法的产物。比如说所谓的贞洁美德，如果说它指的是不能拥有婚外性行为，那么在我看来，这可能是一种美德（取决于我的成长环境），但你可能并不这么认为（取决于你的成长环境）。在这里，我们不同的教育背景导致我们对幸福（eudaimonia）的理解各不相同，这些理解由数个不同系列的忠告和建议组成，而这意味着，它们是由不同的具有实践智慧者（phronimos）所提出的。那么，我们如何能说，对人而言，存在着一种以某些亚里士多德之美德为特征的德行生活

---

[1] 亚里士多德注意到，希腊语中的"品质"（ethos）一词其实只是对"习惯"或"惯例"（ethos）这个词略加改变。
[2] 同前，第92页。

呢？事实上，似乎存在着多种不同类型的生活，我们或可将其都称为"德行"的生活，而富有道德的行为并不有赖于某个职业或情境。若果真如此，那么美德的概念将无法决定所执行行为的道德与否。由此看来，作为道德行为的准则，亚里士多德说的"如一个有德之人那样行为"依然显得徒劳无益。

练习6

你认为下列人中，哪些值得你效仿，为什么？他们拥有（如果存在的话）哪些共同的品质特征？他们每个人展现的美德能否按照重要程度进行排序？请给出理由。

苏格拉底

摩西

穆罕默德

甘地

亚伯拉罕·林肯

比尔·克林顿

阿诺德·施瓦辛格

泰格·伍兹

莫扎特

玛丽·居里

奥斯卡·辛德勒

比尔·盖茨

Ⅳ. 现代美德伦理学

现代的美德伦理学倡导者一如既往地深深受到亚里士多德伦理学教条的影响，而且他们和亚里士多德一样，毫无例外地将重点放在品质特征及个人动机的主要地位上。正因如此，他们同意，我们在评估行为是否具有道德正确性时依据的不是石头般恒定的原则，而是我们对何为一个好人或者"有德"之人的普遍观念。他们指出，这更为生动逼真地勾勒出了个人在其日常生活中所做道德决定的景象。当人们做出一项道德决定时，他们首先做的不是去查阅一本康德义务论或功利主义目的论的指南，他们内心渴望去实现自认为的道德品质：诸如仁慈、慷慨、耐心、勇气、忍耐等这样一些品质，而其道德决定就受此指引。这就是他们的动机——是其行为背后的情感力量——而这又衍生出了极具重要意义的副产品，即通过美德的培养，个人实现了快乐并得以蓬勃发展。蓬勃发展并非美德的奖赏，更为精准地说，它是美德的一个组成部分，差不多就如枯萎凋零正是恶的一个组成部分一样。正因如此，一个具有美德之人是一个充分意识了自身潜能的人。

然而，现代美德伦理学并非毫无二致，我们需要区分以下两种不同版本的美德伦理学：

（1）美德伦理学最为极端的形式倡导该理论的替代版本，其同意安斯科姆的观点[1]，即所有关于基于规则之义务的概念都被一概否决，这些概念被认为是难以理解的或多余的，应该由基于代理人的"意图""品质特征"及"美德"这些概念取而代之。换言之，对正确性的一切评判都可以还原为对品质特征的评判。从这一观点看，我们不

---

[1] 见本书第 274 页。

能以目的论或义务论的"道德应该",而是以我们现实生活中的道德典范的示例来界定道德的正确性,这些道德典范所拥有的优秀人格也证实了其德行的品格。然而,这一激进版本的美德伦理学基本上遭到了摒弃,这不仅是因为它同样经不住之前向亚里士多德提出的诸项批评的考验,另外由于不同的文化体现了对快乐这一概念的不同理解,以至于在对美德的理解方面出现了多种互相敌对和矛盾的诠释。那么,我们该如何鉴定何为一种伦理德行呢?同样地,我们该如何判断何为蓬勃发展的条件呢?如果说蓬勃发展是关乎美德的必要条件,那么某个人的相对化必将导致另一个人的相对化,并最终得出一条结论,即在特定的情况下,有可能存在某些恶,其并不会导致枯萎凋零,同时也可能存在某些善,其并不会促成蓬勃发展。最后一点,在此替代理论中,一旦出现了各项美德互相冲突的道德情境,这些美德似乎并不能提供什么实际的指导(比如说,诚实与仁慈间出现冲突,忠诚与正直间出现冲突)。

(2)美德伦理学还有一种更为温和且更为普及的形式,即该理论的**简化版本**。该方法完全没有试图彻底摒弃义务论和目的论的伦理学理论,它仅仅主张,相较于这些,对美德的评价有着伦理上的优越性,也就是说在这里,只有对正确性的一部分评判可以还原为对品质特征的评判。于是,根据罗莎琳德·赫斯特豪斯的观点[①],某种美德伦理学并不能妨碍我们对于某些道德绝对真理的理解,诸如"撒谎在道德上是错误的"或"一个人应该恪守承诺":关键点在于,这类有关道德行为的一般准则可以在某些体现心理幸福感的词汇中找到合理性。由此看来,撒谎之所以错误是因为这样做是不诚实的,而不诚实

[①] 参见赫斯特豪斯,《美德伦理学:一名富有批判性的读者》中的"美德伦理学与情感",丹尼尔·斯特曼编辑,爱丁堡:爱丁堡大学出版社,1997年,第99~117页。

是一种恶，而我们不能违背诺言则是因为它与忠诚的美德相抵触。与之相应的，人们认为道德评判的绝对准则源于对美德的评价，但后者并不能替代前者。

这种形式的美德伦理学显然更为成功。当然了，美德伦理学更为激进的替代版本所遭遇的普遍质疑对它而言也不复存在。原因在于，如果现在我们承认存在着某些绝对的道德评判，即无论我们的倾向或欲望如何，都会做出这样的道德评判，那么我们就不能说，该版本仅仅通过判定有德之人会采取什么行为来达到快乐，从而来评估何为道德正确之事。至少从某种程度上说，美德这一理念避免了转化利己主义需要付出的代价，从而深深根植于某些并非由个人系统阐述的规则或原则。

但假如我们真这样做了，那么美德伦理学还有什么与众不同之处吗？即便不乔装打扮，美德伦理学又能道出些什么其他伦理学理论未做阐述的东西吗？需要重申一点：美德伦理学的区别性特征在于，它认为理想的道德代理人会基于直接的内心渴望采取行动。那么，我们为何不能将这些内心的渴望解读为一种符合某些原则的行为倾向呢？这样一来，美德不就是有赖于他者并从他者衍生而得的了吗？举例而言，如果我们认为应该坚持为最大多数人争取最大总量利益的功利主义原则，或者康德无关乎个人的绝对职责原则，那么我们现在为什么就不能提出一个观点，即有德之人是发扬这些原则的人，而且他们内心发扬这些原则的渴望正是他行善的动机？如此一来，通过赞扬诚实之美德，我们也就歌颂了撒谎错误这一原则，它之所以错误并不仅仅因为撒谎总是令我感到不快乐——有的时候它并不会——而是因为这种美德的出发点是一条被认为绝对正确的原则。那么按此说来，渴望拥有美德是好的，因为成为有德之人在道德层面是善的，因为在这里，做 X 这件事的动机是以 X 是好的为先决条件的，至于这种渴望还能给你带来享受和个人的满足感，这就是一种锦上添花，但这并不是一个必要条件，因为实际上做有德之人也可能是令人不快乐，也无法给人带来满足感的。因此，受某种应当如何生活之理念的驱使并不能确保所过的生活就是蓬勃发展的。

这些批评意见强烈有力且具有说服力，而且这往往是诸多批评家的声音，比如罗伯特·劳登[①]。然而美德理论家还没有对此做出回应。之前一条反对意见指出，一项动机要在伦理层面值得赞扬，我们就必须通过它所追求的道德准则对其加以解释（比如说"始终讲真话"的渴望）。那么，这些貌似并不能以契约形式加以禁止的道德恶行又是什么呢？比如说，我们能拿那些在夜深人静之时往坟墓上吐唾沫的人怎么样呢？在这里，并没有目击者受到冒犯，死者也不可能因此受到什么伤害，可即便如此，我们依然有可能认为该行为是恶的，这并不是一个受人敬重者的所作所为，虽然严格意义上说，这并不和任何我们可以轻易描述出来的义务论或目的论原则相抵触。我们不妨也思考一下以下各种相关的情绪状态：

  对奉承谄媚的幻想
  对复仇的幻想
  对性征服的幻想
  对想象出来的轻蔑怠慢产生的怨恨感

[①] 参见其"谈美德伦理学中的某些恶"，《美国哲学季刊》，21，1984 年，第 227~236 页。同时转载于斯特曼（编辑），第 180~193 页；克里斯普及斯洛特（编辑），第 201~216 页。也可参见《劳登应用伦理学百科全书》中的"美德伦理学"条目，第 4 卷，学术出版社，1998 年，第 491~498 页。

妒忌的想法

嫉妒感

为他人的失败而暗自窃喜

不喜欢外国人

对于美德伦理学家而言，这张列表进一步武装了他们的立场。按照传统的"饱含着应该"的伦理学加以评估，我们并不能就这些情绪状态做出任何道德评判，当然我们假设的是并无任何行动随之发生：没有行为的发生，我们就不能说他们违背了什么行为准则。换言之，其做出的错误假设在于，人们仅能依据动机的公共形象来评估其道德价值，只要恶在于人的思想而非行为，那么我们的行为就绝不能因为违背了令人反感的性情（上述罗列的这类性情）而遭到谴责。不过，美德伦理学家们指出，我们并非总会这么做。因为显然会存在一些场合，虽然我们或许知道，其中某些原则说明 X 是正确之事，但在发现了 X 背后的动机之后，我们却会重新考虑究竟 X 是不是正确之事：我们对所揭示性格的评估或许会增强或削弱我们对所执行行为的评估。原因在于，富有德行的思想和富有德行的行为这两者间并不完全对称统一，单是行为本身并非总是值得获取我们的道德认可。捐赠大笔金钱给慈善团体能帮助贫困者，但贫穷者获得帮助这本身并不能令该捐赠行为获得赞扬，因为该行为的背后动机或许是希望攫取公众的掌声。

那么，归根到底，貌似当代美德伦理学家们的主张是正确的，即在评估道德行为时还必须对性格品质及行为动机加以分析，任何一条单独的伦理规则都不足以完成这项任务。然而，恰恰出于同样的原因，尽管这是一条正确的结论，却无法为美德伦理学家们提供特别宽泛的应用领域。这不仅是因为他们对美德的理解容易受到一切变幻莫测的情境及文化时尚的影响,而且更为精准地说,它并不能取代一个观点,即存在着一些不可再简化的公平行为原则,而很多情况下,恰恰是仅凭这些原则就足以阐明行为动机的正确性。这就在很大程度上解释了,为什么义务论式的规范理论及其结果主义的反对者依然坚持认为,美德伦理学在当前并不具备广泛的吸引力。

练习7

以下是你对自己个人价值和品位的一份自我评估。完成该问卷,并将你的答案与他人的进行比较。你们答案中的相似之处和差异之处是否增强或削弱了你对美德伦理学的评价?

我最喜爱的美德是……

我最喜欢男人所拥有的美德是……

我最喜欢女人所拥有的美德是……

我主要的品质特征是……

我对快乐的理解是……

我对不幸的理解是……

我最能原谅的恶是……

我最厌恶的善是……

我最喜爱的职业是……

历史上我最尊崇的人物是……

历史上我最讨厌的人物是……

我最喜爱的座右铭是……

问卷:美德伦理学

1. 美德伦理学揭露了功利主义伦理学及康德伦理学的哪些缺陷?

美德伦理学是否成功地克服了这些缺陷？

2. 请对亚里士多德的中庸之道进行批判性的评价。

3. 根据亚里士多德的观点，什么是个人蓬勃发展必不可少的？你认为还有什么必不可少的吗？

4. 如果快乐是美德的目标，那么美德与自私自利并无什么区别。这是针对亚里士多德伦理学提出的一条批评，请就此进行分析。

5. 以下陈述是否为美德伦理学的一个根本性的弱点：好人有时也做坏事，而坏人有时也做好事。

6. 请对亚里士多德的"效仿法"进行批判性的评价。

7. "恶人的道路为何亨通？为什么他们总能轻松自在地肆意妄为？是的，是你栽培了他们，他们就扎根、长大并结果；他们的口是与你相近，而心却与你远离。"先知耶利米（耶利米 12:1,2）认为恶者当道是正确的吗？如果真如此，该事实是否破坏了亚里士多德的主张，即在美德和蓬勃发展之间存在着一种内在的联系。

8. 在感知快乐方面是否存在着性别差异？

9. 请列举一个真实的道德两难困境的案例。亚里士多德的美德理论在解决该两难困境时有多大的效果？

10. 请区分两种不同形式的美德伦理学。是否存在任何类型的道德行为，我们只能从美德的角度，而非目的论或义务论的角度对其加以解释？

V. 讨论：生命权与堕胎

许多堕胎的反对者会提出以下论点：所有人都拥有生命权，胎儿也是一个人,因此胎儿也有生命权,而堕胎由于否决了该权利也就成为道德上错误的行为。我们也可以换一种方法表述该论点。自怀孕起,胎儿就具备了与成人几乎一样的道德地位。与之相应,凡是不能对人做的事,我们也不能对胎儿做。因此,如果说杀害一个人是错的(除了最为极端的例外情况外),杀害一个婴儿也是错的(除了最为极端的例外情况外)。

  这就是所谓的关于堕胎的保守立场,在西方世界,它通常和罗马天主教会的教义最为紧密相关。不过,胎儿自怀孕起就是一个人,这并非始终是天主教的官方观点。尽管早期的基督教谴责堕胎行为——这在希腊罗马世界是一种普遍的行为——我们并不清楚胎儿具体在何时被赋予了灵魂,即上帝赐予了它灵魂。圣·奥古斯汀和圣·托马斯·阿奎那对此都丝毫无法确定,虽然圣·托马斯猜测,之后某一天胎儿会被赋予智慧的或者理性的灵魂:男性胎儿在怀孕后四十天,女性胎儿则需更久,于是,针对堕胎的反对意见开始分化。有些人认为,怀孕最初数周堕胎是被允许的,因为"灵魂"尚未形成,此时的杀害算不上非法,而另外一些人认为,尽管如此,这个胎儿依然是一条等待被赋予灵魂的生命,因而堕胎依然是非法的。其中后一条观点更为盛行。庇护九世在其1869年的教皇授权书中正式采纳了"灵魂即刻赋予"的教义——也就是说,胎儿自怀孕起就拥有了灵魂——由此,即便早期的堕胎行为也可被视为杀人而受到谴责,并应受到逐出教会的惩罚。目前,这种观点成为罗马天主教会的官方教义。每一次堕胎无论早晚都是一种罪,因为任何一种终止妊娠都是谋害了一条未出生的人命。换言之,生命权是上帝赐予人的一份礼物,而且它凌驾于所有别的权利之上。因此,这种值得赞美且明确清晰的观点不允许出现任何例外,即便是因强奸而怀孕,或者胎儿畸形情况下也不允许终止妊娠。

毋庸赘言,天主教的态度和基于各式各样理由支持堕胎的观点形成了鲜明反差。与教皇可能会说的相反,后者的主要论点在于,胎儿还不是一个人,它不过是一群细胞而已,而且就算它是一个人,其生命权或许并不能超过其母亲拥有的某些别的权利。正如朱迪思·汤姆森在其著名的文章中所描述的,胎儿母亲拥有的这些权利包括妇女的自卫权以及控制自己身体的权利。我们马上会回到这个话题上进行讨论。

在此背景下,我们可以看到,堕胎的道德问题归结于这样一个问题:人的生命究竟从何时开始?对此曾有过各式各样的不同见解。我们已经讨论过天主教有关赋予灵魂的教义。再回过头说,认为生命始于出生之际的古老斯多葛派观点有着强有力的支撑,该观点在很大程度上得到了当代犹太教的支持,但随着我们对胎儿生长过程了解的增多,随着胎儿影响技术的发展,进一步模糊了未出生和出生胎儿两者间的区别,这种观点又变得越发不受欢迎。另有一些人则认为"胎动"具有更重大的意义,即母亲感受到她孩子的运动,毫无疑问,胎动对于母亲而言具有重大的情感意义,尽管如此,这并不能被视为胎儿成长的重大事件。有人认为,由于胎儿成为婴孩的过程是持续不断的,选择除怀孕以外的任何时间节点作为它成为一个人的里程碑都是武断的,但这条结论好像也行不通。若是如此,我们也可以将同样的道理运用到橡子长成橡树的过程,但这并不意味着,橡子就是橡树,这两者显然有所区别。与之类似,一颗受精卵也和一个人如此不同,若不这么认为的话,我们就是牵强附会地延伸了"人"的概念,认为其超越了一切普通的惯例。因此,人们最为普遍接受的一种观点是强调某个中间点,胎儿自此刻起变得"具有独立存活力"。也就是说,它具备了在母亲子宫之外存活的潜力,尽管这需要一些人工的辅助措施,该观点尤其得到了医师们的认可。然而,这条论点依然有着自身的弱点,最为突出的一点是,具有生存能力的日期会发生变化:目前,妊娠20周或21周(典型情况下)之后,堕胎不再可以随心所欲地进行。究竟胎儿怎样才能被鉴定为一个人,这随着医学研究的发展而不断发生着变化,很多人认为这一点令人憎恶。

接下来会给大家展示三篇文章,其中第一篇由朱迪斯·汤姆森所著。她认为胎儿自怀孕起便成为一个人。正如我们所见,反对堕胎者由此主张,和所有人一样,胎儿拥有生命权,并且没有任何别的权利可以逾越该权利。汤姆森则挑战了该观点。

她指出,事实上存在着两种或可凌驾于生命权之上的权利。其一是妇女的自卫权,如果胎儿危及她自身的生命,母亲可以终止胎儿的生命;其二是妇女对自己身体的所有权,据此,她有权按照自己想要的方式使用自己的身体,这或许就涉及了妊娠直至分娩这件事。不同于自卫权,这种所有权可以延伸到别的一些母亲生命并不处于危险状态的情况。比如说,如果母亲并未采取任何避孕措施,她自然要对这个未分娩的胎儿承担责任,而且不应该抽身而退,但假如她已采取了所有可能的预防措施,她就不应负有责任,也就可以合情合理地拒绝胎儿使用她的身体。对妇女而言,在这些情况下持续妊娠是一种慈善行为,而非一种职责,假如这样做对她极为不利,那么自然我们也不能期望她继续妊娠。

在第二篇文章中,罗马天主教哲学家约翰·努南认为,堕胎在有些情况下是合情合理的——他引用了恶性子宫癌和子宫外孕的情况——但也同时指出,这些情况并不足以使下列结论合情合理,即无论何时,当母亲和胎儿的需求出现矛盾时,我们始终应该选择有利于母亲的方案。我们不能像汤姆森想的那样，将堕胎权视为一种产权，因为在道德层面，如果弱者和无助者一旦被驱逐就将面临死亡，那么人们并不能倚仗自身拥有的产权而将他们逐出自己的家门。正因如此，如果在某些例外情况下必须执行堕胎的话，它也

反堕胎者的抗议

应当遵从以下这条基本规则：不要蓄意伤害你的同胞。按此说来，一旦人们感知到了胎儿人的属性，那么除了出于自卫的原因，堕胎一概是错误的。换言之，堕胎违背了人类生命一概平等的原则。

在第三篇也是最后一篇文摘中，罗莎琳德·赫斯特豪斯列举了一个富有启发性的案例，阐述了美德伦理学如何被运用到一个重要的伦理学问题上。对她而言，堕胎的问题既不是由母亲对自己身体的所有权（汤姆森的观点），也不是由胎儿的状态（努南的观点）所决定。确实，严格意义上讲，一名妇女是否拥有堕胎权和以下这个更为重要的问题并无关联：妇女堕胎是合乎道德的行为吗？在这里，赫斯特豪斯还关注了幸福（eudaimonia）的中心思想以及生活欣欣向荣的一系列必要条件。她主张，笼统而言，为人父母，尤其是母亲的身份是这样一种幸福和欣欣向荣的生活的组成要素，与之相应，对于一名女性，通过堕胎行为来否认母亲身份"或许显示了她对自己生命的理解具有缺陷，这种理解是——幼稚的，或者非常物质主义的，或是短视的，再或是浅薄的"。出于同样的原因，我们也可依照类似的标准评估迄今为止被人所忽视的男性角色。男性通过其对堕胎行为的态度，展示出的究竟是一种不负责任的自我中心主义或者一种成熟的责任

感？不管怎样，其所做的决定将反映出某种品质特征，或值得赞赏或应受谴责，从这个角度讲，我们必须对所采取的行为进行道德层面的评估。赫斯特豪斯提出，人们普遍谴责美德伦理学无助于解决任何实际的伦理学问题，而这种在形式上既非功利主义也非康德学派的程序正是对此指责的有力回击。

文摘1. 朱迪思·贾维斯·汤姆森：为堕胎辩护[①]

我建议……自怀孕那刻起，我们就应认可胎儿是一个人。这个论点如何而来？我想大致可以这样认为。每个人都拥有生命权，所以胎儿也享有生命权。毋庸置疑，母亲有权决定自己的身体里应该发生什么以及如何对待自己的身体，所有人都会同意这一点。然而，相较于母亲对自己身体的处置权，一个人的生命权则更为强劲，也更为迫切，因而后者凌驾于前者之上。由此看来，我们不能杀害胎儿，堕胎应当予以禁止。

这听上去貌似很可信，但请您不妨想象一下这个情境。你在早晨醒来，发现自己和一名不省人事的小提琴家背靠背躺在床上。这是一位著名的小提琴家，他被查出患有致命的肾脏疾病，而音乐爱好者协会已经仔细研究了所有的病历档案，最终发现你是唯一具有匹配血型可以帮助他的人。因此，他们将你绑架，而昨天晚上，这名小提琴家的循环系统已经接入了你的循环系统，这样一来，你的肾脏就可被用来提取他血液中的有毒物质，就像给你自己的身体排毒一样。这家医院的院长现在告诉你："瞧，我们很抱歉，音乐爱好者协会对你这样

[①] "为堕胎辩护"，《哲学与公共事务》，I，第1期，1971年秋季。转载于《道德问题》，詹姆斯·雷切尔斯编辑，纽约&伦敦：哈珀&罗出版公司，1979年，第130~150页。

做——如果早知道这件事,我们是绝对不会允许它发生的。但他们还是这样做了,这个小提琴家现在已经和你连为一体了,如果现在拔掉连接管,他就会丧命。不过不要在意,这只会持续九个月的时间。之后,他就会大病痊愈,我们就能安全地将他和你断开。"

你在道德上就应该义不容辞地同意这个现状吗?毫无疑问,如果你真能这样做真是太善良了,这是一种莫大的仁慈。可是你必须这样做吗?如果需要持续的时间不是九个月,而是九年,或者更久,又该怎么办呢?如果医院院长这么说又该怎么办呢?"真不走运,你得待在床上,和这名与你身体相连的小提琴家共度余生。因为请记住一点,所有人都有生命权,而小提琴家也是人。假设你有权决定自己的身体里应该发生什么以及如何对待自己的身体,但是一个人的生命权凌驾于你对自己身体的处置权。所以,你永远不能将自己的身体和他分开。"我能够想象,你会认为这是荒谬离谱的,这也就表明了,我之前提到的这个听起来十分可信的论点其实是很有问题的……

假设你发现自己和一个正处于发育中的小孩一同困在一间小屋子里。我是指一间很小的屋子和一个迅速生长中的孩子——你已经紧挨着墙壁,在几分钟后,你就要被挤压而死,而另一方面,那孩子却不会被挤压死而只是受点伤,如果不采取什么措施来阻止他的生长的话,他最终就会猛地撑破房屋,并自由地行走出去。此时此刻,如果一名旁观者这么说,我会深表理解,"我们不能为你做什么。我们不能在你和他的生命之间做选择,我们不能成为

朱迪斯·贾维斯·汤姆森

谁生谁死的决定者，我们不能对此加以干涉。"但时，我们并不能因此下结论说，你就不能有所行动，你不能为了拯救自己的生命而攻击那个孩子。无论这个孩子有多么无辜，你并不必须消极等待，直至他把你挤压而死。或许，一名怀孕的妇女会隐约感到自己的状态就像一座房子，我们并不赋予其自卫权，但假如这名妇女装载着这个孩子，我们应该不能忘记一个事实，她是装载孩子的人。

或许我应该停下来阐明一点，我并不是在主张，人们为了拯救自己的生命就可以为所欲为，其实我认为，行使自卫权有一系列强硬的限制。如果某人要求你将某个别的人折磨致死，否则就以死威胁你，我认为你并没有权利这么做，即便是以拯救自己生命为名。然而，我们此处考虑的案例却大有不同。我们的案例只牵涉了两个人，其中一个人的生命受到威胁，而另一个人就是威胁者。这两个人都是无辜的：受威胁者并不是因为犯了什么错才受到威胁，而威胁者威胁到他人也并不是因为自己犯了什么错。正是基于这个原因，我们才会觉得自己身为旁观者不能加以干涉。但是那个受到威胁的人却可以有所行动……

如果母亲的生命并不处于危险状态，那么似乎我一开始所提的论点将更具吸引力。"每个人都有生命权，因而一个未出生的人拥有生命权"。母亲可能列举出自己的种种权利作为堕胎的理由，但除了母亲自己的生命权以外，难道她还有别的任何权利能超过孩子的生命权吗？

该论点在对待生命权这个问题上似乎已经完美无瑕。事实并非如此，这恰恰是错误之源。

现在，我们要问一问拥有生命权到底指的是什么。有一些观点认为，拥有生命权指的是一个人有权至少获得为了维系生命所需的最低条件。不过设想一下，如果一个人为了维系生命所需获得的最低条件事实上是某些他根本无权获得的东西呢？……不妨让我们回到之前所说的故事，为了维系自

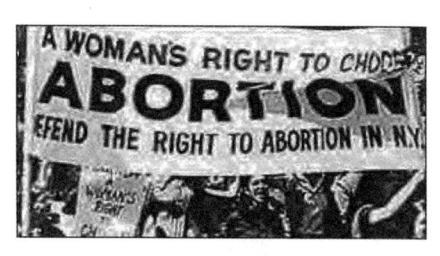

反堕胎抗议

己的生命，那个小提琴家就需要持续不断地使用你的肾脏，但这并不代表他就有权持续使用你的肾脏。他当然无权要求你满足他持续使用你肾脏的要求，因为并无任何人有权使用你的肾脏，除非你赋予他人这个权利，而也并无任何人有权要求你应当赋予他这个权利。如果你允许他继续使用你的肾脏，这是你的仁慈，但这并不是他可以名正言顺要求你履行的职责。同样地，他一开始就无权要求音乐爱好者协会将他和你的身体相连。如果你知道这样下去就要和他一起在床上待上九个月或九年，继而把自己的身体和他断开，那么世界上没有一个人会为了让那个小提琴家获得有权获得的某些东西而出面阻止你这么做……

还有另一种方式可以凸显该困境。在多数平常案例中，剥夺某人的权利是对他的不公正对待。假设一个男孩和他的小弟弟在圣诞节一起收到了一盒巧克力，如果哥哥拿走了整盒巧克力并拒绝给弟弟任何巧克力，那么这个哥哥就对弟弟不公，因为弟弟有权享有其中的一半。但另一种情况中，倘若不将自己和小提琴家的身体断离，你就要和他共同卧床长达九个月或九年，在得知这一点后，你将自己和他分开。你这样做当然不是对他的不公，因为你并不需要赋予他使用你肾脏的权利，也没有别的任何人能给予他这样的权利。不过，我们也注意到一点，随着你将自己和他的身体断离，你也就杀害了他，而和其

他每个人一样，小提琴家拥有生命权，依照我们刚才讨论的观点，也就是说，他有权不被杀害。由此，你此时所做的在他看来是有权让你不要做的，但是你这样做并非对他的不公。

在这点上，我们或许可以做出一项修正：生命权并不在于不被杀害的权利，而在于不被不公正杀害的权利……可一旦这项修正被采纳，我们显然必须直面反对堕胎这一论点中的缺口：单单表明胎儿是一个人，单单提醒大家所有人都拥有生命权，这还远远不够——我们还需要被告知，杀害胎儿违背了生命权，也就是说，堕胎是一种不公的杀害。是这样的吗？

我觉得因强奸而怀孕的母亲可以不赋予未出生胎儿使用其身体并从而为其提供食物和庇护的权利。确实，在何种怀孕情况下，我们才能认为母亲已经赋予未出生胎儿这样一种权利呢？这似乎不像那些未出生者在这世界四处漂流，而像想要一个孩子的妇女对他们说："我邀请你进来。"

不过，有人也可能争论说，除了受当事人本身邀请使用其身体以外，一个人还有可能通过别的方式获取使用另外一个人身体的权利。假设一名妇女自愿地沉溺于性交，也知道这有可能导致怀孕，而之后她也确实怀孕了，难道她就不应对事实上已经存在于自己体内的未出生胎儿负有部分责任吗？事实上，她并未主动邀请这个孩子的降临，可是她对孩子降临本身负有责任，这难道不应令她为胎儿提供使用其身体的权利吗？

若是如此，那么她的堕胎行为则更像那个夺走了巧克力的男孩，而不像那个将自己身体与小提琴家分开的人——这个妇女这样做是剥夺了胎儿本应有权享有的东西，她执意这么做就是一种不公。

还有一点，有人可能会问，那么即便是为了拯救她自己的生命，这个妇女是否可以杀害胎儿呢：如果她是主动邀请这个孩子的降临，那么即便是为了自卫，她此时又该如何杀害它呢？

关于这点，首先要说的是，这是某件新鲜事物。堕胎的反对者曾经非常关注于凸显胎儿的独立性，从而强调它如其母亲一般拥有生命权，以致倾向于忽略了一点，即如果承认胎儿对于母亲的依赖性，他们有可能从中获得另一个观点上的支持，即母亲对胎儿负有一种特殊的责任，这种责任令胎儿对其母亲享有了一种任何独立个人所并不享有的权利。

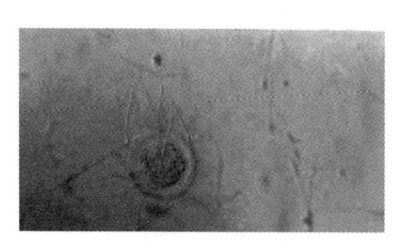

刚刚受精的卵子

另一方面，根据该论点，仅当该母亲因主动性行为而怀孕，并充分知晓其导致怀孕概率的情况下，未出生胎儿才有权使用其母亲的身体。该论点完全忽略了由于强奸而导致的未出生胎儿。那么，在获得某些更为深入的论点之前，我们就可以下结论说，由强奸导致的未出生胎儿并无权利使用其母亲的身体，对它们实施堕胎并未剥夺其任何权利，因而也算不上是不公正的杀害。

我们还需注意一点，该论点居然真的如它看来那样影响广泛，这可一点都不简单。因为这样的案例层出不穷，而细节的差异又会产生不同。如果房间非常闷热，于是我打开一扇窗通通风，此时一个窃贼攀爬了进来，那么像下面这么说就是非常荒谬的，"哎呀，他现在可以留在这里了，因为女主人赋予了其使用其房子的权利——因为他之所以在屋子里，那个女主人是负有部分责任的，是她主动开窗，窃贼才得以潜入的，而且女主人也充分知道，有一种人叫窃贼，而且窃贼专门就是干偷窃这个勾当的。"要是像下面这样说就更加荒谬可笑了，如果我在自家窗户外边安装了铁栅栏，而且就是为了防止窃贼潜入，而一名窃贼之所以能够得逞，仅仅是因为铁栅栏存在缺陷。假如我们想象，攀爬进入屋子的不是窃贼，而是一个跌跌撞撞或不小心落入的无辜者，这也将同样荒唐可笑。还有，假设是下列情况：人类的种子如果像花粉一样在空气中飘移，一旦你打开窗户，一颗种子就有可能顺势进入，并在你的地毯和家具装饰衬垫上扎根。你不想要孩子，于是你用市面上能买到的最好的精细筛网修补了自己的窗户，但即便如此，依然存在着极小极小的概率，某个筛网出现了缺陷，一颗人类种子依然飘了进来并扎下了根……有人可能会说，你对它的扎根负有责任，它有权使用你的房子，因为毕竟，你本可以在一个只有地板和家具，或者只带有密封窗和密封门的房子里生活——而基于同样的理由，我们可以说，任何人本都可以通过子宫切除术来避免由强奸导致的怀孕。

与此同时，另外一种论点也颇有市场：我们所有人必须确凿承认一点，在很多情况下，如果将一个人与你的身体分离将以牺牲他的生命为代价，那么从道德上讲，这是不妥当的。设想一下，那个小提琴家为了续命需要和你身体相连的时间不是九个月或九年，而仅仅是一小时，你又会怎样……应当承认，你是被绑架的，而且你也未曾应允过任何人将他和你的身体相连。尽管如此，在我看来，你还是应当允许他在那一小时内使用你的肾脏——如果拒绝就显得很不得体……

现在，有些人倾向于这样使用"权利"这个词。他们认为，若他人需要使用你的身体一小时，你应当允许他这么做，基于这样一个事实，他就有权在他需要的那一小时里使用你的身体，即便他未曾经过任何人或任何行为被赋予过这项权利……假设我之前所提到的那盒巧克力未曾作为共同的礼物送给那两个男孩，而只是单单给了哥哥，他坐在那里神情冷淡地自顾自吃着巧克力，而他的小弟弟只能在一旁充满羡慕地看着他。此情此景之下，我们貌似会说"你不应该那么吝啬，你应该也给你弟弟一些巧克力"。我个人对此的观点是，这样做就没有从事实出发，这个小弟弟究竟是否有权享有任何巧克力。如果哥哥拒绝给他弟弟任何巧克力，他是贪婪的、吝啬的、无情的——但却不能说他是不公的。我能想象，有些人会说，那个小弟弟确实有权拥有一些巧克力，如果哥哥拒绝给他弟弟任何巧克力，他的行为就是不公的。但这样说其实就模糊了我们本应清晰区别的东西。也就是说，以下两种情况是不同的，其一是哥哥在巧克力是单独送给他的情况下拒绝和弟弟分享；其二是我们早先所说的情况，即哥哥在巧克力是送给兄弟俩共同礼物的情况下拒绝和弟弟分享，在后者中，显然无论从哪个角度看，弟弟都有权分享其中的一半⋯⋯

因此，我的观点是，即便你应该满足那名小提琴家在一小时内使用你肾脏的需求，我们也不能就此下结论说，他有权这么做。我们应该说，如果你拒绝这么做，就如同那个拥有了全部巧克力而不愿和别人分享一丁点儿的哥哥，是以自我为中心的，是冷漠无情的，是不够得体的，但却不能说他是不公的。与之类似，我们假设存在这样一种情况，一名妇女因遭强奸而怀孕，那个未出生的胎儿需要使用她的身体一小时，我们并不能就此认定，那个胎儿有权这么做。如果那名妇女拒绝为胎儿提供她的身体，我们可以说她是以自我为中心的，是冷漠无情的，是不够得体的，但却不能说她是不公的。对此的抱怨声丝毫不会减弱，只是他们有所不同。然而，我们不必在这一点上固执己见。如果任何人希望从"你应该"当中推理出"他有权"，那么他也必须承认一点，即在很多情况中，你并无须在道德层面允许那个小提琴家使用你的肾脏，他也无权使用你的肾脏，如果你拒绝他使用你的肾脏也并非是对他的不公。

这也同样适用于母亲和她未出生的孩子。除了未出生者有权要求这么做的情况以外——我们依然保留这种情况存在的可能性——任何人都没有为了另一个人的存活而做出大量牺牲的道德义务，无论这是健康方面的还是涉及任何其他的利益和关注点，抑或任何其他的职责和义务；无论这是九年之长，还是只有九个月……

问题：汤姆森

1. 思考下列反对汤姆森的论点：我自知某人将威胁我的生命，因此将其杀害，尽管自卫权或许可以使该行为合情合理，但这并不能令杀害无辜者合情合理（也就是说，某个人在既不知道他人威胁其生命，也不知道他人打算威胁其生命时就将他人杀害）。汤姆森会对该批评做何回应？

2. 思考下列反对汤姆森的论点：一名妇女没有义务为了拯救X的生命而提供自己的身体为他使用（或者提供任何别的东西），但这并不意味着，一旦X使用了她的身体，她就有权杀害他。同样的道理，我没有义务为了拯救X的生命而让他使用我的屋子，但这并不意味着，一旦我发现他已经进入了我的屋子，我就有权杀害他。汤姆森会对该批评做何回应？

3. "汤姆森论点的软肋在于，一方面是与一名失去意识的小提琴家之间的母子（虚构的）关系，另一方面是与自己胎儿之间的母子（真实的）关系，这两者间不具可比性。"请就此进行讨论。

文摘 2. 约翰·努南：如何就堕胎进行论辩[1]

（汤姆森）富有独创性地尝试着想象出一种绑架的情况，并将其与怀孕进行平行比较，其中被绑架的受害者身上被实施了一次严重的手术，之后又持续不断地在侵害着该受害者。该情境假设小提琴家和受害者之间并无关系，假设受害者对他身体配对者最初的厌恶之情并未通过任何方式得以减缓或补偿，假设该行为没有丝毫的自觉自愿，要说它和怀孕之间具有相似性，显得非常可笑。我们很难想象，在另一个时代或者社会中，如此这般拙劣的比拟手法真的可以作为母亲在进行道德选择时效仿的典范。

汤姆森在着重强调这点的同时却忽略了一个《美国侵权法》加以推广的真实案例。在明尼苏达州某个一月份的晚上，一个名为奥兰多·德普的家牛购买商询问和他一起刚刚共进晚餐的弗莱图斯农民一家，他是否可以留在他们家过夜。尽管德普已经病了，而且将要昏厥，但弗莱图斯还是拒绝了他的要求，并将他逐出家门，置于寒冷的野外而不顾。德普由此失去了冻伤的手指，法庭令弗莱图斯对此承担法律责任并解释说："在审讯的案件中，被告并无合同义务在原告危难之时提供援助，但如果他们明白并领会了原告的处境的话，那么人道精神要求他们这么做……法律和人道精神一样，要求不能令原告被弃置于孤立无援的境地，这是残忍无情的。"[2] 尽管晚餐之后，德普不再是客人，但他曾是一名与主人共进晚餐的客人。美国法律协会将此

---

[1] 由捍卫生命特别委员会出版，转载于《生命伦理学中的当代问题》，由 T.L. 比彻姆及勒罗伊·沃尔特斯编辑并作序，恩西诺市，加利福尼亚州：迪肯森出版公司，1978年，第 210~217 页。

[2] 德普与弗莱图斯，100，明尼苏达州，299，111，第一次世界大战（1907）。

情况归纳总结后指出，无论这个孤立无援者是客人还是入侵者，两者间并无二致，他拥有留下来的特权，他的主人有责任不伤害他，也不能将其置于一个他无法得以生存的环境之中。一旦某个人"明白并领会"了另一个人的处境，义务就随之产生。① 尽管这种类比并不精准，但相较于汤姆森想象出来的案例，貌似这个案例更接近于母亲和胎儿的情况，而明尼苏达州法官的情感反应也貌似能更为真实地折射出人道精神的要求……

对于美国公众而言，合法堕胎的重点在于一些极其不幸的情况——由于母亲服用萨利多胺引发的胎儿畸形、感染风疹的胎儿，因怀有多个胎儿而疲惫不堪的母亲。这些情况并非凭空想象，人们有的时候或许会诉诸于堕胎，且我们之前所描述的案例也无法与之类比，对于这些情况本身而言，堕胎就是一种解决办法，谁又能拒绝他们饱含辛酸的这种诉求呢？

所谓难办的案件容易引出坏法律，这是庄严的法律箴言，但假如法律对诸如此类情况中出现的不幸和危难不予考虑，貌似它会是更糟的法律吧。如果人的重要性凌驾于抽象的原则之上，那么即便反对堕胎的规则有多么严格，难道也不应该对一些例外情况网开一面吗？难道人类经历的这些例外情况还不足以得出一个更具广泛性的结论吗？即人们有必要摒弃一成不变，概无例外的堕胎禁令，这样一来，但凡出现某种特殊的情况，当事人妇女及其医生就能全面衡量该情况下的所有因素。

到目前为止，人们似乎对这种论证方法挑不出什么毛病，这迎合了大众的共同经历。然而，假如直接将重心仅仅放在一个具有生理缺

---

① 美国法律协会，《侵权行为汇编》，第二部分（1965），第197页。

陷胎儿的父母身上，或是放在遭遇了强奸或心力衰竭的母亲身上，这显然是将问题过于简单化了。这些情况对于当事人的父母或母亲非常艰难，他们甚至比遭遇死亡威胁的胎儿本身更为艰难。如果胎儿是反对堕胎主张的一员，那么堕胎摧毁它而减少痛苦的途径并非是牺牲原则，而是牺牲性命。情感是道德反应中的一个固有元素，但在某种程度上，这些案例中生成的情感模糊了胎儿的诉求，这类论证方法催生了错误的判断。

在三种情况中——药物、疾病或基因缺陷致畸的胎儿——忽略胎儿的观点似乎是有伪善之嫌。在这里，我们认为堕胎是帮助胎儿避免承受非正常生活的不幸，因此它是合情合理的。我们在做此选择时并没有参照胎儿的意见。经验告诉我们，即便是那些严重丧失行为能力的人也宁愿选择活下去而不是死亡，但人们忽略了这点。父母的感受是真切的考虑，而相较于胎儿对生的渴望，人们更加体谅父母的那些感受。人们都不愿意坦言，堕胎其实是为了满足父母的利益，其实这就是个例证。是父母偏好自私自利的本能致使他们这样做，尽管社会，甚至父母本身也很难接受这一点。

父母亲借口为了胎儿好才这么做，任何疑难案件并不能掩饰父母的这种偏好。最简单的一种解决办法就是强奸致孕——假设是一名白人妇女遭遇了一个黑人强奸犯的袭击，上诉立法机关时，总有额外的种族歧视之嫌——但这种对于偏见无理由的迎合并不重要。如果父母亲明确不想要这个胎儿，那么它就类似于一个进入母亲身体的入侵者——如果这名妇女压根没有想过要尽到作为母亲受托给予胎儿特殊照顾的职责，那么此时称她为母亲是否合适还是个问题。如果她被禁止堕胎而被迫怀胎九个月，那么这对于她而言是一种带来创伤的侵犯。她并不想要肚子里那未出生房客，难道相较它的生命权，她的感受不更为重要吗?

强奸引发恐惧和复仇的欲望,而提及强奸令人情绪激动。这种情绪足以令人想将强奸犯杀之而后快。① 对这种犯罪行为的极端厌恶很容易就延伸到该行为的产物身上,于是这个具有生命的胎儿也应丧命。如果人们克服了这种厌恶情感,那么相较于堕胎,收养这个孩子是更为人道的办法。如果堕胎的支持者们不拿强奸案例作为障眼法——如果人们希望就事论事地处理这种情况——那么解决办法应该是,确保在受精和受胎之间的一至三天内将精子摧毁。

然而,总的来说,呈现在世人面前的强奸案例似乎推崇了这样一条基本原则,我们可以将其表述如下:人们可以中断任何一种非计划的怀孕,只要该过程的持续会导致母亲的精神痛苦。错误计划致孕或不幸致孕都类似于强奸致孕的情况,它们都是非主动的结果。② 确实,人们可以毫不费力地将很多种怀孕情况归结为疑难案件,毕竟人们以怀孕作为有意识性行为目的的发生频率会有多高呢?很多怀孕都不是以某种特定动机为背景,都是无计划的,因而也就是非主动的。只要父母主观上想要的这个孩子具有免疫力,很多怀孕都面临终止妊娠的可能性。

有些人认为胎儿已然是个人,他们无法接受上述观点,还有一些人认为胎儿尚且不是人,他们能接受上述观点,但却并不需要这种基于疑难案件的论点作为支撑,由于母亲对自己身体的一部分拥有掌控权,这个结论也就理所应当。有些反对堕胎者认同强奸致孕情况下堕胎的例外情况,然而却并没有考虑强奸行为所招致的情感创伤,他们必须明白,这种例外的一般化将使规则分崩离析。假如他们基于另外

---

① 参见注释,"宪法:在强奸未导致丧命或生命威胁的情况下,判处强奸犯死刑是一种残酷和不同寻常的刑罚",《明尼苏达法律评论》,1995 年(1971),第 56 页。
② 见上文,汤姆森,第 314~316 页。

的理由认同这条规则，那么他们就必须否决这个蚕食规则的例外……

绝对禁止堕胎行为的支持者们将以下两种情况排除在外，一是在子宫外孕情况下移除受精卵，二是移除含有胚胎却罹患癌症的子宫。他们将这种堕胎称为"间接"行为，其含义是，外科医生的注意力集中在纠正母亲的某种病理状态，他之所以实施该项手术是因为别无他法。① 可是，医生在行为的过程中，除了意欲改善母亲的身体状况以外，确实也主动地使受精卵失去了生命力。他必须打算实施堕胎，他必须打算实施杀害。要说他是间接行为，这是掩盖他的所为。这是一个令人困惑且使用不当的隐喻。②

只有更为清晰准确地描述恶性子宫及子宫外孕的情况才能使堕胎行为真正成为胎儿神圣不可侵犯权下的例外。那么，为何它们不能成为蚕食规则的例外呢？这取决于我们所认定的规则究竟为何物。我们可以从中辨认的一个原则是，无论什么时候，一旦胚胎危及母亲的生命，那么堕胎就是被允许的。从理性层面讲，我们不能再多要求母亲些什么。这些例外情况确实蚕食了一切认为胎儿优先于母亲的规则——任何以胎儿为先的规则。尽管如此，这些例外却并未违背一条规则，即胎儿的生命凌驾于母亲的其他利益之上。子宫外孕和恶性子宫瘤这些特殊情况只是反杀戮规则中的一般性例外，此时，人们被允许出于自卫而实施杀害。将这类杀害描述为"间接"行为并无助于分析。

一个人不想对自己行为的所有结果负责，这是人的基本天性。就拿生存来说，人在吸气和摄食时就排挤了他者。一个人也不能预见到

---

① 参见我的"历史上一种几乎绝对的价值"，努南编辑．《堕胎的道德》，剑桥，马萨诸塞州：哈佛大学出版社，1970年，第46~50页。
② 在我看来，要说这种行为本身是好的，这简直是一条不可能的假设——没有人的行为在"本质上"可以离开动机。寻求一种反演分析，格米安·格里斯基，《堕胎：神话、现实及论证》，华盛顿：科尔普斯丛书，1970年，第329页。

任何给定行为的所有结果。道德话语必须能够区分下列两者，其一是在可预见的情况下令他人承受伤害，其二是某人无意识中招致的伤害……

在做道德评判时，我们会对所见者做出反应……反对堕胎者们会说，看一看那个胎儿吧，你将看到人的样子。他们会问，一个人扭转过头装作什么也看不见，这种鸵鸟式的状态到底能持续多久？……如果胎儿通常是看不见的，那么反对堕胎者们的这种呼吁是不是就自相矛盾呢？在胎儿可被看见之前，它们尚未进入这个社会的序列，难道人们这样认为有错吗？尚且未能进入视线可及的范围，难道我们不能说胎儿还未踏入人类的门槛吗？如果说道德事务的核心在于如何对他人做出回应，那么这些胎儿难道不就沦为引发我们回应的孱弱主体吗？

有些人坚持认为胎儿是可见的，上述一系列问题一针见血地指明了他们应该完成的任务。事实上，还有些人坚持捍卫着某些曾经或正被"忽视"的人群，而这两类捍卫者的任务其实大致相当，仅在程度上有所差别。数个世纪以来，肤色始终成为人们感知上的一种心理障碍，而由肤色引发的盲区则为歧视提供了一种研究基础。如今存在的各式各样的少数民族都成了"隐形人"，从而他们的声音也无法在民主的进程中被"听到"。那些被关押在监狱或者精神病院的人名副其实成为社会的"隐形人"，他们往往不被这个世界"承认"为同胞，其实他们已和世界"失联"。在每个这样的案例中，那些试图为那些"隐形人"维权的人，必须首先唤醒世人对他们存在的感知。"看一眼"，这已俨然成为他们向那些薄情者和无视者的劝言。

打破身心的重重障碍从而认同他人需要巨大的努力，想来感知胎儿之困难也莫大于此了。主要的难点在于，一旦受认可人类的数量将急剧膨胀，人们很难接受由此施加在其头上的额外重负。通常而言，仅仅考虑一个人的亲戚、一个人的同胞、一个人的国家、一个人的种族，自然更为便利。关注需要耗费个人的精力以及个人的反应。仅将视线局限于一个方便的小团体内会形成惯性，而认同一种人类形式所引发的情感是克服这种惯性所必不可少的。这就对一个人的行为提出了更多要求，如果他愿意承担这种风险，那么一名孕妇就可依据情况，以多种不同的方式看到她的胎儿：从影像层面讲，可以对子宫内的生命拍照；从科学层面讲，可以研究产科和儿科医生的调查笔记；从视觉层面讲，可以观察输血或胎儿存活状态下的堕胎；再或者检查胎儿死后的尸体。人们邀请堕胎的支持者设想以下情境，一个生命体踢打着母亲的身体，在羊水中安宁地游泳，对工具的刺戳做出了反应，最后被从子宫中取出，在死亡中睡去。这个踢打者，或者这个游泳者是不是和他或她很像？他或她对疼痛的反应是不是也如此？他或她亲临死亡之境时，脸部表情难道会有什么不同吗？……

如果让一个人去考虑胎儿的经历，这种替代性的体验似乎有点牵强附会。没有人还能记得自己出生的过程，也没有人知道那时死去是怎样。然而，同理心或许能提供一种记忆，我们在很多别的情况中也会运用这种同理心，比如感受那些无法说话的婴儿的体验，或者那些无法再次说话的逝者的死亡体验。我们对胎儿体验的了解应该不亚于我们对婴孩体验及死亡体验的了解。

问题：努南

1. 德普/弗莱图斯的案例是否可以引发一系列父母应对胎儿负有的义务？

2. 母亲不想要肚子里的胎儿，但好客的职责是否要求她必须赋予这个胎儿生命？

3. 请按照努南的论点评价以下主张，即堕胎是一种歧视胎儿的行为。

文摘 3. 罗莎琳德·赫斯特豪斯：德行论和堕胎[①]

首先让我们考虑一下妇女权利。我要再次强调一点，我们所讨论的是堕胎的道德性，而不是禁止或允许堕胎法律的正确与否。如果我们假设，妇女确实拥有选择如何处置自己身体的道德权利，或者更为精准地说，是中断妊娠的权利，或许由此可以得出一点，禁止堕胎的法律是不公的。确实，即便他们并不拥有这样的权利，就目前情况而言，这样一部法律就是不公或者不切实际，抑或不人道的。我在本章中不会就此问题做出任何阐述，不过，若将法律公正与否的所有问题放在一边，并且假设只有妇女才拥有这样一项道德权利，根据美德伦理学，一旦有人指出（非常笼统地说，并不特指堕胎行为），在行使某项道德权利的过程中，我有可能做了残忍、无情、自私、轻率、自以为是、愚蠢、不顾他人、不忠、欺诈的事——行为败坏，那么以此假设为出发点，并不能得出任何堕胎乃道德行为的结论。爱情和友谊并不能令他们一贯坚持的自身权利永久长存，也没有人会因自认为有权所做之事具有无可比拟的重要性而过得幸福快乐，他们伤害了别人，而他们也伤害了自己。妇女是否拥有中断妊娠的道德权利，这与美德伦理学并无关系，因为它与以下问题无关，"在这些情况中实施堕胎，代理人的行为究竟是善的还是恶的，抑或两者都不是呢？"……

[①] "美德伦理学和堕胎"，《美德伦理学：一名富有批判性的读者》. 丹尼尔·斯特曼编辑，爱丁堡：爱丁堡大学出版社，1997 年，第 238~241 页。最初发表于《哲学与公共事务》，20，1992 年。

就妇女权利而言，人们有时会这样说："好吧，你知道，现在你讨论的也是她的生活，她有权掌控自己的生活、自己的快乐。"而讨论就到此为止。不过，在美德伦理学的背景之下，假设我们尤其关注何为美好的人类生活，关注何为真正的快乐或幸福，讨论就无处终止。我们继续追问："她的生活算是好生活吗？她这样过得好吗？"

如果要在堕胎的背景之下进一步讨论何为美好的人类生活，我们就不得不思考何为爱情和家庭生活的价值，何为自然生命循环之下恰当的情绪发展。我们熟悉的事实真相支持以下这个观点，即笼统而言的父母身份，尤其是母亲身份和分娩生子，具有内在的价值，人们有理由认为，它属于部分促成人类生活欣欣向荣的事物之一。如果这是正确的，那么一名通过选择堕胎而不为人母的妇女（任何程度，或再次，或现在）可能由此表明，她未能正确理解自己生命应有和将有的模样——这种理解是幼稚的或物质主义的，或是短视的，再或是浅薄的。

我说"可能由此"的意思是：这本不必如此。比如说，不妨设想以下情况，一名妇女已经有了好几个小孩，她担心再养一个小孩会严重影响她作为母亲照顾原来几个孩子的能力——此时，她选择堕胎并不表明她就未能理解为人父母的内在价值，这同样适用于另外几种情形，比如一个妇女自己已然是一名好母亲，她也到了该做祖母的年龄；比如一个妇女发现怀孕可能危及自身的性命，于是选择堕胎并领养小孩；比如说一个妇女决定将生活的重心放在别的一个或数个能与母亲身份相媲美的颇有价值的活动上。

那些自己选择不要小孩的人有时会被人称为"不负责任的"，或"自私的"，或"拒绝长大的"，或"不知生命为何物"的，但人们认为拥有孩子就具有内在价值这一点却不需要任何背书，因为毕竟，拥有孩子令生命更加丰富充实，更加有事可做，这是令人高兴快乐的。为人父母,尤其是母亲身份,即便被赋予了内在价值,也无疑会占据大量的成年生活,这就剥夺了他们追求其他某些有价值事物的空间。然而,有些妇女选择堕胎而不要自己的第一个孩子,有些男人鼓励自己的伴侣选择堕胎,他们之所以逃避为人父母,并不是为了追求其他某些有价值的事物,而只是为了毫无价值地让自己"过得快活",或者为了追求某些错误的自由或自我实现的理想愿景。另有一些人会说"我还没有准备好为人父母",人们可以通过操控自己的生活境遇而实现某些个人梦想,而说自己尚未准备好的那些人则在操控的程度上犯了一些错误。

或许某个人的梦想是拥有最佳组合的两个孩子,一男一女,完美的婚姻,衣食无忧,还有自己深感兴趣的工作。可是,过多关注梦想,对生活要求过多并照此行动的话,这既贪婪又愚蠢,而且这还冒着最终一无所得的风险。否定和摧毁梦想的可不仅仅只有命运,还有一个人自己对梦想的依恋。美好的婚姻,前途无量的孩子,这一切都有可能因为某个成年人过度的完美主义追求而毁于一旦。

需要重申一点,这样说并不是否认,有些女孩说"我还没有准备好做母亲"是非常恰当的,尤其在我们的社会当中,这样说完全不是不负责任或轻率浅薄的表现,反倒体现了她的谨慎和谦逊,或者一种尚未达到怯懦程度的恰如其分的畏惧。然而,即便堕胎的决定是一项正确的决定——该决定本身并不是什么恶行,它也有可能是极其善良的建议——但我们并不能由此就说,堕胎行为错误、有罪、不合适这种观点是毫无道理的。毕竟事实上,堕胎缩短了一个人的生命,这个过程极有可能招致一些邪恶,有些情境使得催生邪恶的决定变得正确,如果一开始就陷入这些情境本身就彰显了一种品质缺陷,那么这些情境就将成为罪恶之源。

除强奸的情况之外,在堕胎案例中"令人陷入这些情境"的是个人的性行为以及个人是否对其性伴侣和避孕措施做出选择。有德的女性（当然这里并非单纯地指那些"贞女"，而是"富有美德"的妇女）拥有一系列品格特质，诸如力量、独立、坚定、果断、自信、责任、严谨和自决——而且我认为，没有人能否认一点，很多妇女在某些情况下怀孕却不欢迎这个孩子，或不愿面对拥有这个孩子的事实，其原因恰恰在于她们缺乏某个或某些品格特质。因此，即便在有些情况中，堕胎的决定是正确的，它依然折射出一种道德缺失——这并不是因为该决定本身是脆弱的、怯弱的、优柔寡断的、不负责任的或轻率浅薄的，而是因为在这些情境中，人们首先未能走到道德缺失的对立面，而这又是不可或缺的。因此，我们并不能说，人们普遍为堕胎行为感到内疚和懊悔的这种情绪永远是不恰当的。即便堕胎决定是正确的，这些情绪依然有可能是恰当的，人们被灌输以这种情绪也可能是恰当的。

在此讨论妇女权利可能存在着另外一个动机，即我们试图纠正以杀戮为中心这样一种方法所隐含的意思，也就是说，堕胎仅仅是女性的一种错误行为，或者至少（考虑到男性医生的多数优势）是女性唆使下的行为。我本人并不认为，我们就能因此逃避这样一个事实，即大自然对女性的压迫要重于男性，但美德伦理学必然能纠正其中很多的不公，确保妇女权利得以正确地受到关注。只要稍作修正，之前所说的所有内容也都适用于男孩和男人。虽然，从自然意义上讲，堕胎的决定是妇女所做的决定，但公平地说，无论好坏，男孩和男人往往也是参与该决定的一部分，即便不是这个决定的一部分，他们也必定部分导致了该状况的出现。与女孩及女人一样，就堕胎而言，男孩和男人的行为也同样表露了他们在对待生命和为人父母方面的自我中心、麻木不仁以及轻率浅薄。在面对后代可能出现残疾这个问题上，他们或可以自我为中心的，或可英勇无畏。他们需要认真反省自己的性行为以及个人是否对其性伴侣和避孕措施做出选择，他们需要成长并为自己的行为以及关乎父亲身份的生命承担责任。正如我所主张的，如果这是真的，即只要母亲身份具有内在的价值，成为一名母亲是女性生活的重要目标之一，那么成为一名父亲（而不仅仅是一名生育者）也同样是男性生活的重要目标之一，男人若是对此故意视而不见，并假装自己还要去做更多更重要的事，那他们就是幼稚不成熟的。

问题：赫斯特豪斯

1. 赫斯特豪斯认为母亲身份是生命蓬勃发展的一个重要方面，你同意这个观点吗？这个方面是必不可少的吗？

2. 请列举一些案例，其中堕胎的决定或被视为善举，或被视为恶行。赫斯特豪斯的论点是否切实有助于区分这两者？

问题：堕胎

1. 你最认同下面三者中谁的主张：汤姆森、努南，还是赫斯特豪斯？

2. 依照本章所述的论点，请评价以下主张：在有需要时应当提供堕胎。

3. 你是否认同罗马天主教会针对堕胎的教义？

4. 未出生胎儿的头部受到挤压或出现分裂，如果不实施手术，这名分娩中的妇女就将死去。如果不进行手术，这个孩子能在母亲死后通过剖腹产的方式顺利存活。就这两种选择，请分别思考一下支持和反对的论点。

5. 很多同意堕胎的人一想到谋杀自己家庭的一名无辜成员就会不寒而栗，你如何解释这种心理现象。

6. 评论下列陈述:"与其等着那些堕落者的后代犯罪而将其处决,或者任其走向低能和愚钝的深渊,如果能预先阻止这些显然无益于社会的人繁衍与之类似的后代,那么这对整个世界将更好。支持强制注射疫苗的原则足以涵盖切断输卵管这一行为。"(奥利弗·温德尔·福尔摩斯)

7. 堕胎和避孕这两者间的道德区别何在?

8. 如果一个胎儿拥有生命权,那么一名具有缺陷的胎儿相应拥有不出生的权利吗?

9. 在谴责堕胎的同时却又支持死刑或安乐死,这之间是否不相一致呢?

10. 思考以下案例。假设你就是这名医生,你会如何就执行或不执行堕胎进行辩护?如果该胎儿具有缺陷,你的决定又会有些什么不同吗?

一名35岁的已婚妇女已经怀有16周的身孕,医生对她进行羊膜穿刺术以确定胎儿是否存在缺陷。这个过程将持续三周,先要从子宫内包裹着胎儿的液体中提取胎儿细胞,培育这些细胞,继而对其进行分析。无论对母亲还是胎儿来说,这项穿刺术的风险都很小。她的医师报告说,该胎儿未显示任何异常迹象,该妇女可预期生产一名女婴。数日之后,这名妇女跑来要求实施堕胎,她给医生的理由是,她不想再要一个女儿了。她已经有两个孩子了,分别是3岁和5岁——而且都是女孩。她的丈夫反对堕胎,而更愿意生下这第三个女儿。这名医生并不知道有关胎儿性别的信息会引发该妇女堕胎的要求。[1]

---

[1]《医学中的伦理学》,由 S.J. 雷塞尔、A.J. 迪克及 W.J. 柯伦编辑,剑桥,马萨诸塞州:麻省理工学院出版社,1977年,第485页。

第七章　决定论和自由意志

I. 引言

我们要探讨的最后一条理论是**决定论**。它说的是，每一件事都有原因。那么，严格意义上讲，决定论并不是一种规范伦理学的理论，而是一种具有普适性的因果学说。决定论对于伦理学的意义非常重大，不过，自哲学存在以来，这就始终是争论的焦点。它所提出的问题是，人类究竟是否拥有**自由意志**。如果人们并不拥有自由意志，我们就不能要求他们为自己的行为担负道德责任，而如果他们不能为自己的行为担负道德责任，那么我们谈道德又变得毫无意义。

什么时候，我们认为一个人具有道德责任？之前，我们讨论过心理利己主义，其中提到，如果某人被认为应对其行为担负道德责任，那么他必须至少拥有履行责任的能力。我们不能因为史密斯无法做到的事指责他，而只能因为他本有能力做到却未做的事指责他。我们应该还能记得，这就是所谓"应该暗示着能够"[1] 这一表述的含义。所谓道德情境指的是，个人在其中可以选择采取某种特定的行为。相反，非道德情境指的是，个人在其中要么没有选择权，要么就是其面临的

---

[1] 见本书第 52~54 页。

选择受控于他们无法掌握的某事（或某人），其中后者这种情况更为常见。我不会因为无法在水下呼吸而受到谴责，因为这在生理上是不可能做到的，我也不会因为无法画出一个圆形的方而受到谴责，因为这在逻辑上是不可能的。如果我在枪支胁迫下犯罪，我就不必对此承担道德责任，如果我患有一种被称为纵火癖的神经症而无法控制自己焚烧楼房，我也不必对此承担道德责任。在最后两个案例中，法庭其实承认我在某种特殊意义上较之于普通公民更不自由，由此在判决时相应做出了调整。

可是，倘若一切人类行为皆可归因于我们控制之外的因素，那将会怎样呢？正是这个问题引发了决定论以及自由意志的哲学问题。人们采取行为时自然会表现得自由自在，仿佛他们可以在一系列的现实选择中自由抉择，在这一点上，没有什么比他们在做道德决定时表现得更为明显的了。但假设事实并非如此呢？假设在这些选择背后还隐藏着大量的先行情况、环境、遗产性等，正如纵火癖一样，我们的行为是这些因素强制作用下的被迫之举呢？在这种情况下，我们应该可以得出一条结论，我们中没有一个人是自由的，没有一个人应对自己的行为负责，所谓道德决定不过是一种幻觉。正如该论点所述，在所有关乎人类选择的问题上，一个人不能选择做他应该做的，而是做他必须做的。

面对这个问题，哲学家们有着各式各样的反应。首先有一群所谓的强硬决定论者，他们接受决定论，也就因此否决了自由和道德责任。此外，还有一群所谓的自由主义者，他们接受自由和道德责任，也就因此否决了决定论。这两类人有一个共同点，即他们都认为，自由意志和决定论是互不相容的。然而，该假设又遭到了第三类人的否决，即所谓的温和决定论者或兼容主义者。他们主张，决定论对于自由行为的概念是至关重要的。下面就让我们来分别检验一下这三种立场。

II. 强硬的决定论

强硬决定论主张，宇宙中的万物，包括一切人类的行为和选择在内，都存在一个先前的因，我们也可以说，一旦这个因出现了，这件事本身（这个果）也将出现。该论点被称为具有普适性的因果关系理论，它进一步提出了一个命题，即原则上，一切事物都是可预言的。依据这种因果法则，如果我们知道，A 类事物会因 B 类事物的发生而随之发生——也就是说，每当出现摩擦，总会生热——那么我们可以很有把握地预言，假设某些条件保持恒定不变，一旦某种特定的 A 类事物发生（摩擦我的双手），那么某种特定的 B 类事物必然也会接踵而至（我的双手会变热）。毫无疑问，该论点非常流行，它源于这样一个事实，既是科学的基本前提，又是人所共知的常识。一旦点燃导火索，我们就会胸有成竹地期待着某个特定事件（爆炸）的发生；如果并非如此，我们就得寻找另一种替代性的解释。我们会假定认为，在这一系列事件的因果链上出现了什么错误。是不是导火索变得干燥了？是不是有人刻意破坏了炸弹？无可否认，对于很多事物，我们并不清楚它的因究竟何在，但即便在这些情况下，我们也几乎很少会认为它们是独立发生，毫无前因的。相反，我们会试图寻找并发现那些我们假定业已存在的前因，正因如此，医生们确实会承认，有些疾病来路不明，但他们几乎不太会承认存在着毫无来由的疾病。

随着诸如心理学、社会学和人类学这些学科的现代发展，决定论的案例也越发坚挺。这些学科阐释人类感觉和情绪的能力不断增强，人们也就越来越相信一点，和生命界以及非生命界的所有事物一样，人本身也是遵循因果法则采取行为的。在这里，人类更多地被视为机器的复杂部件，而非无拘无束的自由代理人，他们的运作完全受到环境和基因因素的掌控。理论上讲，一旦我们明确了这些因素，也就可以预见到人类采取何种行为。当然，这并不是说，对于任何人类选择或人类行为，任何人都知道如何对其做出因果性的解释；我所说的一切不过是说明，做出这样一种解释在理论上是可能的。我们可能并不知道这条因果法则确切为何物，但这并不影响决定论的命题，即这样一条因果法则是存在的，而且基本上是可知的。

强硬的决定论者可以由此指出，当某人貌似做出一项道德选择时，这种表象不过是一种幻觉。确实，他会争辩说，这恰恰是因为我们总是不清楚何为这些道德选择的前因，我们首先认为它们是独立存在，毫无前因的。哲学家约翰·洛克（1632—1704）列举的一个经典案例恰好说明了这点。假设将一个正在熟睡的人置于一个封锁的密室。醒来时，他决定继续留在那里，但并不晓得这个房间已被锁住。这是他所做的实际决定，这也是一项自由的决定，他或许也可选择离开，然而实际上，他并无选择，他有另外的想法只不过是出于对真实情况的无知。我们的道德选择也是同样，我们认为自己在决定做 X 而不是 Y 时是自由的，但事实并非如此，因为这些决定是由因果关系所决定的：它们是前因导致的后果，而这些前因又有更早的前因，不断追溯至前。这就是我们为何不能为自己的行为承担责任的原因所在。

约翰·洛克

以上这些结论对我们早先针对惩罚进行的讨论产生了重要的影响。公正地说,惩罚必须以道德谴责为前提,任何人一旦被剥夺了选择的自由,那么自然不能认为他应该受到道德的谴责。正因如此,这可以防止律师提出"减轻责任"的请求——所谓减轻,是由于因果关系主宰了其委托人的行为——那么这难道适用于他所有的委托人,无论其是否犯有罪行?比如说,为什么我们要区分盗窃癖者和小偷?这自然是因为我们认为,盗窃癖者不同于小偷,他们受到强力的迫使而情不自禁地去偷盗。强硬的决定论者指出,这样对小偷是不公平的:我们并未考虑其偷盗的动机就判定他应承担道德责任。不过,假如我们能足够仔细认真地审视下他的前情,他的环境和遗传因素,那么一幅不同的景象就会呈现出来。其实,小偷和盗窃癖者一样也是环境的不幸受害者。

这正是当代决定论者——约翰·霍思珀斯所持有的观点:

> 假设下列情况成立,如果一个人犯有杀人罪,那么前提条件是他在之前一周曾吃过某种特定组合的食物——就当它是一顿包括了豌豆、蘑菇汤以及蓝莓派的金枪鱼沙拉吧。如果我们追溯本国过往二十年间所有谋杀犯的共同点,发现这是他们身上的共同因素,而且仅在他们身上发现了这一点,又该如何呢?当然了,从经验上看,这个例子是荒谬不堪的,但说不定某些因素组合起来真的就会有规律地引发过失杀人行为呢?……一旦发现这类特定的因素,这难道不就说明,认为人类应为其罪行负责的观点是愚蠢荒唐和毫无意义的,同样也是不道德的吗?或者,如果某人相较于心理因素更加偏好生物因素,假设一场谋杀审讯召集了一名神经学家当场做证,他给罪犯的头部拍摄X光照片并指出,任

何人都可以看见，其中的蝶鞍已经在19岁时就出现了钙化，这应该是一块灵活的骨头，可使腺体得以生长。被告的所有混乱和失常都可归因于这种早期的钙化。现在，从经验上看，该特别的解释可能是虚假的，但谁又能言之凿凿地说，世上就不存在诸如此类，或是更为复杂的影响因素呢？①

在1924年一场答辩中被引用的论点或许是诸多与之类似的决定论论点中最为知名的一条。两名年轻人——南森·里奥波德和理查德·娄波绑架并谋杀了一个名为鲍比·弗兰克斯的14岁男孩。这两个谋杀犯都很富裕且十分聪明，他们分别是芝加哥大学和密歇根大学最为年轻的毕业生。为了彰显对社会及其传统道德的轻蔑，他们两人策划了这场完美的犯罪。他们的阴谋未能得逞，很快就被抓捕并供认不讳，他们被处以死刑。在判决前的最终申辩中，克拉伦斯·丹诺——他所在时代美国最为知名的律师，为这两个年轻人向法官苦苦求情长达12个小时以上，他是这么说的：

> 自然是强大且又冷酷无情的。它按照自己神秘的方式运作着，而我们则是受害者。我们本身和其并无多大关系。自然承担了这份工作，而我们则扮演着自己的角色……
>
> 这个男孩与之有何相干呢？他不是自己的父亲，他不是自己的母亲，他不是自

克拉伦斯·丹诺

---

① "这种自由意味着什么？"《现代科学时代中的决定论和自由》，由西德尼·霍克编辑，纽约：纽约大学出版社，1958年。

己的祖父母。所有这一切都被加载到他的头上。他并未受到家庭教师和财富的包围，他也没有造就了他自己，可是他却被迫要求为之偿还……

认为每个男孩都要为自己或者自己早期受到的训练负责是非常荒谬的……如果他的过失莫名其妙地源于自己的遗传。我们任何一个人都不是生来完美无瑕的，我们头发的颜色，眼睛的颜色，我们的身材、体重以及头脑的健全程度，我们可以确有把握地说，我们总可以追溯到某种绝对的确定性来解释关乎我们的一切。如果我们拥有血统，那就可以如同追溯一条狗那样追溯一个男孩……

如果不是按这个套路行事的，那么……如果他获得理解，如果他是按照本应按照的模式接受训练，这种事情也就会发生了……如果说哪里存在着责任的话，这种责任隐藏在其身后，在他无数的祖先之中，或者在他的周围环境之中，抑或两者皆而有之。法官大人，我认为，在任何一条……权利以及法律的原则之下，他不应为其他人的行为承担责任。[①]

丹诺的恳请获胜了：里奥波德和娄波被判处了终身监禁。

诸如霍思珀斯和丹诺这样的强硬决定论者既非主张不应将犯罪分子投入监狱，显然社会需要免除其害，他们也非主张法庭应彻头彻尾地停止谴责罪犯和赞扬无辜。毕竟，这些手段或许会使个体成为不同的一类人。然而，强硬决定论者真正质问的是犯罪分子对其所为负有

[①] 丹诺，"为救赎而辩"，《哲学：悖论和发现》，由亚瑟·J.明顿编辑，纽约：麦格劳-希尔集团，1976年，第302~304页。

道德责任这一普遍的假设。人们应该做什么，又不应该做什么，道德与此相关，但假如他们无法选择别的做法，假如他们并不具有选择做什么的自由，那么无论是告诉他们本应采取些什么不一样的做法，还是惩罚他们的所作所为，都没有什么太大的意义了。正因如此，决定论所面临的挑战在于，它谈的是自由的幻觉，从而也就无法论及道德谴责。

丹诺和里奥波德及娄波在一起

练习 1

假设一个人仅当拥有选择的自由时才能因其行为而受到谴责，下列所述案例中，你认为其中哪些当事人理应受到谴责？解释你的回答。

1. 为了活命而通敌的士兵
2. 屈打成招而泄露机密的间谍
3. 贩售动物前将其宰杀并使其流血致死的屠夫
4. 偷盗的盗窃癖者
5. 饥饿难耐而偷窃食物的男孩
6. 为了拯救生命而超速行驶的驾驶员
7. 由于醉酒而超速行驶的驾驶员
8. 由于不知道车速限制而超速行驶的外国人
9. 谋杀自己通奸妻子的丈夫
10. 由于自己的小孩撒谎而打他的父亲

11. 为躲避警察追捕而藏匿自己罪犯儿子的母亲
12. 不了解最新治疗方法的外科医生
13. 数学考试不及格的语言学家
14. 将金钱拱手交给持械劫匪的银行经理
15. 大庭广众之下穿着暴露的被催眠妇女
16. 从药剂师那里偷盗的吸毒成瘾者
17. 意外怀孕的一名天主教未婚母亲
18. 生活在曼彻斯特的重婚穆斯林
19. 杀害英国内阁大臣的爱尔兰共和军激进主义分子
20. 强奸妇女的精神变态者

Ⅲ. 自由意志主义

看起来倘若我们想要保留道德责任这一概念，就必须摒弃决定论并接受一点，即一个人在面对是非选择时可以按自由意志采取行动。这种观点被称为**自由意志主义**。这并不是说，自由意志主义者就一股脑儿地否决了决定论：总的来说，他们认同非生命界是机械的——其中发生的所有事件都是由机械式的前因所引发的，因而也是可以预见的——而这种机械的因果链或可延伸直至生命界。事实上，自由意志主义者否认的观点是，具有普适性的因果法则也可应用于人类行为，与之相应的，人类行为也就变得可以预见。一个盗窃癖者若被单独留在一家商店里很有可能就会偷盗，但我们永远无法确认他一定会这么做。各项生理和心理条件可能都倾向于指使他偷盗，但他确实也有可能选择不这样做，而自由意志主义者指出，他的自由恰恰在于这种选择。

在阐述这一论点时，自由意志主义者们往往会区分两者，其一是某人业已成形的性格或者**人格**，其二是某人的**道德自我**。人格是一种受因果法则支配的实证概念，能够对其进行科学解释和预言，并且可以通过行为观察和心理分析为人所知。一个人通过遗传和环境所形成的人格限制了他的选择，也让其更倾向于选择某些类别的行为，而非别的行为。相较于一个从小就被教育应当谴责暴力的人，一个习惯于暴力的年轻人更容易决定从事暴力活动。然而，无论这多有可能成真，也并不是必然不可避免的。假如这个年轻人意识到了自己行为的重大意义，或许他的道德自我将抵消他人格的这种倾向，并引导他采取别的行为：他说不定反而变成了一名警察呢！正因如此，道德自我并不是一种实证的，而是一种伦理的概念。面临道德选择的情境，我们究竟应该怎么做，道德自我对我们的决定发挥着作用。最为常见的情况是，我们需要在自我私利和职责之间做出抉择，也就是说，在偷盗和不偷盗之间做出抉择。此处，道德自我很有可能引导我们做出一项前因未加确定的选择，即抑制教养和气质的倾向，通过意志的努力最终采取并不满足个人私利而是实现道德责任的行为。自由意志主义者指出，在这点上，道德代理人克服了由其自身人格施加于身的重重压力，并且就其所为承担起了道德责任。恰恰是这种能力使人有别于动物：前者有能力做出道德选择，而后者却没有这个能力。于是，C.A. 坎贝尔写道：

> 据我看来，此处，也仅仅是此处，在决定是否要为抵制诱惑而付出道德努力并将其上升为一种职责时，我们可以看到一种道德责任所要求的自由的行为，在这种行为中，自我是唯一的作

者,我们可以说"它可能是"(或者在事后说,"它本可以是")"否则的话"……首先存在一种 X 的做法,我们认为自己应该这么做,其次又存在一种 Y 的做法,我们觉得自己内心最强烈渴望这么做。抵制内心的渴望需要一种道德努力,而我们认为归属于代理人的自由推动或抑制了这种道德努力,并促使我们去做自己认为应该做的事情……

正如向行为当事人所展示的,道德努力的功能恰恰在于促使自我违背阻力最小路线行事,违背业已形成并强烈引领着自己的性格特征行事。可是,倘若此处的这种自我意识到了自己正在与业已形成的性格特征斗争,虽然这确实是其自己的行为,可行为者难道就不能假设这种行为是源于其业已形成的性格特征吗?正因如此,我要提出一点,从内部的角度看,自我确实非常清楚地知道,一种自我的行为,一种并不源于自我性格特征的行为究竟意味着什么……自我的"本性"与我们通常称之为自我"性格特征"的东西绝非一模一样。自我的"本性"包含,却不可能毫无保留地还原为它的"性格特征"。在这方面,如果我们忠实于经验的证据,那么就应该认为,自我的"本性"必然还应包含加工以及重塑"性格特征"的真正的创造力。①

决定论者对于这条论点感到非常不满。如果承认诸如遗传和环境这样的因素或许可以决定我的人格,那为什么自由意志主义者就不能同样接受一点,即我的道德态度也同样受限于此?为什么我们认为一个人可以自由地在职责和欲望之间做出选择,却不能在面临其他各种

---

① "谈人格和神性",同上,第 342~343,345~346 页。

选择之时拥有自由呢？换言之，自由意志主义者假设了面临道德选择时自由意志的存在，却并未就此提供证据。

自由意志主义者对此的回应一般由三条额外的论点组成。首先，他们直接诉诸于诸多经验事实。我们每个人都经常拥有成为自主式生物的直接而确定的体验。当我们决定喝茶而不是咖啡的时候，我们拥有了这种体验，当我们决定阅读这本书而非那本书的时候，我们拥有了这种体验，当我们决定穿一件棕色夹克而非绿色夹克时，我们也拥有了这种体验——诸如此类，不胜枚举。这是我们所有人共同面临的一种体验，它甚至还延伸到涉及那些选择时受到限制的人（比如酒精成瘾者或吸毒成瘾者），原因在于，尽管在某些特定活动范围内，他们不能控制自己的所为，但总的来说，他们依然拥有做出选择和决策的直接经验，比如说，决定是否在散步时带上一条狗，或者选择是否前往西班牙度假。在这些方面，他们在做出决定时并未感到任何特别的困难，事实上，这些情境也确实能和那些他们无法加以掌控的情境加以比较。如此看来，尽管我们不得不承认，他们的自由是受限制的，但他们依然具备充足的其他经验，这些经验可以维持其对自由意志之存在的信念。

诉诸于经验事实这一点也包含在了自由意志主义者的第二条论点中，它着重于分析我们做决定的方式方法：做决定的行为。我们所有人都会在此时或彼时做出决定，这一过程持续的时长和带来的利益会各式各样，但我们都会做决定这一点表明，我们每个人都拥有自由意志。这是因为，仅有在满足以下两个条件时，我们才会决定下一步该怎么做：

① 我们尚且并不知道自己将要做什么
② 我们有能力去做自己正在考虑将要做的事

比如说，假设有一名学生正在考虑是否要支付她的住宿费。她可能会考量一下自己房间的大小，自己膳食的质量等。现在，假如她决定支付，她就做出了一项决定：她已然权衡了利弊。显然，即便她不知道自己银行账户上已经没钱了，这也依然是一项决策行为。这种情况下，她只会考虑该如何处理这笔她本以为拥有的钱。可是，倘若她已然知道自己手头没有钱，她就无法进行是否支付的决策。如果她已经事先知道自己只面临一项选择，她就不能决定自己选择采取哪项行为。由此，某些人在做某些决定时，他们必须相信自己确实拥有一项真正的选择，他们有能力选择做 A 或者做 B，而假如他们不能做到其中的 A 或 B，他们自然就无法在其中做出选择。正因如此，自由意志主义者得出以下结论，由于我们所有人确实经常做出决定，我们必须全体认为，我们能做出选择，我们是自由的。决定论以这种方式否定了自由意志的存在，但其自身也遭到了决策之普遍经验的否决。

对此，决定论者已准备好如何应答。毋庸置疑，人们相信自己是自由的，而决策的经验也支持了这一信念，但这并不是说，我们实际上就是自由的。毕竟，某些经验表明，一个人可以相信很多事物——太阳是闪闪发光的，他的妻子是忠实可靠的，世界将在周四毁灭——但他相信这些事物并不意味着，这些事物就是真的。同样，决策的证据并不能诱骗我们相信自由意志的存在。本尼迪克特·斯宾诺莎（1632—1677）简明扼

斯宾诺莎

要地向我们揭露了这一点:

> 这样,婴儿认为自己是出于自由意志而寻找着乳房,生气的男孩认为自己是出于自由意志而伺机复仇,胆小鬼认为自己是出于自由意志而逃之夭夭,酩酊的酒鬼认为自己是出于思维的自由命令才会说出自己清醒状态下本不愿意说出的醉话。由此看来,疯子、喋喋不休者、男孩,还有其他与之类似的人,他们都会认为自己所言是出于思维的自由命令,同时,他们确实无力克制自己不得不说的冲动,因而正如理性一样,经验本身清楚明白地指出了一点,即人们之所以认为自己是自由的,仅仅是因为他们意识到了自己的行为,他们对自己所做决定的前因毫不知晓……结果是,那些相信这点的人,那些认为自己或说话或沉默或在思维自由命令之下做了任何其他事情的人,他们都是在睁眼做梦。①

自由意志主义者的第三条论点旨在应对这条异议,它采用了一条重要的哲学区别。这是在两类不同的知识,以及与之相应的,两类不同的真理或命题之间所做的区分,它们可能被称为真的或假的。请思考一下列表:

列表 A
所有的单身汉都是未婚的
黑猫是黑色的

---
① 斯宾诺莎,《伦理学》,由 W. 黑尔·怀特翻译,艾米莉亚·哈钦森·斯特林和 T. 费舍尔·尤恩修订,1894 年,第 111~112 页。

你不能同时既在屋内又在屋外

列表 B
这张桌子是棕色的
天空正在下雨
乔治有一只眼睛

列表 A 中的陈述被称为**必然为真**。这是因为，由于其真实性独立于感觉经验而成立，它们不可能为假。因此，比如说，一个"未婚男人"的含义恰恰就是"单身汉"的概念：这是一类由于定义而为真的命题，它并不需要经验证实。列表 B 中的陈述被称为**偶然为真**，因为它们需经感觉经验的证实，而且人们或许可以相信其是假的（鉴于存在这些经验欺骗我的可能性）。于是，无论我多么确定乔治只有一只眼睛，这并不意味着他真的只有一只眼睛。我自己的所见可能会误导我。另外一个案例可令该区分更为清晰。如果 A、B 和 C 是三个正数，其中 A 大于 B，B 又大于 C，那么我们可以确认，A 必然大于 C。该命题由于定义而为真，并且它的否定必然为假。可是，假如 A、B 和 C 是三名跑步者，其中 A 总是能打败 B，而 B 总是能打败 C，我们并不能必然得出一条结论，A 必然能打败 C。我们的经验或许会引领我们预测 A 能打败 C，但事实可能并非如此。在比赛当天，A 可能肌腱损伤并输了。由此，我们可以下结论说，我们不可能通过对周边世界的观察获取完整的知识，在这个充满偶发事件的世界里，出错的可能性始终存在。

练习 2

下列各项陈述中,哪些必然为真(或必然为假),哪些偶然为真(或偶然为假)?

1. 2+2=4
2. 2 棵树 +2 棵树 =4 棵树
3. 两点之间,直线最短
4. 拿破仑是法国的皇帝
5. 凡人必有一死
6. 如果 A 认识 B,B 又认识 C,那么 A 也认识 C
7. 如果 A 优于 B,而 B 又优于 C,那么 A 优于 C
8. 珠穆朗玛峰之顶是寒冷的
9. 没有什么东西可以到处都是既红又绿的
10. 一个三角形是一个具有三条边的图形
11. 一个人不能在水上走路
12. 每个人都有一名母亲
13. 我在读这句话
14. 摩天大楼是高层建筑
15. 时间向前走,而不会倒流
16. 某些事物是存在的

这种必然真理和偶然真理之间的区别构成了自由意志主义者对决定论者回应的基础。我们还记得,决定论者认为,支持自由意志的证据——深思熟虑的经验——尽管可以作为信仰自由意志的证据,却无法作为自由意志存在的证据。决定论者认为,我们的经验总是有可能欺骗我们,而且并不存在这样的自由意志。倘若那样的话,自由意志主义者会这样回应，决定论者无非是在说，正如其他所有经历一样，这种经历属于偶然事件的范畴，容易出现错误。一个人可以说自己有相同的经历，我正坐在这个房间内，或者上周四我结婚了，无论在哪种情况下，逻辑上都有可能是我产生了幻觉，或者一个聪明的催眠师发挥了效用。正因如此，我们关心的问题并不在于我是否会受到自己经历的欺骗——现在看来，这似乎是不言自明的真理——而在于这种欺骗存在的可能性是否意味着，我不能接受这些经历作为我的信仰为真的充分证据。比如说，当我说"我手里有支钢笔"的时候，我可能是在想象一些东西，但这难道就意味着，我没有充分理由说自己手里确实握着一支钢笔吗？自由意志主义者会说，当然不是了，因为这种信仰的真实性立马就可以通过直接的感觉经验本身得以证实。这种经历势不可当，事实上我并不否认它的基础。无可否认，若拿必然真理排除一切错误的要求来衡量，这支钢笔在那里的证据并不充分，可是若拿偶然真理允许错误发生的要求来衡量，这支钢笔在那里的证据也并非不充分。原因在于，偶然真理恰恰是以可纠正的证据为基础的：它指某些虽然并不可靠，但我依然可以毫无疑义予以接受并视其为必然的事物。

那么，这就是自由意志主义者反对决定论者的案例。如果深思熟虑的经验由于依然可能欺骗我们而被拒绝作为自由意志存在的证据，那么，无论何种证据，只要其以经验为基础，我们不得不以同样的理由将其否决。比如说，若我们能从某些经验中推断出，这世上存在着物质对象，存在着出我们自身思维之外的其他思维，存在着诸如往事这样的东西，我们就必须将其一概否决。换言之，我们必须摒弃隶属于偶然性范畴的证据标准，取而代之的，我们应当接受一种几乎完全的怀疑主义，很少有人能接受这点，一旦彻底采纳这种怀疑主义，我们就永远无法就我们自身以及我们所在世界得出有效而确定的评判。更直白地说,如果深思熟虑的行为与决定论并不相容,而且如果这种行为必须被视为我们经验的某些事实,那么该行为就必须优先于该理论,我们也就不得不否定决定论。

Ⅳ. 温和的决定论

看来我们必须在两者间做出选择,一方面是对普遍因果关系的信仰,另一方面是对自由意志存在的信仰。无论是决定论者还是自由意志主义者都一致认为,这两种信仰是互不相容的。然而,另有第三者否认了这种不相容性并提出争议说,人之自由以及道德责任,它们并非和决定论互不相容,反倒是一旦离开了决定论就会变得难以理解。这就是所谓温和决定论者或兼容主义者的立场。

当我们说自己是自由时究竟意味着什么,人们对此疑虑重重,温和决定论者指出,决定论与自由意志相互抵触的假设正是这种疑惑的产物。毫无疑问,自由与宿命论相抵触,即人类无力改变事情的进展以及"天命难违",但自由并不与决定论相抵触——普遍因果关系的理论——如果我们认为自己的选择和渴望也在决定我们行为的选择之列。为了阐明这一点,请思考下述案例。[1]

A

甘地因为想要解放印度而斋戒禁食

---

[1] 此案例由 W.T. 斯泰斯给出,《宗教和现代世界》,纽约:哈珀 & 罗出版公司,1952 年。

一个人因为饥饿而偷窃面包
一个人因为想说真话而签署认罪书
一个人想要吃午饭而离开办公室

B
一个人因为其雇主威胁要揍他而偷窃
一个人因为警察殴打而签字认罪
一个人因为被强制要求搬迁而离开

现在显而易见，A列的行为符合自由意志主义者所谓的自由行为。确实，除了其中最后一个案例以外，自由意志主义者会将其他行为都称为道德行为。借用坎贝尔的术语，这些行为都是非由因果关系所决定的选择，其中当事人通过意志的努力抑制了其天然的倾向，并决定选择职责而非自私自利。于是，道德本身克服了其人格下达的指令。然而，这些行为显然有别于B列中的行为，后者是由因果关系所决定的选择。这些行为受控于一系列先行条件，而强硬决定论者指出，他们或可拥有的任何外在形式上的自由，其实都是一种幻觉。

但温和决定论者会问，难道A列中的行为就真的是独立存在，毫无前因的吗？就拿甘地的例子来说，说甘地是为了解放印度而斋戒禁食就等同于说"甘地对解放印度的渴望引发了他的斋戒行为"，而我们或可假定，这种渴望正是其他各种前因的后果，诸如他之前接受的教育，他的成长环境，印度教信仰的教导，他对英国规则的个人经验，诸如此类。换言之，对甘地斋戒行为精准的因果解释或许很难成立——在这里，历史学家和心理学家将给予我们帮助——尽管如此，温和决定论者依然认为这样一种解释在理论上是可能的，如果知道的话，它将为我们就甘地的所为提供一种完整而真实的解释。正因如此，我们可以得出一条结论，A 组的行为并不比 B 组的行为更不确定，而所有的人类行为，无论自由与否，都完全受到前因的支配。

如果 A 列和 B 列中的事件都有前因，那么这两者间的区别又何在呢？温和决定论者继而说道，其中的区别在于，这些事件具有内在的或是外在的前因。如果你离开自己的国家只是想度假，那么你是出于自己的自由意志而离开（也就是说，自愿的）。如果你离开自己的国家是受到权威的驱逐，你就是被迫离开（也就是说，非自愿的）。但是，在任何一种情况中，你的行为都是有前因的。若你是自由地离开，离开的前因是你内心出国的渴望，若你是不自由地离开，离开的前因是政府施加于你的强迫。正因如此，当前因是内在的（也就是说，它是你自身希望或渴望的结果），你的行为就是自愿的，并且出于自身的自由意志，当前因是外在的（也就是说，它违背你自身希望或渴望），你的行为就是非自愿的，并且出于强迫。

根据温和决定论者的理论，内因和外因之间的这种区别解释了为何自由（以及道德责任）不仅与决定论相容，而且事实上也正是其所要求的。所有的人类行为都有前因。在这一点上，决定论说得没错。因为，假如这些行为没有前因，它们就将完全不可预测，反复无常，从而也就不负责任。因此，当我们说一个人行为自由时，我们并不意指其行为毫无前因，而是指他们并未受到强迫而这么做，他们身上未被施加任何一种"外在的"压力，是他们自己选择以这种方式行为。

在这里，即便造成其行为的前因正如那些非自由的行为一样，他们依然充当了自由代理人的角色。与之类似，当我们说一个人应对其行为负责时，我们依然假设他们是自由代理人，但我们预先假定的自由并未否认先行的前因，而是接受自由也有其前因，尽管这是一种特定类别的前因。这些前因以内心渴望、信仰以及当事人的品质特征为出发点，也就是说，它们是每个个体特定心理条件的"内在"前因和后果。那么，这种自由是每个人遵照自己内心希望采取行为的能力，我们对这些希望了解得越多，就越有能力预测每个个体若非自愿的情况下会做什么。

如果在这最后的意义上，决定论能与自由相容——如果一个人的希望和渴望能被视作其行为的前因之一——那么它也能与道德责任相容。如果 X 由于某些"外在的"物理约束而无法采取别的行为，如果史密斯由于不会游泳而无法拯救溺水的儿童，那么显然这并不牵涉道德责任的问题，我们也不应谴责 X。但假如不负责任意味着 X 也可以由于某些"内在的"约束而无法采取别的行为——史密斯没有拯救溺水儿童是出于某些他自己的内心希望或渴望——这就无异于说 X 是有责任的。他的所为是他自己的意思，是自由所为，是其品格特征的产物，这恰恰由于他是 X（而不是 Y）才引起的，他要对其行为承担责任。

问题：决定论和自由意志

1. 请你从自身经验中挖掘一些支持决定论论点的案例。就这些案例，你能提供任何别的替代性的解释吗？

2. "根据丹诺的论点，所有恶棍都可免于受罚。"就此进行讨论。

3. 正如病者不能控制自己健康状况，罪犯也无法控制自己的行为，这样说对吗？

4. 基于决策的直接经验，自由意志主义者会引用何种论点作为自由意志的证据？

5. 坎贝尔对人格和道德自我这两者进行了区分，请你从自身经验出发给出支持坎贝尔这一观点的案例。一名强硬决定论者会如何评估这些案例?

6. 温和决定论者是否充分克服了强硬决定论者所提出的问题?

7. 温和决定论者否定了自由意志主义者和强硬决定论者什么共同的前提? 他们基于什么理由否定了该前提?

8. 自由意志主义者主张,强硬决定论者对证据自然属性的评估是不科学的,他们因此而有罪,请对此做出解释。你同意该主张吗?

9. 请分析以下论点: 决定论者为敦促我们接受其理论为真而对其进行了反证。因为无论是否接受该理论,这种决策暗示着自由意志。

10. 阅读下列夏山学校创办者 A.S. 尼尔所做的诠释。你认为规则的缺席会实现预期效果吗?在儿童教育方面,你认为什么规则(如果存在任何这样的规则的话)是至关重要的?

> 夏山学校起初是一家实验学校,现在它已然是一家示范学校,它可以验证自由的作用。
>
> 当我和妻子共同创办这所学校时就有一个核心思想:令这所学校适合孩子——而不是令孩子来适合这所学校。我曾经在普通学校教书多年,我深谙后者之道,我也知道这全然是错误的,因为这种教育方式基于成人的理念,成人觉得一个孩子应该成为什么样,一个孩子应该如何学习,学校就应该怎样教育。我们所提倡的另一种教育方式则可以追溯到心理学尚未成为一门未知学科的年代。

尼尔(右)与威廉·赖希在一起

好吧，我们最初创办这所学校是想允许孩子们在其中自由自在地成为自己。为了实现这一点，我们宣布放弃了所有纪律、所有指令、所有建议、所有道德训练以及宗教指导。世人称我们很勇敢，但其实这样做并不需要勇气，它所要求的全部不过是我们已然拥有的东西——完全相信孩子是善的，而非恶的人。在近四十年的时间里，我们认为孩子们本性为善的这种信仰从未动摇过，甚至变成了我们的一种坚定信念……

夏山学校是什么样子的？好吧，首先这所学校的课程是选修的，孩子们可以选择上课或者不上课，几年内都是如此。学校当然有课程表，但仅是针对教师的。

孩子们往往根据不同的年龄，有时也根据他们的兴趣爱好上课。我们并没有什么教学方法，因为我们认为教学本身并没有那么重要。一所学校是否在长除法方面拥有特别的教学方法无足轻重，因为除了对那些想要学会它的人而言，长除法根本就是无关紧要，而想要学会长除法的孩子就会下定决心学会它，至于怎样的教法根本就无所谓。

从幼儿园来到夏山学校的孩子们，他们自到学校之初就参加课程，但从其他小学来到这里的小学生则信誓旦旦地说，他们在任何时候都绝不会参加任何令人讨厌的课程。他们玩耍打闹，妨碍他人，却一直想逃课。有的时候，这种情况会持续数月，恢复的时长与之前那所学校赋予孩子们的憎恨成比例。我们这里的记录是由一名来自女修道院的女孩所创造的，她游手好闲了整整三年。对上课抱有怨恨之情的平均时长为三个月。[①]

[①] A.S. 尼尔，《夏山学校：育儿的一种激进方法》，维克托·格兰茨出版社，1962年，第4~5页。

V. 讨论：行为主义

根据自由意志主义者所做的人之模型，所有人都具有自由行为的能力，自由意志的存在是一个一目了然的经验事实。个体以某种方式采取行动的同时，他也确信自己能以另一种方式采取行动。正因如此，人只有通过很长一段时间的挣扎才能实现智力以及道德成熟：他为自己的胜利负责，理应为此获得奖励，他为自己的失败负责，理应为此受到惩罚。然而，有关人类的这一观点遭到了行为主义的否决。行为主义拥有很多版本，它们都采用了决定论原则，不过其中两个最为著名的版本是心理行为主义和生物行为主义。

1. 心理行为主义

心理行为主义的起源可以追溯到1913年约翰·B.沃森（1878—1958）发表的一篇散文的首段，他也被称为行为科学该分支"之父"：

> 在行为主义者看来，心理学是自然科学下一门纯粹客观的实验性分支。它的理论目标是对行为进行预测和控制。内省并未构成其方法的基本部分，其数据的科学价值也并不有赖于他们有助于自身在意识层面进行解读的意愿。行为主义者在努力获得动物性反应的统一方案中意识到，人和禽兽之间并无分界线。人的行为，纵然精致，纵然复杂，终究仅仅构成了行为主义者整体调查方案的一部分。[1]

---

[1] "作为行为主义者看心理学"，《心理学评论》，1913年3月，20，第158页。

约翰·B.沃森

沃森提出人们可对行为加以预测和控制的建议源于决定论者普遍因果关系的学说。如果宇宙中的一切事物都离不开因果关系,那么我们就有可能预测,一旦某个特定事件 X 发生了,它就会引发一个特定的结果 Y。出于同样的原因,一旦我设定了某些条件,诸如 X 的发生,那么其实我就操控了 Y 的出现。由此,沃森及其追随者们主张,人是在一个完全确定和有序的世界中运作,而包括人类道德决定在内的所有原则上可知的人类行为都受到因果过程的支配和控制。由此看来,对人因事件和人之决定的预测之所以含有瑕疵是因为人类拥有的知识并不健全。所谓的自由行为也不过就是那些人类行为这样一门潜科学尚未能够加以解释的行为。

我们不太熟悉的一点是,沃森否决了被他称为"内省"和"意识"的东西。我们大家都已充分意识到,在经过一系列的内部分析之后,我们可将自己的思维(或者意识)报告给他人。沃森指出,令人挠头的问题在于,这些传达给他人的报告如此多种多样,并且他们描述的思维又是如此的私密,我们不可能对这些内心的感觉做出可靠的分类。比如说,在自省的过程之后,X 可能会得出结论说,他爱上了 Y,甚至他还向 Y 倾诉了爱慕之情,但作为一名局外人,甚至连 Y 都无法确有把握地核实,X 确实有这样的感觉。由此,沃森认为内省是不科学的并对其加以否决,他并未否认所谓"精神事件"的存在,而只是主张,由于除了主体以外的任何人都无法观察得到有效证据,我们并无法提供心理学的数据。沃森的某些追随者甚至更进一步。

最简单也是最令人满意的一种观点是，思维就是一种行为——无论是否口头表述，无论隐性还是显性，一概如此。理应为行为负责的并非某些神秘的过程，恰恰是行为本身在控制各种关系时表现的各种复杂性，这关系到人、行为以及他所生活的环境。源于行为分析的各种理念及方法，无论以口头表述还是以其他形式出现，都最适合用来研究被我们俗称为人心的东西。[①]

那么，究竟是什么决定了人类的行为呢？沃森认为存在着两个决定性的因素。首先是仅仅包括身体和某些心理特征继承的遗传，一个人并不能继承智慧、天赋或者直觉。此外还要考虑一个人所在环境的影响。沃森主张，我们可以通过操控人的周围环境决定性地改变人的行为，甚至相当复杂的一些活动——诸如驾驶一辆汽车，解决一个问题，坠入爱河——也可被分解成一系列的习得反应。这一点在沃森下列的名言中表露无遗：

交给我12个健康的婴儿，身形良好，我在自己独特的世界里培育他们，我可以保证，我将随机抽取他们中的任何一个并教育他成为我预先可以选择的任何一类专家——医生、律师、艺术家、商业大亨，当然还有，没错，乞丐和小偷。这无关乎这个婴儿的天赋、嗜好、倾向、能力、天命以及祖先的种族。[②]

沃森将凭借环境影响行为的过程称为"条件反射"。他的条件反

[①] B.F. 斯金纳，《言语行为》，纽约：阿普尔顿－世纪－克罗夫茨出版社，1957年，第449页。
[②] J.B. 沃森，《行为主义》，基根·保罗，1925年，第82页。

射理论深受俄罗斯心理学家伊万·巴甫洛夫富有开创性工作的影响。

伊万·巴甫洛夫（1849—1936）出生于俄罗斯中部的梁赞，最初接受教育旨在成为一名牧师。然而，在阅读了查尔斯·达尔文的著作之后，他对科学萌发了兴趣并进入圣彼得堡大学研读化学和生理学，并于1879年获得博士学位。在长达超过四十年的时间里，巴甫洛夫都与实验医学研究所的生理学系紧密相关，该系此后就以他命名。尽管巴甫洛夫起初研究的是狗的消化过程，尤其是分泌唾液与胃部行为之间的关系，但巴甫洛夫的名字是作为俄罗斯精神病学的奠基人之一而家喻户晓。巴甫洛夫的工作促使其构想出了"条件反射"的原则，他认为这既适用于人类，也适用于动物。该项工作之后，巴甫洛夫于1904年被授予诺贝尔生理医学奖，他最为重要的著作是《消化腺运作机能讲义》（1897）、《条件反射讲义》（1928）以及《条件反射及精神病学》（1941）。尽管在政治上持有异议，巴甫洛夫在共产党执政时期仍然坚持不懈地工作，直到1936年死于肺炎。

巴甫洛夫在研究狗类消化腺的过程中获得了重要发现。他注意到，所有的狗在进食时都会分泌唾液，其实在进食之前，狗就已经在分泌唾液：只消看到食物，甚至仅仅听到看守人的脚步声就足以令其分泌唾液。在他的研究中，巴甫洛夫将此总结为一点，他的动物们会对某种往往并不会引发唾液分泌的特定刺激做出反应（也就是说，每当狗听到喂食前播放的音符就会分泌唾液）。由于食物总是会引发唾液分泌，巴甫洛夫就将食物称为一种"无条件刺激"，分

巴甫洛夫的唾液分泌过程

泌唾液则是一种"无条件反射"。另一方面，由于一串音符往往并不会引发唾液的分泌，它被称为一种"条件刺激"。在巴甫洛夫的试验中，狗已经将这种条件刺激（音乐）与这种会引发无条件反射（分泌唾液）的无条件刺激（食物）联系在一起。巴甫洛夫指出，一旦出现这种情况，这种无条件反射或可被称为一种"条件反射"。根据他的观点，一种条件刺激总是能引发一种条件反射。

沃森深受启发的经典条件反射或巴甫洛夫条件反射阐释了一门为我们大家所熟知的学问。比如说，小学生会将铃声和食物以及开始上课联系在一起，而在平时，这类声音或许标志着危险。然而，条件反射的这种形式并无法解释所有的人类行为。饥饿的孩子（或者狗）并不会富有耐心地终日呆坐在那里等着铃声的敲响；如果没有出现食物，他们就会自发地觅食。换言之，人并非总是受到其所在环境的条件限制，他们经常会操控环境以获取自己想要的。这类行为被称为操作性行为，并通过操作性条件反射而被习得。

操作性条件反射的概念和 B.F. 斯金纳（1904—1990）的工作紧密相关，很多人将其视为我们所在时代最为重要的行为主义者。在这里，受到条件限制的并非是一种反射性反应（诸如分泌唾液），而是动物在没有特定刺激情况下执行的任何一种自发行为。正因如此，操作性条件反射改变了有意行为，并由此在有的时候被视为行为矫正。如果在"斯

金纳箱"里的一只白鼠通过偶然击打杠杆就能获得食物，那么最终它会将杠杆和食物联系在一起，按压杠杆即意味着获得食物：它就已经学会了一种新的有意行为。操作性条件反射中最为重要的环节在于设置一种环境，从而促使期望的行为得以发生。为了实现这一点，该行为必须得到巩固加强。斯金纳将令人愉悦的强化（诸如奖赏或赞赏）称为正强化。一旦按压杠杆，白鼠就能获得食物作为奖赏，勤奋的学生能获得高分作为奖赏，兢兢业业的工人能获得加薪作为奖赏，诸如此类，不一而足。另一方面，负强化则通过移除某种令人不快的刺激而发挥作用，这本身也是一种奖赏。一直正在遭受电击痛苦的白鼠通过击打杠杆而切断电流。同样的原理也适用于人类事务，政府通过严惩的威胁而令人服从——否则的话，它或许而且事实上也会令一些个体遭受痛苦、耻辱或不安。强化区分了两类事物，其一是我们为了避免惩罚而不得不做的事，其二是我们为了获得有益的结果而想要去做的事。这两种方法都增加了某种行动或行为重复发生的概率。

2. 生物行为主义

条件反射有两种形式，对于很多人而言，其中第二种形式更令人惊恐，也更具潜在的危险。这种条件反射是通过生物行为的控制而实现的，否则的话将被视为"基因工程"或者优生学，后者致力于保留或提升物种的基因组成。19世纪晚期的英国基因学家弗朗西斯·高尔顿最早使用了"优生学"一词，该词支持赤裸裸的种族主义者和以阶级为导向的规划。弗朗西斯·高尔顿旨在赋予较为合适的种族更好的机会去压倒和胜过不太合适的种族。

弱者应当遭到强者的排挤,这个观点貌似是荒谬的,但假如那些最适宜在生活舞台上发挥作用的种族应当遭到那些无能、体衰以及意志消沉种族的排挤,这是更为荒谬的。

在遥远的未来,或许之后有一天,地球上的人类应当在数量和种族的适宜性方面受到严格控制,正如在一片秩序井然田野上的绵羊,或者在一座果园里的植物,与此同时,对于那些最适于创造和遵守更高层次更加丰富文明的种族,我们应当尽其所能地鼓励其繁衍生息,另一方面,我们不能凭借错误的直觉而支持那些孱弱的种族,这会阻碍强壮而健硕个体的到来。①

弗朗西斯·高尔顿

克里克和沃森

尽管在其之后的一些优生学家谴责了高尔顿的偏见,但很多人依然认同他的观点,即人类处于一种渐进式的遗传基因衰退状态,为了阻止其进一步发展,某些形式的优生学必不可少。1953年,克里克和沃森发现了DNA(脱氧核糖核酸)——决定了每个个体基因结构的代码——最近,人类基因组计划又勾勒出了基因代码图谱。人们现在确有可能通过遗传手术直接改善基因类型并减少基因缺陷。

---

① 高尔顿,《遗传的天才》,1870年,第343页。

人类优生学可被分为两类，积极优生学和消极优生学：

（1）积极优生学

这包含对所谓优秀人类的育种计划，人们可以由此改善基因库并为后代创造全新的遗传能力。这与一种已然成功运用在农业中的科技相类似，后者旨在培育牲畜和其他粮食的新型杂交品种。积极优生学最为著名的案例是由诺贝尔奖得主赫尔曼·J. 穆勒（1890—1967）提出的精子库概念。选择智力和社交能力超群的男性并收集其精子，冰冻并储藏在精子库中，之后再将其广泛运用在大量妇女的受精过程中。穆勒认为，这将显著提高人类的基因繁殖群。确实，穆勒甚至建议可以采用这种方法以优生式地生成某些特定的品质："同情心的真挚温暖，共同合作的性情，聪明才智的深度和广度，道德勇气和正直诚实，对自然和艺术的欣赏，表达和交流的才能。"①

赫尔曼·J. 穆勒

尽管乍一看来，穆勒的规划似乎有些遥不可及，但就现在人类可以提供的技术来看，这已然平淡无奇。比如说，人类在所谓重组基因研究领域获得的生物技术发展构成了基因工程的基础。该研究为基因信息（DNA）从一个细胞向另一个具有不同基因背景的细胞进行自由传递提供了方法，由此无论将其提供给何种细胞使用，该基因都能生成完全相同的产品。这并不是克隆——不久我们就

---

① "我们应该强化或是弱化我们的基因遗传？"《代达罗斯》，90，第3期，1961年夏季，第445页。

会看到，所谓克隆要求将所有基因物质从一个细胞向另一个DNA已被移除的细胞传递——但它确有可能令一个试管胚胎在移植进入子宫之前就发生基因组成的改变。从某种程度上说，这似乎是非常值得赞赏的，这样一个流程允许对特殊问题进行特殊处理（比如说，通过在支气管细胞中引入基因的方式治疗囊肿性纤维化），但从另一个角度说，这种做法会带来更多的问题，因为这相同的流程也会允许"设计婴儿"的出现，父母不仅可以决定孩子的性别，还可以在其后代出生前就决定其各项身体特征。这就使得穆勒最初的优生学计划更加接近现实，它将应用于一个拥有更优体格类型的社会——一个DNA富有而非DNA贫瘠的社会。目前，基因已经能够精确设计如何令子孙后代获取渴望得到的由基因决定的种种特征，从而也就巩固了业已存在的有关优越性的社会观念，那些基因弱势群体没有什么能力挑战那些作为他们对手的基因优势群体。

然而，自1997年以来，基因方面的种种可能性继续得以无限量扩大。那一年，在苏格兰罗斯林研究所工作的科学家们宣布他们通过一种被称为体细胞核移植的方法创造了绵羊多莉，多数人也将其称为**克隆**的手段。"克隆"一词源于希腊语，意为从一棵植物身上获取一株扦插，而事实上，你在园艺中心找到的任何一棵有名植物都是一个经过工程设计的克隆产物。克隆在某些植物中会自然发生——一颗土豆发芽长出无性繁殖的克隆体——在少数动物中也是如此，但重要的一点是，这种现象通常并不出现在哺乳类动物身上，唯一的例外就是同卵双胞胎。多莉的诞生之所以富有革命性意义，是因为它是从一头6岁大母羊身上的乳腺组织中获取细胞而被创造出来的：这些细胞通过"细胞核移植"这一过程得以重编程，并由此创造出了一个新的胚胎。罗斯林的科学家们移植了277个细胞核并产生了29枚胚胎，所有这些胚胎都被移植入母羊体内。其中有13枚胚胎受孕，但仅有一头羊羔——多莉得以出生。这在当时成了生物学上的一大突破。此前，人们一直认为，要从机体组织中培育出一头哺乳动物是不可能的。假如这在绵羊身上已然可能实现——最近还在家牛、老鼠、猕猴、猪以及大鼠身上得以验证——那么为什么就不能对人类也这么做呢？

我们不应该认为，在罗斯林进行的研究具有任何显著的"优生学"意图。它的主要目的是研发改变动物基因的有效方式，从而能够可靠地繁殖它们。这类改变，比如包括添加基因（诸如那些制造人类蛋白质的基因）从而创造生产药品的动物或研究不活跃基因的效应，这就能为人类疾病创造出动物模型。除此之外，人们还能运用这项技术从单细胞生成完整的器官，或是培育一些动物，其拥有的转基因器官适于异种移植到人体。尽管有着诸多值得称赞的美好意图，人们依然认为，克隆促使"设计婴儿"这种令人恐惧的东西以更加引人注目的形式出现，这样一来，父母们真的有可能预先决定其孩子的基因组成。比如说，音乐才能似乎就能流入家庭。由此，通过克隆一种令人羡慕的"霍洛维茨类型"或者"海菲茨类型"细胞或许就能创造出具有非凡能力的婴儿，某些群体之前被排除在外，克隆也有可能导致他们的出现。由于人们也能运用克隆技术治疗不育症，允许异性夫妻以类似于自然孪生过程的方式繁衍后代。与之类似，女同性恋夫妇可以选择通过成人 DNA 克隆的方式而不是借助某个男性精子人工受精的方式生个孩子——克隆也由此拥有了一个别名："无性繁殖"。不管怎样，我们可以更具自己的品位和愿望特意改变代代相传的 DNA 遗传：我们的祖先不会再将异常基因传染给我们，而他们身上最令我们钦佩和渴望拥有的特性则会被保留下来，成为我们的基因遗产。

很多团体已经指出，这种类型的"生殖性克隆"突破了人性中的道德屏障，将人类带入一个自我设计的领域，这远远超过了迄今所进行的任何实验。在一方面，哺乳动物的克隆在目的论层面值得怀疑：有预测表明，最初它将伴随着流产、堕胎以及畸形胎儿数量的急剧增加，而克隆物本身要么永远无法成

绵羊多莉

熟，要么在较为年轻时就会夭折（事实上多莉羊就是如此）。另一方面，克隆在义务论层面也值得怀疑：克隆是一种工具性的行为——也就是说，一种追求某个特定目的的行为——而迄今为止，其目的在科学上依然是不可能的：也就是说，一个人的遗传性状由另一个人来决定。不过我们应该还记得，这与康德的格言背道而驰，即某个个体永远不应成为实现其他人目的的手段。① 毋庸置疑，父母当然能以无数种方式影响他们的孩子，但迄今为止，他们还从未为其选择基因，这尚且属于一片未知领域。正因如此，没有人能预见，克隆个体一旦知道自己是其父母的"双胞胎"，或者也许是某个更受宠爱却已死去的兄弟姐妹的拷贝，仅仅是某个活着或死去的其他人的复制品，这将会对其带来什么心理影响。在这种特殊情况下，克隆的小孩是否会在了解自己诞生的情况后遭受心理伤害？他们究竟是否应被告知真相？

如此看来，积极优生学成为众矢之的也就不足为奇了，尤其是当它披着基因外衣的时候。有一条批评就指出，它会使更多人拥有相似的基因，或者甚至在极端情况下，克隆将会减少遗传变异的进化优

---

① 见本书第228页。

势,这种遗传变异可使物种更能适应任何可能出现的剧烈环境变化。另一个众所周知的难点在于如何确定这些被社会视为富有价值的品质特征。我们或许认为智力和美貌是令人渴求的,但这并不能确保我们的孩子也有同样的想法。穆勒早先罗列了一张富有价值的捐精者清单,其中包含了马克思、列宁和孙中山,但他在之后的清单中将这些名字排除在外,取而代之的是爱因斯坦和林肯!但是,或许最有问题的一项优生学假设在于,这些人们渴望获得的品质特征是以遗传而非环境为基础的。当然,某些品质特征确有可能通过基因的方式进行设计和操控,但要说所有品质特征都可通过优生学的方式获得,这就是一项错误的假设。这种假设事实上低估了诸如沃森和斯金纳这样的行为主义者的主张,他们指出,人们渴望获得的种种品质特征更有可能受到环境的控制。无论促使个体以某种方式采取行为的基因倾向有多强烈,行为条件作用的影响更容易引发人们所期待的结果。

2000年6月,两组科学家同时发表了人类基因序列图谱,这种有关"先天形成还是后天培养"的争论——究竟行为是由基因还是环境所决定的——也由此获得了长足的发展:一组科学家来自公共资助的人类基因组计划,另一组科学家来自克雷格·文特尔领导的塞雷拉基因组公司。这项成果解释了很多非凡的事实。人体内存储着数量惊人的DNA,如果将所有DNA以首尾相连的方式存储起来,它可以在地球和太阳之间来回超过600次。然而,所有基因组中仅有少于1.4%是由基因组成——其余部分就是"垃圾"——人类之间的DNA差异仅为0.2%。因此,比

克雷格·文特尔

如说，只有极少数量的基因与皮肤色素沉着相关，这就意味着，尽管毫无疑问的，"种族"这一概念在文化上非常重要，但从基因的视角来看，它却显得无足轻重。同样令人惊讶的是，人类的基因组仅由约30000个基因构成，这和预想中的100000～140000个相差甚远。相较之下，笨拙的果蝇拥有13600个基因，线虫拥有18000个基因，而稻谷拥有26000个基因组。黑猩猩自然是最为接近我们的近亲，在DNA序列方面，它们和我们仅有2%的差异。更加令人咋舌的或许是以下这项发现，人类和老鼠仅有30个不同的基因，在约1亿年前，我们确实和老鼠有着共同的祖先。正如文特尔在他宣布基因组序列的记者招待会上所澄清的，该研究结果表明，考虑到相对较小数量的遗传变异，环境才在人类独特性的发展道路上扮演着更为重要的角色：一个人的特征并不是通过基因组而"硬件实现的"。

不过，并非所有的遗传学家都同意文特尔的观点。他们指出，遗传生物学和分子生物学不仅就与遗传性疾病相关的行为提供了重要信息——比如说我们现在还知道，一个特别的21号染色体和伴生于唐氏综合征的智力迟钝紧密相关——但是，在这些染色体和单基因缺陷之外，其他更为复杂的身体行为和人格特质，诸如同性恋、智力、犯罪行为、侵略性和冲动性，都可以追溯到基因结构。这种更为极端的观点后来被称为**强硬的基因（或者生物的）决定论**，它还有一种更加环境友好型的对应理论，被称为**温和的基因（或者生物的）决定论**。

伍迪·盖瑟瑞

强硬的基因决定论者主张，人类的外貌、行为甚至以及长期历史都完全是由我们的基因构造所决定的，与之相应，环境无法影响任何给定基因的表达。这就等同于说，由于基因对个体采取的任何行为负责，因此也就不存在诸如人类自由意志这样的东西。在20世纪60年代，一些科学家宣布发现了一种所谓的"犯罪基因"，一种在暴力犯罪分子身上发现的特别的男性染色体（XYY），到了80年代，在"社会生物学"的标签下，强硬的基因决定论进一步提出了"种族"基因的存在。这些建议都未赢得多少信徒。然而，由单基因缺陷导致的超过4000例病案则提出了一项更具说服力的论点，这些病案包括囊肿性纤维化、镰状细胞贫血、肌肉萎缩症以及亨廷顿式舞蹈病。其中最后提到的这种疾病是这方面特别有力的案例。这种可怕的疾病——著名的歌手伍迪·盖瑟瑞罹患该疾病，从而吸引了大量公众的注意——是一种罕见的有关中枢神经系统的家族性疾病。乔治·亨廷顿于1872年第一次描述了该疾病，它将导致致命的阿尔茨海默病，发病10~20年内就会死亡，而且这种疾病是由一种单显性基因引发的。这种情况下，任何环境条件都无法中止或改变亨廷顿病症这种势不可当的进展：任何继承了该基因的人都将罹患这种疾病并死亡，针对该疾病目前尚无已知的疗法。

尽管这个罕见的案例非常强劲，尽管大众媒体常常会写出耸人听闻的报道，但是基因学家们依然达成了压倒性的共识，即强硬的基因决定论是错误的，而温和的基因决定论则相应勾勒出了一幅更为精准的画面，其中基因确实和诸多环境变量发生了交互作用。这方面的一个经典案例就是身高。一个人的身高很大程度上归因于基因，但诸如营养不良这样的环境因素也能很大程度改变这种影响。确实，如果强硬的基因决定论是正确的，那么克隆就会产生一模一样的类型：一个希特勒的克隆是另一个疯狂的独裁者，一个比尔·克林顿的克隆是另一个风流倜傥的总统，一个马蒂斯的克隆是另一个富有优雅色彩感的艺术家。然而，事实却远非如此。正如温和的基因决定论者所指出的，我们的每一种特殊属性都是在基因和环境两者间复杂的相互作用下形成的，一方面是我们的生物构造，另一方面是诸如家庭和社会背景、经济因素以及每个个体生活中的独特经历。由此看来，尽管同卵双胞胎具有生物上的种种相似性，他们依然成为不同的人。最后，我们也不应遗忘一点，即在过去的一百年间，另一种被称为"公共卫生"的技术已经在毫无任何基因干涉的情况下极大程度地延长了我们的预期寿命。这就表明，只要为基因组提供一个蓬勃发展的环境，它就能够相当程度地延长人类出生时的预期寿命至 85 岁。

（2）消极优生学

消极优生学是预防性的遗传医学，它具有消除或治愈这些携带有疾病或残疾基因的值得称赞的目标。其中应用最为广泛的一个案例就是用于治疗性流产的羊膜穿刺术。通过从包裹在未出生孩子周围的羊水中获取细胞，带有染色体易位的父母亲可被告知，其生育孩子患有智障或先天畸形的高风险。该手段通常被视为生物医学技术中一项重大的有益进步。其他的一些手段还包括自愿或非自愿的绝育术。

不过，依然需要重申的是，这对于克隆——或者，更为具体地说，对于"治疗性克隆"而言——我们必须转而考虑目前情况下可能出现的那些最为惊人的案例。比如说，从克隆胚胎中提取的干细胞或可被植入人体组织或完整的人体器官中生长以备后续移植所需：为了应对之后出现肾脏移植的可能性，可以事先将"备用配件"储备起来。此外，在退行性疾病中，克隆还允许对受损细胞进行替换，比如用于糖尿病的分泌胰岛素的细胞或者用于中风或帕金森病的神经细胞。器官和细胞可以按照需要生长，病人也不可能出现组织排异反应，不需要排长队等候，不需要依赖捐献者，不需要拿手头可以得到的他人组织凑合着用，因为每个细胞或器官都是针对特定个人的特殊需要而量身定做的。

倘若我们矢口否认基因技术带来的显而易见的治疗意义，这也是毫无道理的。现在，我们有能力诊断出结构性的染色体异常，无论其类型是在出生时立即显现（比如说，自毁容貌症），或者始终不表现出任何征兆直至中年较早的时候（比如说，阿尔茨海默病），或者进展缓慢或者直至成年依然毫无症状（比如说，多囊性肾病），再或者表现出对某些疾病的易感性（比如说，高胆固醇）。不过，无论这些进展可能有多么可圈可点，我们依然不应令自己忽视这些进展同时携带的道德困境。筛选基因缺陷确实有着显著的效益，但我们也应该自问一下，究竟该如何管控这种筛选，如何才能获得这些有用的信息，又向谁提供这些信息，我们该如何保持信息的机密性。比如说，谁将决定一种"缺陷"基因的构成？谁将一定从这些决策中损失或得益？是否由此会创造出一类缺陷公民的下层阶级？我们是否需要建立一种新的法律框架，以此保护那些基因缺陷者，令其免受以下类别的基因歧视：

- 那些拥有基因异常的人会被拒保健康险或人寿险。
- 雇主或许会限制给予这类人某些工作机会，要么是因为工作人员需要有能力抵抗某些健康风险，或者因为这类人不具备这种抵抗能力。

●在法律上禁止具有这些隐形特质的人生育孩子。

练习3

1. 你受雇于一家保险公司。根据目前你对遗传学最新发展的了解，请给出"健康"以及"不健康"的定义，你所在公司可以此为基础处理未来的任何索赔事务。

2. 下列是一家健康保险公司做出的决策，请就其进行分析。按照这些决策，你是否需要修正之前对"健康"以及"不健康"所做的定义？

a. 玛丽尚未出生的胎儿在囊胞性纤维症检测中结果呈阳性。保险公司将承担堕胎费用，但一旦胎儿出生，保险公司将不承担任何其后续所需的医疗护理费用。

b. 玛丽已故的父亲曾被诊断患有亨廷顿舞蹈症。尽管玛丽是健康的，但保险公司依然拒绝玛丽申请任何残疾保险。

c. 玛丽的基因检测显示，她面临70%～90%罹患乳腺癌的风险；因此她定期进行筛选，而保险公司拒绝她投保寿险。

3. 一对夫妇双双都是某个致命隐性基因的携带者。相较于以正常方式孕育一个宝宝，他们宁可选择以下方案：a) 领养一个孩子；b) 采用产前诊断手段并进行选择性堕胎；c) 采用不含该隐形特质的捐赠者配子；d) 采用其中的一个细胞进行克隆繁殖。你会怎么做？

正如之前练习或可揭示的，消极优生学也面临着积极优生学所遭遇的一切批评，尤其是在决定基因好坏以及判定谁为决策者这两个问题上。然而，和所有预防医学一样，其所面临的主要困难在于：预防的规划究竟可以扩展到多大范围？当我们从对特定个体的治疗（或胎儿或胚胎）转向整个群体的治疗，这个问题就显现出来了。在特定案例中，无论是对于医生还是父母而言，对一个严重残疾的胎儿实施堕胎似乎是一个明确的目的论式评判意见，但若是赋予决策规范性的伦理意义——要说携带有基因缺陷的胎儿一概当予以堕胎处理——这就等同于对我们社会中的智障或基因缺陷个体宣读了进一步的目的论式评判：换言之，我们这样做是在根据社会效用的原则评判他们。但是，这一原则又能延伸到多大的范围呢？它是否能立即使对智障人士强制实施绝育术这一行为合法化？它是否应该要求禁止智力退化者之间结婚？它是否意味着就某些在出生前就能在子宫中检测出来的特定生化缺陷，我们可以授权对所有人进行筛查？在所有这些问题中，我们又预设了另一个伦理学的两难困境：侵犯个人隐私，一旦当事者以外的人获取这些信息，也难保其采取什么不当的行为。

在接下来的三篇文摘中，有两篇为心理以及生物行为的调控提供了极具说服力的论据。其中第一篇摘自于斯金纳的未来派小说《桃源二村》（1948）。斯金纳在文中（假借桃源二村这个理想公社的创建者——弗拉兹尔之口）指出，若要克服当前世界存在的诸多可怕问题，我们必须通过确保物种生存的方式来重新定位自身的价值，首当其冲的就是为了精心设计的操控而牺牲自由的"神话"。在桃源二村中，未来的国家里，行为分析者将操作性条件反射的原理主要运用在了儿童的抚养和教育领域，"适当考虑他们将要过的生活"而塑造他们。

第二篇文摘选自约瑟夫·弗莱彻的一篇文章。20世纪60年代，弗莱彻作为所谓"情境伦理学"的代表性人物而声名大噪，该理论在道德观点方面采纳了当时自由和宽容的风尚。根据弗莱彻的主张，道德生活最为重要的方面并非盲目坚持律法主义——义务论式的准则——他将其称为先验法——而应恪守永远支撑着人们的"关爱"精神。这种关爱表现为想要满足和实现人类需要的务实渴望。正因如此，我们应当满腔热情地支持任何有助于改善人类处境的事物，诸如生物行为的控制。

本书中的最后一篇文摘当仁不让地选自奥尔德斯·赫胥黎的著作《美丽新世界》。赫胥黎在此书中告诫人们应当对所有形式的极权主义控制保持警惕。赫胥黎在其著作《重访美丽新世界》（1959）一书中重申了他早先的批评并指出，强大的非人力正威胁着自由，其中就包括心理和生物操纵方面的现代技术。纵使在根本上仍是悲观的，他最后的言论依然积极评估了现代人在避免自由最终整个消失方面所具有的能力。

文摘 1. B.F. 斯金纳：桃源二村 [①]

"我认为自由压根儿就不存在，"弗拉兹尔说道，"我必须否认，不然我的项目就是荒谬的。你无法设立一门科学，专门研究一个无常跳跃的课题。或许我们永远无法证明人不是自由的；它是一种假设，但是行为科学的成功使之显得越来越合理。"

"相反，简单的个人经历却使它站不住脚，"卡斯尔说，"自由的经历。我知道我是自由的。"

"这一定使你感到欣慰。"弗拉兹尔说道。

"而且，你也知道的。"卡斯尔火暴地说，"一旦你为了把玩一门行为科学而拒绝承认自己的自由，就明显在背信弃义。这是我唯一能

[①] B.F. 斯金纳，《桃源二村》，纽约：麦克米伦出版社，1948 年；本书所用版本，1970 年，第 257~264 页。

做出解释的方法。"他试图缓过神来,耸了耸肩,"至少你会承认,你感觉自由。"

"'自由的感觉'骗不了任何人,"弗拉兹尔说,"给我个具体的例子。"

"嗯,马上,"卡斯尔说,他拿起一包火柴,"我有自由拿着或扔下这些火柴。"

"当然,你不是拿着就扔掉。"弗拉兹尔说,"从语言学或逻辑学上看有两种可能,但是我认为事实上只有一种。决定的力量可能是微妙的,但不容变更。我的意思是,作为一个井然有序的人,你可能会拿着——啊!你扔下了它们!哦,你看,对我来说,那都是你的行为的一部分。你不能抵制证明我是错的这一诱惑。这都是合乎规律的。你别无选择……"

"简直太油嘴滑舌了。"卡斯尔说,"事后争论有无定律很容易,但让我们看看,你事先就会预测到我会做什么,然后我就会同意这世上存在一种定律。"

"我没有说行为总是可被预测的,就像我们不是总能预测天气变化一样。这其中往往有太多的因素要考虑。我们无法统统加以精确测量,而且即便有了测量数据,也无法进行预测所需的数学演算。合法性往往是个假设——但即使如此,这对于判断手头的这个问题还是至关重要的。"

"那么就举一个当中没有选择的例子吧。"卡斯尔说,"我现在是自由的,从这个意义上说,一个蹲监狱的人自然是不自由的。"

"好!这个开头妙极了。让我们对人类行为的决定因素分个类吧。正如你说,一类是身体的束缚——手铐、铁窗、高压政治。这些是我们按照自己的意愿构成人类行为的方法。简单粗糙,牺牲了被控制者的感情,但却往往管用。现在,还有什么别的方法可以限制自由?"

弗拉兹尔采用了一种专业的语气,卡斯尔拒绝予以回答。

"武力威胁就是一种方法。"我说道。

"对,在这里,就被控制者而言,我们还是不能鼓励任何忠诚。他或许会多一丁点的自由感觉,因为他总是可以'选择行动并接受结果',但是他不会由衷感到自由。他知道自己的行为受到逼迫。现在,还有别的方法吗?"

我没回答。

"武力或者武力威胁——我看不到其他可能。"过了一会儿,卡斯尔这样说道。

"精辟。"弗拉兹尔说。

"但是,我大部分的行为当然和武力一点关系都没有。我的自由是存在的!"卡斯尔说。

"我并不同意没有其他可能——只是你看不到而已。

作为一名差强人意的行为学家,甚至是一个差劲的基督徒——有一种不同的汹涌磅礴的力量,你感觉不到。"

"那是什么?"

"我必须来点专业术语了,"弗拉兹尔说,"不过只是暂时的。那是行为科学所谓的'强化理论'。发生在我们身上的事可分为三类。对第一类事情,我们持中立态度,漠不关心;对第二类事情,我们感到喜欢——我们希望它们发生,并采取动作使其再度发生;还有第三类事情我们并不喜欢——我们不希望其发生,并采取动作避免其发生或不让它们再度发生。"

"现在,"弗拉兹尔诚恳地继续说道,"如果在我们的权力范围之内,能营造一个人喜欢的任何氛围而消除他不喜欢的氛围,我们就能控制他的行为。当他按照我们所期待的那样行为，我们就干脆营造一个他喜欢的场景，或者消除一个他不喜欢的场景。结果，他再次那样表现的可能性就增大了，而这正是我们想要的。从技术层面上讲，这被称为'正面强化'。"

"旧学派犯了一个惊人的错误，认为翻过来的方法就是正确的，即通过消除一个人喜欢的场景，或建立起他不喜欢的场景。换言之，通过惩罚他，就有可能减少他以一种特定方法再次表现的可能性。这一点也站不住脚。毫无疑问，在这个社会进化的关键阶段正在兴起一点，即完全基于正面强化的行为和文化技术。我们渐渐发现——以人类受苦为巨大代价——长期来看，惩罚不会减少某种行为发生的可能性。我们一直专注于相反的情况，所以总是把'武力'等同于惩罚。当我们把整船整船的食物运入受饥挨饿的国家时，我们并不说自己在运用武力，虽然正如我们送去军队和枪炮一样，这也是在展示同样的力量……"

"既然我们已经知道，正面强化是如何发挥作用的，那为什么反面强化没有作用呢……我们在文化设计中就能更加深思熟虑，从而也就更加成功。我们可以获得一种控制，在这种控制之下，虽然相较于旧制度之下的情况，被控制者还是会更加循规蹈矩，但他们仍可感到自由。他们在做自己想做的事，而不是被迫要做的事。这就是正面强化的巨大力量来源——没有限制，没有反抗。通过细心的文化设计，我们并非控制最终的行为，而是行为的倾向——动机、欲望和愿望。"

"奇怪的是，在那种情况下，自由的问题从不出现。没有什么东西阻挠卡斯尔先生的行为，因此他是自由地扔下了火柴。如果火柴牢牢绑在他手上，他就不会自由了。如果我用枪指着他，并扬言如果让火柴掉下去就格杀勿论，他就不会那么自由。一旦存在某种限制，无论是肉体还是心理的限制,自由的问题就随之出现了。"

"面临我们想要做什么这个问题,并没有什么描述自由的词汇。"弗拉兹尔继续说,"这个问题从未出现。当人们为了自由而攻击,他们就会反击监狱和警察——或者反抗压迫。他们从来不会攻击那些希望他们采取如此行为的力量。尽管如此,似乎人们都默认,政府之通过武力或扬言动武来运作,而其他的所有控制原则都留给了教育、宗教和商业。如果这个情况继续下去,我们倒不如放弃。政府若在人民身上继续套用现在的伎俩,就永远不可能造就自由的人。"

"问题在于:人类能够自由而和平地生活吗?答案是:是的。前提是我们能建设一个满足所有人需要的社会结构,而且人人都遵纪守法,但迄今为止,这也仅仅就在桃源二村能够做到。卡斯尔先生,尽管你无情地做了相反的指控,这里可是世界上最为自由的地方。之所以说它自由,是因为我们不使用武力或扬言诉诸于武力。我们的任何一丁点研究,从托儿所到成年人的心理管理,都直指这样一个目标——充分挖掘任何一种能够替代强迫控制的替代性方案。通过巧妙的计划,通过对技巧进行明智的选择,我们可以增强自由感。"

问题:斯金纳

1. 请就当今所实施的正强化和负强化给出具体案例。你认为斯金纳对这两种强化效果的衡量是正确的吗?

2. 你是否认同弗拉兹尔的观点,即桃源二村是"这个世界上最为自由的地方?"在桃源二村里,我们的生活品质是会增加还是降低?请就此给出具体案例。

文摘 2. 约瑟夫·弗莱彻：遗传控制的伦理学问题[①]

伦理学的问题在于……我们是否能说明通过设计在人类身上实现基因改变是合情合理的，无论是出于治疗性还是非治疗性的目的。我们既有能力实现消极优生学或称为矫正性优生学——比如说，为了排除显而易见的染色体病——也有能力实现积极优生学或称为建设性优生学——比如说，为使某人获得某种天赋异禀而专门改造其基因组成。类似于伦理分析中所有的其他问题，基因干涉以及基因工程的道德性归根结底是手段和目的的问题，或者是行为和结果的问题。那么，我们究竟能否说明基因工程的目标和方法是合情合理的呢？

……暂时抛开技术层面的哲学规范不管，我想指出一点，我们在处理对错是非或善恶正邪这些问题时，根本上讲有两大系列方法可供选择。第一类方法假设，任何行为或行动过程的对错取决于其生成的结果，而第二类方法假设，我们行为的对错取决于其是否遵守了一般的道德原则或者预定的行为准则……其中，第一种方法是结果论的，而第二种则是先验论的。

这是一个根本问题，在对（我想指出）遗传控制行为进行伦理学分析时，它也是一个决定性的问题。我们是将根据一般命题以及规范性决策的共性进行推论，还是根据经验数据、

约瑟夫·弗莱彻

[①] "遗传控制的伦理学问题"，《新英格兰医学杂志》，185，1971年，第776~783页。转载于《医学中的伦理学》，S.J. 赖泽尔，A.J. 迪克及 W.J. 柯伦编辑，剑桥，马萨诸塞州：麻省理工学院出版社，1977年，第387~393页。

复杂多变的情境以及规范性决策的人类价值进行推论？究竟是哪种方法？反正非此即彼。

……更为人们普遍接受的一种伦理学方法是一种……务实的方法——先验论者有时会对其不屑一顾，并将其称为一种"仅仅针对目标的道德"，但这是我自己的伦理学，而且我认为，所有生物医学研究与发展以及医疗保健方面的伦理学都暗示了这一点。我们从每个实际案例或问题的数据出发进行推理，之后选择了一种能使所期待出现的结果最优化或最大化的行动方案。

对于那些我们或可称为情境的或临床的结果论者而言，凡是有助于人类福祉的结果才是重要的，才是好的。以此为基础，伦理层面的真正问题在于，就可预见或可预言的结果而言，人类身上的基因改变是否将增加或减少人类福祉。我们在行动时既不遵照先验式的绝对规则，也不奉行教条主义的原则，比如主张应当禁止对人类基因型进行干预的宗教信仰，或者认为每个个体在拥有独一无二的基因型方面都有不可剥夺的权利这种形而上学的观点——假定无论可能性有多大，总有一个通用基因库可能碰巧构成这个基因型。对于结果论者而言，基于经验做出决策是一个难题。现在问题就变成了，"何时它为对，何时它为错？"

那么，在怎样的情境中，建设性或者说积极优生学才会因为由此获取的益处——成比例的益处——足够之多而变得合情合理？……就拿作为基因工程一种形式的人类克隆来说吧……就整个社会秩序而言，或许我们需要一个人或更多的人拥有特别的基因构成，从而能在海洋深处的观测用球形潜水器外，或者能在极高的外太空舱中生存较长时间。通过克隆手段控制一个孩子的性别从而避免50种伴性遗传疾病中的任何一种，或者满足一个家庭得以延续的需要，这样做或许是情有可原的。对于不孕夫妇而言，我就赞成通过捐献者实验室受精的方式孕育孩子。

目前我们对有性繁殖并不加以控制，人类基因库由此不断遭受污染，鉴于这种情况，有朝一日，我们完全有可能不得不通过复制健康人群以抵补基因疾病的蔓延并增加普通繁殖中可以获取的有利因素。此外还很容易出现一种情况，人口过剩现象将迫使我们遏制普遍的繁殖能力，并且依靠未认证来源细胞进行实验室繁殖的方式来避免歧视。如果我们拥有一个"细胞库"，其中存储有一种濒临灭绝的野生物种的组织可用以繁殖，那么面对濒临灭绝的人类，我们也可以采取相同的做法，比如说位于日本北部毛发浓密的阿伊努人，或者吉卜赛人的某些种群。

如果最多数人的最大快乐（也就是社会福利）借此才能实现，那么以下两种做法都是合情合理的，其一是通过克隆或建设性的基因工程手段专门设计人类所拥有的能力，其二是通过生物策划或生物设计的方式生成人与动物的杂交体或是"改良人"——比如说嵌合体（半兽人）或是电子机器人（半假体人）。我会赞成克隆生成高水准的军人和科学家，如果其他的克隆体形成了一股精英力量，或是密谋获取了专制独裁力量——这实在是一种科幻小说中才有的情境，不过我们却可以想象，那么我也赞成通过其他的基因手段来供给这些高水准的军人和科学家。我们为了社会福利而需要有人从事一些无趣、无报酬或是危险的任务——可能是检测疑似的污染区，或是调查具有威胁性的火山或雪崩，这些情况下，相较于那些经过基因特殊设计的人，我猜自己更加偏爱于制作和采用那些人－机杂交体。

我们身处一个普罗米修斯式的情境之中。我们无法清楚地看到何为希望，何为危险。在生物医学领域，希望与危险并存。完全放开基因控制而引发的恐慌或是抵制基因控制的先验论反对者大多都和暴政专权相关，可这是虚假的，而且具有误导性。他们的宣传主线指出，由于克隆人的基因型得以复制，因此其首先是自身单细胞母体的"副本"，而这些基因经过设计的个体似乎并不具有个性化的个人履历或是丰富多变的外在环境。人格并非仅仅由基因型塑造而得。

除此之外，他们还假定这个社会是独裁专制的，它禁止这类经过设计的人或克隆人结婚或从社会的基因库中获取配子繁殖后代，不同于那些拥有某种特殊天赋能力的个体，他们也无法自由选择自己扮演的角色和执行的功能。然而，这是现实的吗？难道说这其实并非从情绪或态度的视角，而是从理性或疑问的视角来考量这个问题？……专制独裁的危险确实是一种真正的危险，但遗传控制并不会引发专制——如果说这两者间存在任何的因果关系，那就是南辕北辙了——事实上恰恰相反。深受《美丽新世界》《1984》以及《华氏451度》这些著作感召的人们忘了一点，即暴政专制早在基因控制技术诞生之前就已然存在了。滥用基因技术的症结是政治问题，而非生物问题。

……需求，而非权利才是道德的稳定器。律法主义会首先尊崇权利，而人性主义则会着重考虑需求。如果人类的权利和需求之间发生了冲突，就让需求占据上风。假如医疗保健能采用遗传控制的手段能保护人们免受疾病或畸形之苦，或者减轻这些问题，那么就让那所谓的"权利"在一开始就靠边站吧。即使需要以牺牲某些同类为代价，如果为了获取治疗以及预防"独特基因型"这类悲剧而需要对胚胎以及胎儿组织展开研究，那么就让人类权利屈居次位吧……

由于微生物学家和胚胎学家们所做的工作，我们现在已能为分隔两地甚至是生死相望的父母孕育孩子，一些妇女已能怀上并孕育其他妇女的孩子，一个男人可以成为数千名孩子的"父亲"，通过基因干预技术，我们已经能形成完整的婴儿，而不仅仅简单地提取我们生殖器官中的配子，生化学家和药理学家们设计出了人造子宫和人造胎盘。所有这些手段都将必然改变或转变我们原先对谁是父亲，何谓父亲、或何谓母亲、何谓家庭的概念。弗朗西斯·克里克——共同绘制DNA 的人员之一以及其他人指出，在某种程度上，这将摧毁我们伦理信念的传统基础，这种说法不无道理。

问题：弗莱彻

1. 你希望当今建成一个怎样的社会？采用生物行为主义的技术，你将如何着手实现该目标？

2. 弗莱彻指出，"滥用基因技术的症结是政治问题，而非生物问题"，请评估他的这一看法。

生物行为技术取得的进步将会"摧毁我们伦理信念的传统基础"吗？请给出实际案例。

文摘3. 阿道司·赫胥黎：重访美丽新世界[①]

（我们）发现自身面临着一个极其令人困惑的问题：我们果真愿意利用自身拥有的知识去解决问题吗？此外，为了设法终止，或者如果可能的话，逆转目前趋向极权统治的势头，大部分民众是否真的认为这般不辞劳苦是值得的呢？在美国——它是目前以至将来很长时间

[①]《重访美丽新世界》，查托 & 温达斯，1959 年，第161~164 页。

内，世界上"城市-工业"型社会的先行者——目前的民意调查显示，实际上作为未来选民的十多岁的年轻人，他们绝大多数却对民主制度毫无信心，对不合时宜的思想审查制度毫不反感，也并不相信什么民有、民治的政府，如果可以继续维持他们早就习以为常的富裕的生活方式，他们对由少量精英统治的寡头政府照样很是满意。在全世界最强大的民主政治之下，如此多生活富足的年轻电视观众，他们居然对民治的观念完全无动于衷，对自由思想、公民不服从权力完全视若无睹，这一事实难免令人备感沮丧，只是倒也不必一惊一乍。我们常说"像鸟儿一样自由"，并羡慕那些带翅的生物，它们有能力在三维空间里无拘无束地飞翔。但是，天哪，我们却忘记了渡渡鸟。要知道，任何鸟类，一旦学会了在地上挖挖啄啄，且能过上小康生活，它自然就不再有动力展开翅膀在天空翱翔。从此，它将厌弃飞翔的特权而永远生活在大地上。

人类的本性也与鸟类颇有些相似。如果一日三餐都有充裕的面包定时供应，那么许多人将完全满足于仅仅依靠面包的生活，或是顶多再靠观看马戏调剂一下生活。在陀思妥耶夫斯基的寓言小说《卡拉马佐夫兄弟》中，宗教大法官这样说道："到最后，我们将抛弃自由，扔在我们的脚下，并且说：'让我们做你们的奴隶，只要喂饱我们就好。'"而当阿廖沙·卡拉马佐夫问他的兄弟——伊凡——这部小说的叙事人——宗教大法官说这话是否是一种讽刺时，伊凡回答："一丝一毫讽刺的意思都没有！审判官只是出于他个人以及他所在教会的善德，才摒弃众人的自由，以此让众人幸福。"说得不错，"让众人幸福"。"而且，在此世界上，"大法官强调说，"对于个人或一个社会，从来都没有比自由更为遭人反对的了。"——不过，"不自由"除外。因为，一旦情况变糟，食物分配定额削减，那么在地上定居的渡渡鸟将再一次吵吵嚷嚷,要求重新张开翅膀。不过,只要情况有所好转,喂养渡渡鸟的农夫们变得更加仁慈慷慨些,那么这些渡渡鸟又会再度放弃它们的翅膀。如今的年轻人们也是一样,他们现在对民主政治思考甚少,长大成人却有可能成为自由的斗士,过去呼喊"给我电视、汉堡包,只是不要拿自由的责任来烦我"的人,一旦条件发生改变,或许会改而呼喊"不自由毋宁死"。如果这样的革命爆发,其原因一部分在于,甚至连最强有力的领导者也会对权力的运转逐渐失去控制,另一部分原因则在于统治者的无能,他们不能充分利用思想操纵术——科技发展之下,这完全就是现成可用的,而且未来的独裁者也一定会应用这种操纵术。不妨好好思考下,在过去的年代,像大法官这样的人物对思想操纵术知之甚少,而且也缺乏现代化的统治手段,但他们却已然做得很棒,而他们的继承者——那些知识储备充分、思维彻底科学化的未来独裁者们,势必将比前辈们做得更好。大法官责备耶稣,谴责他呼吁民众追求自由,他告诉耶稣:"我们更正了你的工作,并且将其建立在奇迹、神秘、权威的三位一体之基础上。"然而,奇迹、神秘、权威还不足以保证一个独裁政权的永续。在我的寓言小说《美丽新世界》中,独裁者们又在这份清单上添加了科学,如此便能通过控制婴儿的胚胎、驯化,以及控制成人、儿童的思想来推广其权威。而且,他们已不再简单地谈论奇迹或用符咒暗示神秘而已,因为他们已然可以通过药物的手段令其臣民直接感受奇迹与神秘,如此便能将单纯的信仰转变为狂喜的体验。过去的独裁者们之所以失败,是因为他们无法给臣民提供足够的面包、马戏、奇迹、神秘,也没有真正有效的思想操纵术。过去的自由思想者和革命者往往都是极端虔诚的正统教育的产品,这也就不足为奇了,因为正统的教育者过去使用,现在仍在使用的手段其实根本就没有用。而在一个有着科学化思维的独裁者统治之下，教育将会真正发挥功效。结果是，绝大部分男孩女孩长大成人之后，将热爱他们的奴役状态，永远都不会念想革命。似乎没有任何理由可以质疑，为什么一个完全科学化统治的独裁政权将永远不会被推翻。

与此同时，在这世界上，仍将残留一些自由的火种。或许，许多年轻人看上去真的不重视自由，但是我们中有一些人依然信仰自由。因为没有自由，人将不成其为完满的人，自由因此而珍贵无比。或许，目前威胁自由的势力确实太过强大，我们不能抵抗多长时间，但只要一息尚存，我们仍需尽一身之责，竭尽所能地抵抗至死。

问题：赫胥黎

1. "似乎没有任何理由可以质疑，为什么一个完全科学化统治的独裁政权将永远不会被推翻。"你是否同意赫胥黎的这条结论呢？

2. "人类令自己感到愉悦的力量意味着……某些人可使另一些人感到愉悦的力量"（C.S.刘易斯）。请基于赫胥黎的言论就此进行讨论。

3. 我们的生活方式在多大程度上增加或减少了我们行为的自由？请给出具体案例。

问题：行为主义

1. "随着我们政治和社会需求的改变，效益的定义也会随之发生变化。"你认为该论点支持的是扩大行为控制还是限制行为控制？

2. 有一个问题：管理人员应该受到谁的管控呢？你认为斯金纳或弗莱彻会如何回答这个问题。你又会如何回答？

3. 在你看来，创建基因数据库会面临些什么道德困境。创建基因库有时是令人渴望的，有时是不受欢迎的，请就此分别列举一些实际案例。

4. "每年都有数千名病人在等待移植的过程中死去，正因如此，创造出转基因的猪是非常可取的。"针对这条结论，你能提出什么反对的论点吗？

5. 知道自己是一个克隆体会对你产生什么心理效应吗？比如说，你是自己父母亲本身迟到了的双胞胎。这会影响你对自己个人特征或自我价值的理解吗？

6. "基因种族隔离"一词的含义是什么？能够避免这种情况的发生吗？如果可以，该怎样避免？

7. 反堕胎者可能会争辩说，"一枚受精卵是一个完整的人。正因如此，在克隆过程中提取其细胞核就是在谋杀这个人。"请就此进行讨论。

8. "我们能够通过克隆招募一支小希特勒的军队。"请就此进行讨论。

9. 如果这世界上已经存在着一些无家可归的孩子，那么采用捐赠者的配子创造孩子是否道德？

10. 请阅读下列文摘。在贩卖一件产品时，你会采取什么条件反射作用的技术？你认为什么时候这类技术合情合理，什么时候不合情合理？是否存在任何永远不想贩售的产品？

有一家公司专门向教师提供一些"教育"素材，包括挂图、木板剪贴画、教师手册，这吸引了商人和广告商的注意："我们可以培育人们对你们产品的购买欲望！全美的小学中大约有2300万的男孩女孩。这些孩子摄取食物，消耗衣物，使用肥皂。他们是今天的消费者，也将成为明天的购买者。你们的产品将有一个巨大的市场。以你们的品牌向这些孩子贩售产品，他们会坚持要求其父母购买你们的产品。很多富有远见的广告商通过向教师提供项目教育素材的方式塑造了渴求的心理，从而在今天赚钱……继而为明天铺路……他还信心满满地补充说道："所有这些都包含了裹以糖衣美化的信息，这会促使人们接纳并渴求你们的产品……"克莱德·米勒在其著作《说服的过程》一书中评论了这种吸引力。他说："是的，这会耗费一些时间，但假如你期望在一个行业长久运作下去，请想一下，如果你能对100万或者1000万孩子实施条件反射作用，培训他们在长大成人之后购买你们的产品，这对你们公司的盈利意味着什么。这好比提前训练士兵，当他们听到触发性的字眼'齐步走'时就会有所行动。"[1]

---

[1] 万斯·帕卡德，《隐藏的说服者》，纽约：大卫·麦凯出版公司，1957年，第158~159页。

第八章　元伦理学

I. 引言

现在让我们重返第一章遗留下来的一个话题：元伦理学。[①] 正如我之前所述，元伦理学与道德的语言相关，或者，更为精准地说，它关乎以下这些我们非常熟悉的伦理学术语，"善""恶""对""错"。这使得元伦理学有别于规范伦理学。原因在于，规范伦理学——本书的主要兴趣点所在——讲的是，什么样的东西是好的，以及身处某种道德情境时，我们该决策做什么，而元伦理学则集中探究这些我们熟悉的伦理学词汇的意思。

我们可能都会觉得自己清楚伦理学术语是什么意思，甚至还会说，就算是孩子也能大概知道如何使用这些字眼来赞同或是反对某些行动。于是，正如众所周知的，我们会理所当然地认为"偷盗是恶的"，而"说实话是善的"。然而，倘若进一步仔细检查就会发现，这些词汇究竟为何意，我们其实根本没有形成共识，而这些词汇在实际使用和表面定义之间还横亘着很大的差异。就拿几何学中一个类似的例子来说吧。即便在我们展开这个话题之前，很多人早已知道"正方

[①] 见本书第1~3页。

形"为何意：我们会指着一张方格纸，以此区别于三角形的图案。伦理学术语也是同样的，人们或许会以极为通俗易懂的方式使用"善"这个字眼，但要说到它的精准定义，说不定就会茫然不知。更何况伦理学词汇往往含有不同的意义，这就使情况变得更为复杂。举例来说，目前我们已经很熟悉，内在的善与工具的善这两者间有着巨大反差，前者中善是一个目的，而后者中善是一种手段。① 当我们使用"善"这个字眼时，究竟指的是某些本身就是好的事物，或是某些仅仅能导致其他一些好事发生的事物？倘若截肢能使我们免受肢体坏疽之苦，它或许是好事，但人们绝非渴望截肢本身这件事的发生，它只不过是充当了某些人们渴求之事得以发生的手段而已，这种情况下也就是指一种幸福的状态，可即便是一种幸福的状态也并不一定被视为一种内在的善。如果身体不适没有伴生的痛苦，也永远不会妨碍我们的其他活动——如果蛀牙永远不会让我们感到疼痛，也永远不会妨碍我们追求自己的其他兴趣——那么我们似乎更会将幸福本身视作达到目的的一种手段，其唯一的内在善也就被命名为"快乐"以及避免"痛苦"，但即便如此，我们还应进一步做出一些其他区分。一项行为之所以好，是因为它能给我带来快乐，还是因为它能给他人带来更大的快乐？另外，能带给我快乐的东西就必然是好的吗？

那么，就对"善"以及其他相关伦理学术语的定义而言，这些复杂情况都是始料未及的。同一个字眼可以既被使用在伦理学的句子，也可被使用在非伦理学的句子中——"这是一个坏男孩"以及"这是一本坏书"——不仅如此，我们还发现，即便在单独的伦理学句子内部，基本的伦理学词汇也有着不同的用法。正因如此，元伦理学生成

---

① 见本书第 51 页。

了大量的不同理论也就不足为奇了，其中某些理论相对更为成功。不过在这方面，有三种一般的分类尤为重要，现在我们对此进行逐一讨论。它们分别是：①**伦理自然主义**（也被称为确定主义）；②**伦理非自然主义**（或直觉主义）；以及③**伦理非认知主义**（或情绪主义）。

II. 伦理自然主义

该理论主张，所有的伦理陈述都能被翻译成非伦理陈述，或者更具体地说，都能被译成可被证实的事实陈述。于是，我们可以仅仅通过参考某些自然属性或特征的组合而对"X 是好的"这一命题加以定义，这里暗含着一层意思，即善良并非某些奇怪而神秘的东西，而是某些可被侦测和感知的东西。比如说，不妨想想下列两句陈述之间的差异，"阿道夫·希特勒在 1945 年自杀"以及"阿道夫·希特勒是一个邪恶的人"。第一句是一个事实陈述，我们可以凭借证据检验其真伪。然而，伦理自然主义者们认为，我们凭借同样的方式也可证实（或证伪）上述的第二句话。希特勒究竟是否邪恶，我们既可以通过其个人行为是否显露出残暴、虚伪或怯懦，也可以通过其行为是否招致恶果而加以判定。一旦我们掌握了证据，表明他就是这副样子的，或者他的行为确实引发了这些恶果，那么我们就已然证实了"希特勒是一个邪恶的人"这句陈述。如果证据指向其反面，那么这句陈述就是虚假的。

此处有两项先决条件：①某个道德命题若与某些事实相符即为真，以及②可以通过某些经验或科学的方法获取这些事实。这两项先决条件在另一种形式的伦理自然主义中也同样有效，唯一的区别在于，此处所采用的方法与人类思维的科学更紧密相关。在这里，所有的伦理陈述无论是个人陈述或者一般陈述，都变成了表达赞同与否的陈述。于是，如果我说"特蕾莎修女是善的"，我并不是说有关这个女子本身的任何本性或品质，而仅仅在说"我赞同特蕾莎修女"，或者"大多数人赞同特蕾莎修女"。需要重申的是，这些陈述可最终被证实或证伪，上述案例中的陈述是通过我及其他人对特蕾莎修女的心理反应的估计而被证实。无论被证实还是证伪，这些陈述都能通过自身观察或者他人是否赞同该观点的统计结果得以判定。

伦理自然主义可能会遭遇以下几条批评：

（1）该理论最明显的弊端可能在于，它似乎妨碍我们去解决任何一场道德争辩，或者甚至也阻止我们参与到任何一场道德争辩中。如果"A是好的"仅仅表明了说话者的倾向——即他或她赞同A——那么这种评判就永远不会错（除非当事人误读了自己的感受），另外一个人永远无法加以批驳，因为对我来说，只要我自己对此赞同就足以表明它是对的，而在逻辑上，它与我或任何别的人随后持有的判断能够兼容。如果我现在认为"奴隶制度是错的"，但明天又认为"奴隶制度是对的"，只要这两个立场准确描述了我态度的转变，那么它们都是正当有效的。如果某个别的人认为"奴隶制度是错的"，该立场也同样正当有效，因为这仅仅表达了他或她的不赞同。即便发现了任何事实证据，也不能因此表明我的立场是假的，而另一个人的立场就是真的（反之亦然）。尽管一旦这种证据曝光，我们可能都会改变自己的想法，但作为当初特定时刻下不同态度的表达，我们最初的主张依然是正确的。

（2）在很多案例中，某个个体反对主流观点并赞同某种被他人谴责的行为，这也是司空见惯的。当我们考虑这些案例时，另一条异议就产生了。有一个办法可以解决该困境，分别统计持正反两派观点的人数总和并由此推断，凡是占有多数票的观点就是符合道德规范的。有越多的人赞同 X，对 X 的道德非难就越是站不住脚。但是，这个论点也不是无懈可击的。因为一方面，我们自然有理由认为，有时大多数人的观点是正确的，我们也对其表示尊重，但另一方面，我们也同样有理由认为，有时大多数人的观点也会出错，我们应予以谴责。确实，在道德史上，曾经被大众普遍接受的观点一度只被寥寥无几的少数几个人接受，这种现象也屡见不鲜，比如说，雇用童工是错误的。

（3）当我们说赞同与否的时候，这其实是一种区分行为是非的机制，伦理自然主义将我们的道德评价缩小为一种对观察者心理状况，也就是其内心欲望的估计。可是，正如我们所见，这不仅忽略了一个事实，即我们的赞同可能会随着我们身处环境的变化而发生改变：它还忽略了一个屡经证实的事实，即人们有时会赞同某些他们并不应该赞同的事物，很多他们确实渴求的事物或许会给他们以及其他人造成实际的伤害。因为我赞同吸烟，吸烟就是好的了吗？或者说相较于单纯的我自己渴望吸烟的欲求，我应该有更好的理由更为妥帖地反对吸烟这种行为呢？即吸烟会带来各种不良后果。这样一来，很多人其实都赞同一些他们本来并不会赞同的事物，只要他们看到自己赞同行为的影响，便不再会予以赞同了。

（4）针对伦理自然主义最为著名的一条哲学异议是由大卫·休谟（1711—1776）提出的。乍眼看来，这似乎很奇怪，因为休谟本人通常会被归于伦理自然主义者之列。毫无疑问，休谟自然认为，当我们称某项行为"善"或"恶"时，是在说它唤起了我们心中某种道德赞同或否认的情感[1],然而重要的是,对于休谟而言,与某项行为相关的情感表达并未暗示着行为的好或坏。换言之,"X 是好的"这句陈述并不等价于"当说到 X 时,我有一种道德赞同感"这句陈述。因此,从经验上讲,卡塔琳娜会对杀害父母或者近亲乱伦产生某种感受(就拿休谟的例子来说),而这就解释了为何她会称这些行为是"错的",但这并不意味着,杀害父母和近亲乱伦之所以错误是因为卡塔琳娜对其产生的这些感受,同时这也并未排除一种逻辑上的可能性,即其他人面对相同事件时将其称为"正确的"。

大卫·休谟

由此,休谟得出了以下这条重要结论:关于我们应该做什么的道德判断不应源于事实陈述,前者是评估性的,而后者是描述性的。休谟在其著作《人性论》(1738)第三卷中这样总结了他的论点:

> 迄今在我们遇到的每一个道德体系中,我始终指出一点,创始人会以正常的方式进行一段时间的推理,并树立起神的存在,或就人类事务进行一些观察,突然之间,我惊奇地发现,自己所看到的命题不再以是和不是这种通常的方式衔接,取而代之的,

---

[1] "拥有美德无非就是在沉思某种品质时感到某种特别的满足。恰恰是这种感觉构成了我们的赞扬或钦佩。我们止步于此,也不再对满意的起因做进一步的调查。我们并不能因为某项品质能令人愉悦就推断它富有德行:但在感受它以这种特定方式令人愉悦的过程中,我们实际上感到了它的德行。同样的道理也适用于我们对于各种美丽、口感以及感觉的评判。我们的认可已经蕴含在它们传达给我们当下的快乐之中。"《人性论》,第三卷,I,第 2 页。

它们统统都和应该或者不应该这样的字眼相连接。这表达了某些新关系或是肯定，"对整个儿看上去不可思议的东西，我们必须观察到它并对其做出解释，与此同时还要给出理由，如何才能从它者中推论得出这种迥然不同的新关系。"不过，这些道德体系的创始人一般并不采用这种预防措施，尽管如此，我还是不揣冒昧地将此推荐给读者们，我本人也坚信，这点小小的注意将颠覆一切低俗的道德体系……①

这段著名的文摘宣扬了后来众所周知的休谟法则："你不能从一种"是"中推断出一种"应该"。这揭示了伦理自然主义最为基本的一条哲学错误：它假设，人们可以从事实陈述中推断得出价值判断；比如说，从一个事实命题"约翰在考试中作弊"中，我们可以推论出一条评价性的结论，"约翰应当被开除"。但这是错误的。确实，正如勃兰特在对休谟的描述中所阐明的，只存在一种情况，其中你可以从一系列前提中推断出一条伦理陈述，即这些前提已经包含了一个伦理成分。举例来说，不妨思考以下这个简单的三段论推理：

前提 1：任何最大化所有相关者（其中也包括代理人）的行为都是正确的。

前提 2：在情况 Z（特定的）中，向 A 先生撒一个谎（特定的）将最大化所有相关者的快乐。

结论：因此，在情况 Z 中，向 A 先生撒一个谎（如之前指定

---

① 牛津，克拉伦登出版社，L.A. 塞尔比－比格编辑，1967 年，第 469 页。

的）是正确的。①

正如勃兰特所阐明的，这里需要注意的要点在于，"正确"一词并不能妥当地出现在结论中，除非它已经出现在起初的前提之中。正因如此，如果前提中未出现该类词汇，该结论就不能成为一条伦理陈述。因此，如果我们假设经验事实陈述尚未包含任何伦理成分，那么就不能利用任何事实陈述来生成任何有关我们应该做什么的评价性结论。换句话说，除非我们首先假设"欺骗应当受到惩罚"，否则的话，我们不能得出"约翰应受惩罚"的道德结论。绝大多数哲学家都将这一点视为针对伦理自然主义的有力反驳，他们还认为这是一种企图，它尝试经验性地从任意组合的有关情况为何的前提中推断出某人应该做什么的结论。

（5）毫无疑问，G.E. 摩尔（1873—1958）对休谟的论点进行了最为重要也最富影响力的扩充。摩尔在其著作《伦理学原理》②中指出，所有形式的伦理自然主义，通过追寻诸如"好""坏"这类道德词汇以及他们在非伦理措辞中的定义，犯下了他定义的"自然主义谬误"。他的论点基于一种他自己设计出来用于测试所给定义正确与否的技术，他也称其为"开放性问题技术"。比如说，"兄弟"一词的定义是"是男性且为家族成员"。该定义就会使以下问题变得毫无意义，"我知道乔治是一个兄弟，但他就是男性的，而且是家族成员之一吗？"因为这句话的前半部分已经给出了问题的答案。摩尔就将这

---

① 勃兰特，《伦理学理论》，恩格尔伍德·克里夫斯，普伦蒂斯·霍尔出版社，1959年，第38~39页。
② 《伦理学原理》，剑桥大学出版社，1903年，第5~21页。有时人们会遗忘一点，即摩尔的老师——亨利·西季威克也在他的著作《伦理学方法》（1873）中表述了与之有些类似的论点。

类问题称为"封闭式问题":"男性"和"家族成员"这两个词所标志的属性代表了任何人成为一名兄弟的必要条件,但假如我接着问,"我知道乔治是一个兄弟,但他是哈佛大学的老师吗?"这就不再是一个毫无意义的问题了,因为乔治是一名兄弟的定义并未就其是否在哈佛任教做出任何表述。这就是摩尔所谓的"开放性问题":"哈佛大学的老师"这个词所标志的属性并未代表任何人成为一名兄弟的必然条件。摩尔得出结论说,当所提问题为封闭式时,一项定义就是正确的,当所提问题为开放式时,一项定义就是错误的。换言之,提一个开放式问题的含义是,所采用的两种表达并非意味着相同的事情。

G.E. 摩尔

现在,由于摩尔坚持认为,所有伦理学术语的自然主义定义都将导致"开放性问题",于是他主张,我们无法仅凭任何自然主义的属性定义伦理学术语,否则的话就是在犯"自然主义谬误"。由此看来,希特勒残暴的证据并不能证明"希特勒是邪恶的"这一命题,因为我还能提出一个开放式的问题,"我认同希特勒是残暴的,不过难道残暴就是邪恶的吗?"这个问题的合理性意味着,我们并不能通过希特勒残暴的事实来定义他的邪恶。同样的道理也适用于将"我赞同它"区别于"它是好的"。原因在于,如果我提出以下这个封闭式问题就会显得荒唐可笑:"我赞同它,但我赞同它吗?"但假如我提出以下这个开放性问题就很正常:"我赞同它,但它是好的吗?"正因如此,我们并不能将某某是好的等价于我赞同某某。

那么,根据摩尔的观点,任何尝试着凭借自然主义的词汇(比如，将"好"阐释为"愉悦""快乐""渴望""赞同""美德""知识"等）来定义伦理语言的企图都是错误的。原因在于，凡是声称美好生活等同于任何一种自然属性的理论都是在犯"自然主义谬误"，它假定善良是某种可以通过直接观察某种行为而被掌握的东西。

Ⅲ. 伦理非自然主义

揭示了所有形式的伦理自然主义中固有的自然主义谬误，摩尔现在开始探讨自己的伦理学理论（文摘1）。这就是所谓的伦理非自然主义。如果伦理语言永远无法变成事实陈述，那么正如我们所见，它就永远无法基于可被观察到的证据而被证实或证伪。这是否意味着，我们就永远不能考虑伦理陈述的是非真假了吗？摩尔否认了这点。我们确实拥有另外一种验证的方法，我们可以凭借道德直觉判定一项伦理命题的真伪。在这里，某事对我们而言，其好坏与否是不证自明的。比如说，如果我们说"特蕾莎修女是善的"，这句陈述并无法通过观察和经验得以证实，可即便如此，我们仍然说这句陈述是正确的——而且正确地说它就是如此——因为我们立即就可以看到，这个女子确实拥有这样一种道德之善的属性。可是，这种属性是什么呢？摩尔说，它是一种独一无二且难以定义的品质，我们尽管难以对其加以分析，却仍然可以识别某人是否拥有这种品质。从这层意义上说，它就像"黄色"这种颜色：它就是摩尔所谓的"简单概念"，你无法向任何尚且不知道这个概念的人做出解释。不过，不同于"黄色"这种可被观察到的自然特质，"好"并无法被人感知。于是，"好"是一种非自然属性，我们虽然无法凭借感官功能感知它，但依然可以通过直觉判定它的存在。

……如果我被问到"何为好",我会回答说,好就是好,这就已经说到底了。或者,如果我被问到"应该如何定义好",我会回答说,好无法被定义,这就是我要说的一切……

那么,如果我们说这个东西是"好"的,就意味着我们坚持认为它是属于某样东西的品质,最重要的是,人们无法对这个字眼做出定义。所谓"定义",最重要的是能够将始终不变地构成某个整体的各个部分表述出来。"好"之所以成为无法被定义的词汇之一,是因为它如此简单纯粹,它没有组成的部分。它属于成千上万种本身无法定义的思维对象之一,因为它们是一些终极词汇,所有可以定义的词汇只有参考这些终极词汇才能得以定义。①

摩尔的观点也被称为直觉主义,这并不足为奇。不过,我们在使用这个字眼的时候要小心谨慎。所谓直觉主义,摩尔并不是说,我们拥有某种特别的洞察力或"第六感",借此我们可以知道某项特定的行为是正确的。事实上,我们知道某项行为是正确的,与此同时却无法给出理由说明它的正确。或许,让我们在这里回想一点会有所裨益,即摩尔采纳了某种版本的功利主义,而他确实说过,存在某些行为,我们之所以认为其正确是因为其产生的结果:它是一种道德事实,比如说,有些行为能创造友谊的乐趣,能够创造观赏漂亮事物的审美享受,这些行为就是正确的行为。②

---

① 同上,第6页,第9~10页。
② 见本书第120~124页。

但是，假如我们自问，为什么我们就相信这些事物是善的呢？摩尔会说，我们不能凭借经验回答这个问题，也就是说，通过观察某些可被观察到的特征来回答这个问题。我们能说的不过是，这些事物不证自明就是善的，而我们之所以感到如此的直觉本身也是无法分析的。

由此，当我们直觉性地感到殴打婴儿是错误的，我们所能承认的全部不过是，我们就是拥有这种直觉，除此之外，无可奉告。为什么我们认为它是对的呢？即便无法做出进一步的理性分析或申辩，可我们就是知道它是对的。

这个理论面临着许多挑战：

（1）如果善是一种无法凭借观察和调查研究这些常规程序得以分析的非自然属性，那么摩尔声称的通过直觉而知道的东西究竟为何物呢？倒不如说：如果善良是一种不可探测的属性，我们因此无法凭借经验来了解它。毕竟，摩尔如何能够断言，这世上就存在着某些东西，我们能够凭借直觉知道其具有内在的善（也就是说，对美丽和善良的爱慕），还存在着某些东西，我们能够凭借直觉知道其具有内在的恶（也就是说，对丑陋和邪恶的崇尚）。而且，这种直觉法如何能在缺乏任何事实信息作为依据的情况下运作呢？比如说，依据摩尔的观点，我可能会认为自己就是知道一点，我始终应该帮助年迈的妇女穿行马路，我就是纯粹地出于"直觉"认为就该这样。但事情果真始终如此吗？因为或许在某种特殊情况下，直觉上感到可取的行为事实上可能是极不相宜的——这个老妇其实是一个上了年纪的恐怖分子，携带着一枚炸弹进入一家商场。那么，这里和摩尔的观点相左，直觉性的行为可以遭到随后出现的证据的否决：这揭示了一点，貌似自然道德情操的事物其实谬误而危险。

（2）摩尔认为人类拥有区分好坏的特殊能力，这种主张似乎和伦理自然主义一样，排除了道德分歧的可能性，当我们意识到在各种直觉之间做抉择是多么艰难的一项工作时尤其如此。如果我凭直觉感到"总统将于明日被刺杀"，而你凭直觉感到他并不会被刺杀，那么到明日，我们就能判定哪一种直觉才是正确的，但我们也已经注意到，这是凭借感觉经验而非直觉得以判定的。然而，假如我们拒绝承认感觉经验，那又该依据什么在我们的各种直觉中做出抉择呢？如果两种直觉之间互相矛盾，那么它们可能都是对的，只不过只有在当事人凭借直觉感知到这一点时，它才会是对的。那么，如此看来，似乎我们永远无法知道，哪种直觉是真的（或是假的），原因在于，根据摩尔的理论，对于直觉主义而言，唯一普遍适用的验证方法就是直觉本身的不证自明。①

Ⅳ. 伦理非认知主义

伦理自然主义以及伦理非自然主义这两者都是元伦理学中的认知理论：它们都主张，伦理命题传播了一类知识。伦理自然主义指出，这类知识能够得以科学证实或证伪。伦理非自然主义则否认了这一点，并主张伦理命题将某种难以定义的特性归因于对象和行为，而且人们凭借直觉感知判定这些命题的真伪。伦理非认知主义同时

---

① 欲进一步了解摩尔的批评，请参见 G.C. 菲尔德，"伦理学中定义的地位"，《亚里士多德学会学报》，32,1932 年 2 月，第 79~94 页；以及 W.K. 弗兰克纳，"自然主义谬误"，《心智》，48，1939 年 10 月，第 467~477 页。两篇文章都转载于《伦理理论解读》，由 W. 塞拉斯和 J. 霍思珀斯编辑，纽约，阿普尔顿－世纪－克罗夫茨出版社，1952年，第 92~102，103~114 页。

否认了以上两种立场。正如摩尔所论证的，自然主义之所以被否认是因为其犯了自然主义谬误，而摩尔自己的立场之所以被否决是因为根本就不可能通过直觉揭露一种简单纯粹且难以分析的被称为"善"的特质。因为确实，伦理命题是非认知的，没有传播任何知识，因此也就未包含任何呈现真或假的内容。"乔治是一个撒谎者"这句陈述确实断言了某事的或真或伪，可是"撒谎是错误的"这句陈述却未断言任何事，甚至都未表露出说话者对撒谎的反对。由此看来，尽管伦理陈述看起来似乎传播着一些信息，但事实上从认知角度讲是毫无意义的。

该观点最为著名的倡导者当属英国哲学家 A.J. 艾耶尔（1910—1988），这体现在他的著作《语言、真理与逻辑》（文摘 2）[①]一书中。艾耶尔指出，所有的伦理命题在认知层面都是毫无价值的，他的这一结论直接源于其自己用以区分一条陈述何时才有意义的独特方法，这就是他所谓的意义的证实理论。简言之，证实原则主张，一个句子当且仅当其显示为①可分析的——也就是说，如若否认一项命题将会自相矛盾（比如说，"单身汉是未婚男子"），或②通过实证观察可被证实或证伪（比如说，"麦克和莫林射杀了他们的邻居"）时才是有意义的。一旦某个句子通过实证显示为真，我们就说它被证实，而一旦它通过实证显示为假，我们就说它被证伪。另一方面，如果某项陈述未通过实证检验——也就是说，无法对某项陈述做出相应的观察——那么它在字面上就没有表达任何内容：它就没有认知价值，而且，严格意义上讲，还是毫无意义的。由此看来，"威尼斯有贡多拉船"这样

[①]《语言、真理与逻辑》，伦敦，维克托·格兰兹有限公司，1936年，第102~114页。艾耶尔在《基于道德判断的分析》中重申了自己的立场，该文载于其著作《哲学散文》，麦克米伦出版社，1954年，第231~249页。

一句陈述不是毫无意义的,因为我们可以通过观察证实这一点。此类陈述的反面也是有意义的,"威尼斯没有贡多拉船"这句陈述同样有意义,因为我们通过相同的观察证伪这一点。然而,无论我们多么努力,都无法通过观察证实或证伪下面这句陈述"马克思修改了妒忌的雪堆"。事实上,这句话在字面上简直是胡说:它既非真也非假,而且在认知上缺乏意义。

艾耶尔下结论说,与之相似的,伦理主张也是非认知的,而艾耶尔的证实原则为此结论铺平了道路。比如说,直截了当的规范性原则"偷盗是错的"就是如此。如果这是一条有意义的命题,那么我们就能通过观察将其证实或证伪。但是如何证实或证伪呢?如果我被偷了什么东西,我的生气自然就表明了我厌恶偷盗,但其本身却并不表明偷盗是邪恶的。换言之,此处我们拥有的不过是一种情感的表达,仅此而已。我们或许能够证实我确实生气了,我在发现被盗时血压也相应升高了,但我们并不能通过观察证明有关偷盗本身的道德判断就是合情合理的。

那么,这就解释了以下悖论:尽管伦理语言事实上在认知层面是空洞无物的,但我们却依然频繁地使用它。重申一下,这种语言的功能是纯情绪的——因此人们也将这类理论描述为伦理学中的情绪主义理论。伦理语言的目的在于表达使用语言者的感受和情绪——从这个意义上说,它们更像是快乐的尖叫、呻吟或者咕哝——或者它是为了唤起他人心中的感受或者主要通过命令的方式刺激行为的产生。比如

A.J. 艾耶尔

说，不妨想想以下两者间的差异，有一个人说"我在痛苦之中"，而另一个人则叫着"哎哟"。第一个人是在声称或描述自己在痛苦之中（如果他在痛苦之中，这种声称或描述就是真的，反之亦然）。第二个人并没有声称或描述任何东西。"哎哟"这个词仅仅表达或呈现了他们的痛苦，他们也可以通过自己的姿势、面部表情或者其他的非语言行为同样很好地表达这种痛苦。同样地，一名母亲命令自己的孩子"始终要讲真话"，这句话并没有太多地表达她自己对待诚实的感受，而是显露了她希望在其后代中培育这种独特感受的渴望。根据艾耶尔的观点，一个人不会判定一句痛苦的呼喊或者一条命令是真或假，与之一样，如果我们说那些表达情感和发布命令的道德判断是真或假，那也是错误的。如果卡罗尔说"偷盗是正确的"，而玛丽说"偷盗是错误的"，这就相当于大声嚷嚷着"偷盗万岁"和"偷盗可耻"。他们是在表达一种感情，一种赞同或反对的感情，但他们并不是在描述这些感情或者甚至断言他们就拥有这些感情（尽管我们或许可以从他们的惊叹中推断出他们确实拥有这些感情）。

这就使得该理论有别于伦理自然主义理论。伦理自然主义的倡导者声称，我们可以通过科学的方式证明某个命题（他或她拥有或不拥有某种特定的态度），但伦理非认知主义认为，人们所表达的一切不过是感情本身，或者唤起他人心中这种感情的欲望。该理论也不同于摩尔的伦理非自然主义。无可否认，在独有的非证实特征方面，摩尔的和艾耶尔的伦理学有着共同点，但摩尔并没有说，这世上不存在道德事实，因为他觉得有些事实是可以通过直接得以感知的。另一方面，对于艾耶尔而言，无论是凭借直觉还是任何别的手段，这世上根本不存在任何道德事实或者不证自明的道德原则。这就解释了，为什么一个人永远不知道两项行为中的哪个才是对的——A 或 B。当我说或想 A 是对的，B 是错的，我并非在断言，我们可以知道有关 A 或 B 的某些东西是真或假的：其实我是在表达或呼唤某些并不要求真理或知识作为支撑的情感。

那么，如果就道德的价值问题产生分歧，我们不应受到蒙骗。我们可能会想，这些分歧表明不同的信仰之间存在着真正的冲突，但事实并非如此，也不可能如此，因为毕竟这世上根本不存在真正的道德信仰，它们之间自然也就不可能存在什么冲突。可是，这些冲突却毫无争议地存在着，我们又该如何解释这一事实呢？艾耶尔说，真正的事实是，争论者们争辩的是"某些事实事件"。比如我说"节俭是好的"，而你说"节俭是坏的"，这两句陈述都不具备任何真理价值，也不包含任何"道德知识"，而仅仅表达了某些态度。因此，我们不能就节俭是好或坏这一"事实"进行争辩。其实，这更像是我们对于其他一些事实问题存有分歧，诸如节俭是否能带来快乐，或者勤俭节约之人是否倾向于成为某种类型的人等。但假如我们的反对者曾经历过一种和我们经历的不同的道德"制约"，那么无论我们给出多少支持性的信息，在他们身上一无所获也是在所难免。这本身就表明，与事实问题相反，争辩道德价值的问题根本就是不可能的。我们不能证明某一系列的道德原则是有效的，而另一系列的道德原则又是无效的："我们仅仅以自身的感受出发对其加以赞扬或谴责。"[①]

非认知主义面临的主要异议也正是伦理自然主义所面临的。正如艾耶尔方才所述，伦理陈述并未提出认知主张，也不可能发生道德分歧，我们依然很难看清，如何才能在互相冲突的主张之间做出任何评

[①] 同上，第 148 页。

判。然而，伦理自然主义者会将伦理陈述转变为有关人们赞同或者反对的主张，而像艾耶尔这样的伦理非认知主义者则无非是将这些伦理陈述转变为人们赞同或者反对的表达，不过无论我们采纳了哪种理论，随之都会产生一类道德陈述。如果道德判断没有断言任何东西，也就没有包含任何事实主张，对错是非之间的区分也仅仅表达了说话者的感受而已。确实，就目前看来，针对"X 在道德上是错的"这一主张可以提出的异议最多不过是一条来自于心理学的论点，也就是说，该主张事实上并未表达说话者感受到的情绪。可是，我们又如何能够做到这一点呢？

不过，这种观点还是面临着几乎难以反驳的挑战。就拿受困的兔子来说吧。如果我偶然遇见一只落入陷阱的兔子，它正在痛苦地号叫，虽然似乎我并没有这么做的必要，但我还是应当大声疾呼："让一头动物承受这样的极度痛苦始终是错的"——也就是说，这样的痛苦无论发生在何时何地，都是一种内在的恶。然而，正如艾耶尔所阐释的，这条陈述事实上并不全然就是这个意思——无论我的个人感受如何，这般强烈的痛苦总是错的——因为这条陈述只有作为我个人感受的表达时才有意义。由此看来，我们对于事件本质这本身并没有什么好说的——无论我是否亲眼见证，这种剧烈的痛苦总是不好的——因为这项伦理命题的意义仅仅源于说话者的情绪状态：这只兔子的痛苦在我对此体验到一种情感之前是没有道德价值的。因此，不论出于什么原因，如果我没有对这只兔子和它所遭遇的痛苦有所感触——既没有反感也没有高兴，总之就是没有感觉——那么从认知上讲，我最初的陈述就是毫无意义的，我们也就不能评判说，这类感情的缺失或存在与否本身理应在道德上遭受谴责。事关重要的并非我是否谈论着兔子的痛苦或儿童的虐待：如果没有感受到任何情绪，那么就不能得出这样的道德结论。当然，我可能错看了这只兔子——它的挣扎不是痛苦的呐喊，而是快乐的表达，但即便如此，这并不妨碍我道德观点的正确性。即便 X 并不以我们预想的方式出现，"X 是坏的"这句陈述依然是真的。因为不要忘了：事件本质之中并不包含任何可以从客观上决定我对其产生的情感值得赞美与否的东西。

从这个案例中我们可以看到，通过否认这世上存在着一种可以评判道德判断有效性的标准，伦理非认知主义引发了这样一个观点，即所有道德判断都是同样有效的——所谓有效，仅仅是指其表达了可被感受到的情绪——也就导致了道德上不可接受的结果。据此，"波尔布特有益于柬埔寨"和"波尔布特有损于柬埔寨"这两句主张就变得同样合乎情理。撇开其中的认知内容，这两句话就同等有效，也都是通过表达说话者的感受而显得合情合理。既然如此，无论有多么站不住脚或者多么令人厌弃，一条伦理陈述可以正当合理地捍卫任何立场：杀害儿童是正确的，活人献祭是正确的，拥有奴隶是正确的，谴责无辜也是正确的，诸如此类。因为在每一桩这类案例中，表达它是对的其实就是表达我感受到它是对的。

为了反驳这些异议，C.L. 史蒂文森曾经在其著作《伦理学与语言》中提出了一种不那么极端的非认知理论的版本。① 史蒂文森指出，就孰是孰非而言，有可能存在着道德分歧，因为它们结果往往就是"态度上的分歧"，而这些态度上的分歧本身又基于"信仰上的分歧"。需要注意的一点是，这种信仰上的分歧能够通过证据得以解决。比如

---

① 《伦理学与语言》，纽黑文市：耶鲁大学出版社，1943 年。也可参见史蒂文森的"伦理学术语的情感意义"，《心智》，46，1937 年 1 月，第 14~31 页。转载于史蒂文森《事实与价值》，纽黑文市：耶鲁大学出版社，1963 年；也在塞拉斯和霍思珀斯的书中，同前，第 415~429 页。

说，A可能表达了这样一种道德态度"驾车者应该佩带安全带"。我们不妨说，A的信仰支持了他的这种态度，即他认为政府有关致命交通事故的统计数据是正确的。不过，假如B能证明这些统计数据是错的，那么A有可能会改变自己的主意并撤回最初的道德主张。在这里，B反驳了A的观点并改变了A的态度。

在这个案例中，道德争议经历了两个阶段：①一种有关事件某种特定状态的信仰的陈述，也就是说，佩带和不佩带安全带的情况下分别有多少致命交通事故发生，以及②着重于事件状态的评判，也就是说，鉴于这些统计，必须采取某种特定的政策。史蒂文森的结论是，一旦在道德内部产生了真正的意见一致和意见分歧——当A说"X是对的"，而B说"X是错的"——那么它们在②中就始终存在差异，即态度上的差异，与之相应，声称我们的道德立场无法丧失效力的主张也是错误的。因为在很多情况下，A对X的赞同或许以某种信仰为基础，而之后的证据有可能显示这种信仰是不当的。正因如此，我们并不能说情绪主义理论使道德分歧变得不可能。只有当所有伦理语言都仅仅是某些态度的表达时才有可能如此，这从而也就暗示着，人们没有理由存在道德分歧。

我们在这里还要提一提伦理非认知主义的最后一条修正意见，这就是由R.M.黑尔在其《道德语言》(文摘3)中提出的规范主义理论。对于黑尔来说，"X是善的"这句陈述的主要功能不仅仅表达一种态度或者唤起他人心中的感受，而是推荐。也就是说，"为了引导选择，我们自己或者其他人的选择，现在或者未

R.M.黑尔

来。"① 换言之，规范的语言是一种引导他人做出决策，回答"我该做什么"这一基本问题所使用的语言。我们可以通过下面应用"好"这个词汇的案例理解这一点。

> 我们不应该说好的日落，除非有的时候，我们必须决定是否要到窗前看一看日落的景象；我们不应该说好的台球杆，除非有的时候，我们不得不在两支台球杆中选出一支更喜欢的；我们不应该说好的人，除非我们可以选择自己应当努力成为怎样的人。当莱布尼兹说"所有可能世界中最好的"时，他头脑中有一个在各种选择之间做出选择的创建者。设想出来的选择不必总是出现，甚至也不会被期待着出现，它只要在设想中出现，以便我们能够以此作为参考做出价值判断就已足矣。②

黑尔继续说，人们能以多种不同的方式使用规范语言来引导选择：它可用于劝诫、建议以及推荐，不过其最频繁也是最自然的形式是命令。于是，道德语言最为简单的形式就是命令形式，而"绝不要撒谎"这样的命令是规定了某一特定行为过程的祈使句，或者，换种说法，无论什么时候，当我们说某事是对的或应该如此时，其实采用了一条命令，而这条命令规定了我们应该做什么。当然了，这并不是说被推荐的行为就将发生：下达命令这一事实并不意味着，被下达命令者就会遵守该命令。这一点强调了黑尔的论点最为重要的非认知本质：

---

① 《道德语言》，牛津：克拉伦登出版社，1952年，第126页。也可参见黑尔的《自由与理性》，牛津：牛津大学出版社，1965年；以及他重要的散文集《道德概念随笔》，伯克利和洛杉矶，加利福尼亚大学出版社，1972年。
② 同上，第128页。

这世上并不存在我们可以作为经验参考并用来判定争议问题的"道德事实"，由此看来，所有形式的伦理自然主义都应被一概否决。不过，即便如此，黑尔在此处还是和情绪主义者有所分歧。因为一旦说话者下达命令应当遵守某一行为，他并不仅仅在表达自己的感觉是正确的，而是还想额外吸引和感染他的作为理性存在者的听众。换言之，这句命令中还蕴含着一种理性的呼吁，这就意味着，伦理命题并非是纯粹非认知的，它们其实包含着认知要素。

这种认知性体现在两个方面。当我们推荐 X 时，我们其实是在说，第一，X 确实包含了某些使其成为好的特征或属性；第二，我们之所以知道这些特征是好的，是因为它们符合我们在做此类评判时通常所诉诸于的好的规范或标准。比如说，如果我说"那是辆好汽车"，那么首先，我是在推荐这是辆值得购买的好汽车。其次，我推荐这辆车是因为它拥有一些独特的品质，不仅仅这辆车是值得推荐的，任何拥有这些品质的汽车都值得推荐：

> 当我推荐一辆汽车时，我引导听者做出选择的不仅针对某辆特定的汽车，而是泛指所有的这类汽车。我对他所说的话将成为一种借鉴式的帮助，无论是将来他自己选择购车，或是建议他人购车，或是撰写一本有关汽车设计的综合性著作（内容涉及建议他人该选择购买怎样的汽车）时，这番话都会发挥作用。我告知他评判一辆汽车的标准，从而给予了他帮助。①

我们需要特别强调黑尔论点所包含的一个要素。当我通过祈使句

---

① 黑尔，同前，第 132 页。

的形式规定某一行为时,我其实是在呼吁我那作为理性存在者的听众,并且道出了他们理应接纳我建议的诸多充分理由。这样一来就非常明晰了,当我说"X是好的",其蕴含的意思是,X拥有良好的特征。如果我说的是一辆车,这些特征可能指它拥有性能良好的刹车,美观舒适的座椅,如果我说的是一个人,这些特征可能指他诚实或勤勉。不过,重要的是,当我通过命令试图引导人们的行为时,所要做的可不仅仅是指明这些特征。我还奉行这样一个观点,如果Y这个特征令X成为好的,那么任何拥有Y特征的X都将是好的。换言之,我所做的是将特征普遍化,于是,任何别的东西,但凡拥有这项特征,都将被视为好的。那么,这就成为就康德言论所做的另一种有意识的理性呼吁:命令所给的道德建议,其影响力源于它以某些普遍原则为基础这一事实。于是,"不要撒谎!"这句命令就包含了一条特定的道德原则,而遵守这条命令的理由在于,理性的人承认该原则背后蕴含的道德价值。

现在,我们就能更好地理解,为什么黑尔认为,伦理非认知主义需要进行重大的修正。尽管其大体上的反自然主义立场无疑是正确的,但在以下两个重要方面,伦理非认知主义是错误的:

(1)非认知主义没有承认,认知要素是支持道德判断所必不可少的。如果我们说"X是好的",那么就必须给出认为X包含"良好特征"的理由,而其是否包含这些特征可以通过事实得以确认。换言之,当我说"约翰是好的"时,我是在推荐他作为人们效仿的榜样,因为我认为他拥有某些诸如勇敢和诚实这样的品质,而我在这点上正确与否,他是否真的勇敢和诚实,这可以分别得以确认。

(2)非认知主义没有认清一点,即所有的道德判断讲得远不止于个人的赞同,它们还作为普遍性的选择导向发挥着作用:任何类似于

X 的别的东西,只要拥有同样"良好特征",都将是好的,也都将以类似的方式被推荐。换言之,我们在暗示,"约翰是好的"这一断言不仅有着私人的理由作为支撑——即他之所以好,仅仅是因为我赞同他——这句陈述还有着普遍适用性,这类人中的任何一个都将被视为好的,也都将以类似的方式被推荐。

最后还应当提一提黑尔指出的另外一点。如果我们通过某些道德规范或标准说明我们的道德判断合情合理——比如说,那些判定勇敢和诚实是"良好特征"的规范或标准——那么如果其他人否认了这些规范或标准,我们又该怎么办呢?黑尔指出,若是如此,我们做出原则的决定:我们诉诸于那些曾经引导我们做出选择和决定的原则,并试图给出充分的理由,为什么我们应该采纳的是这些原则,而非别的原则。换言之,我们竭尽全力地分析各项竞争性的原则。这样一来,我们绕了一圈又回到了原地。因为,这些原则是什么,我们又该如何在其中做出抉择,这属于**规范伦理学**的研究范畴。

文摘 1. G.E. 摩尔:自然主义谬误 [①]

那么,如果我们说这个东西是"好"的,就意味着我们坚持认为它是属于某样东西的品质,最重要的是,人们无法对这个字眼做出定义。所谓"定义",最重要的是能够将始终不变地构成某个整体的各个部分表述出来。"好"之所以成为无法被定义的词汇之一,是因为它如此简单纯粹,它没有组成的部分。它属于成千上万种本身无法定义的思维对象之一,因为它们是一些终极词汇,所有可以定义的词汇

---

① 《伦理学原理》,剑桥:剑桥大学出版社,1903 年,第 6~17 页。

只有参考这些终极词汇才能得以定义。显然，考虑再三，这样的词汇必然数不胜数，因为我们根本无法对其定义，除非对其加以分析，就目前而言，分析这些词汇向我们展示了其某些不同于其他的特点，而这种终极差异解释了我们正在定义的整体的特性：由于每个整体都包含着一些同样普遍存在于他者之中的部分。

比如说，不妨想想"黄色"。我们或许会通过描述它的物质当量来定义它，我们可能会说，哪种光振动必将刺激到正常的双眼以令我们获得对光的感知，但只稍微思索片刻，我们就足以明白，这些光振动本身并不是我们所谓的黄色。它们并非我们感知到的东西。确实，我们永远无法发现它们的存在，除非我们能够首先确认不同颜色之间的细微特质差异。对于这些光振动，我们至多有资格说，它们是我们能够在宇宙空间中实际感知到的相当于黄色的东西。正因如此，我们说"好"表述了一种简单纯粹而难以定义的品质，这也就不存在什么内在的问题了。这类品质还有许多其他的实例。

可是，关于"好"，我们依然会经常性地犯一类简单的错误。有可能事实上，所有好的东西同时也是某些别的东西，正如所有黄色的东西都在光下生成某种振动一样。而事实是，伦理学致力于发现所有好的东西还具备些什么别的属性。不过，有太多的哲学家认为，当他们命名那些别的属性时，其实就是在定义何为好，其实，这些属性根本就不是"别的"属性，而是绝对和完全地等同于好。我打算将这种观点称为"自然主义谬误"，现在我就努力对此进行一番阐释……

假设有一个人说"我是快乐的"，并假设这不是一个谎言或误会，而是一个真的事实。好吧，如果这是真的，它意味着什么？它意味着，这个人的头脑，某个确定的，通过某些明确标志而区别于他者的头脑，在当下这个瞬间拥有了某种确定的被称之为快乐的感受。"快乐"除了指感到快乐之外没有别的任何含义，但即便如此，我们还是会感到快乐的程度多一些或少一些，甚至我们现在还会承认，自己有着这样或者那样的快乐，不过，只要它是我们拥有的快乐，无论其是多是少，是这种或是那种，我们所拥有的是某件确定的东西，绝对难以定义的东西，无论程度如何不同，种类如何不同，它都是相同的东西。我们或许能说，它和别的东西是如何相关：比如说，在人的思维之中，它会引发欲望，我们会意识到它的存在，等等。我说，我们能够描述出它与其他事物的关联，但却无法对其定义。如果任何人试图将快乐定义为任何自然物体，举例而言，如果任何人说，快乐意味着对红色的感觉，并进而推断认为快乐就是一种颜色，那么我们必然对他大加嘲笑，也不会再相信他此后对快乐所做的任何陈述了。好吧，这和我所谓的自然主义谬误其实是相同的错误。那种"快乐"并不意味着"拥有对红色的感觉"，或任何别的什么东西，这并不妨碍我们对其真实含义的理解。尽管快乐是绝对难以定义的，尽管快乐就是快乐，而非别的任何东西，尽管我们可以毫不困难地说我们感到快乐，但我们只要知道"快乐"意味着"拥有快乐的感觉"就已足矣。当然了，我说"我是快乐的"，我并不意味着"我"和"拥有快乐"是相同的东西。与之相似，当我说"快乐是好的"时，我们不费吹灰之力就能知道，这并不是说"快乐"和"好"是相同的东西，而是说快乐意味着好，而好意味着快乐。如果我想象，当自己说"我是快乐的"时所表达的意思是，我恰好就是"快乐"这个东西，那么我事实上就不应称其为一种自然主义谬误，尽管这和我在谈及伦理学时称其为自然主义的一样，两者犯的是同样的错误。这其中的理由显而易见，当一个人将两个自然对象互相混淆，通过其中一个来定义另外一个，比如他自己感到疑惑，究竟谁是自然对象，是"感到快乐"还是有别于此的"快乐"，那么我们就没有理由称这种谬误为自然主义，但假如他疑惑的是，"好"并不是同等意义上的任何一个自然对象，那么我们就有理由称其为一种自然主义谬误，说它犯了错是因为，"好"将其标志为某些相当特殊的东西，而这个特殊的错误也使其名副其实，因为这种现象如此普遍。究其原因，为何我们不能将好视为一个自然对象，这可以另作讨论。但是，至少就目前而言，注意到以下这点就已足矣：即便它是一个自然对象，这并不会改变谬误的本质，也不会减少其重要性一分一毫。我要说的不过是，它将一如既往地同样正确：只是我对它的称呼不如我所想的那样妥帖罢了。而我并不在乎这个称呼，我所在乎的是这个谬误。如果我们遇见这种错误就能意识到的话，那么称呼它什么并无关紧要。几乎每一本谈论伦理学的书籍都会遇到这种错误，而且依然未被发现：这就是为什么有必要对其增加更多详细说明的原因了，最好是赋予其一个名字。确实，这是一种极其简单的谬误。当我们说一个橙子是黄色的时，我们并不认为自己的陈述约束我们认为"橙子"除了意味着"黄色"以外没有别的含义，或者除了橙子以外，没有别的东西是黄色的。只稍想一下，橙子还是甜的呢！这是否就约束我们说"甜的"就和"黄色"完全一样呢，"甜的"就必须被定义为"黄色"的呢？假设人们承认，"黄色"仅仅意味着"黄色"，并不指别的任何东西，那么认为橙子是黄色的这一主张还有什么问题吗？确凿地说，没有问题。反之，我们说橙子是黄色的将是完全没有意义的，除非黄色终究仅仅意味着"黄色"，而非任何别的东西——除非它是绝对难以定义的。我们不能找到任何有关黄色物体的清晰概念——如果我们一定要认为，凡是黄色的任何东西都是指和黄色一模一样的东西，那么我们在科学上也就没有什么作为了。若是如此，我们就会发现自己不得不承认，黄色就等同于一把凳子,一张纸片,一个柠檬,或你喜欢的任何东西。我们能够证明许许多多这样的谬论,但这样就能距离真理更近一些吗?那么,这为什么和"好"有所不同?同时认为这两者都是真的有何问题吗?相反,说快乐是好的并没有意义,除非好是某些不同于快乐的东西。就伦理学而言,正如斯宾塞先生试图所为的那样,要想证明增加快乐就是延长寿命这件事,显然是一种徒劳,除非好意味着某些不同于生命或者快乐的东西。与此如出一辙,他或许还会向人们展示,橙子始终被包裹在一张纸中,并以此试图证明它是黄色的。

事实上,"好"并非标志着某些简单而难以定义的东西,只有两种可能选择:要么它是一个复杂的特定整体,关乎可能存在不同意见的正确分析,要么它根本不意味着任何东西,而且不存在诸如伦理学这样的学科。然而,总体上说,伦理学哲学家们在尚未认清这种尝试意义何在时就已然试图去定义好……

我们很自然会犯以下这个错误,即认为普遍为真的事物就拥有这样一种本质,对其否定将是自相矛盾的:哲学历史上赋予了分析命题相当的重要性,这就表明,人们有多么容易犯这个错。由此看来,我们能轻而易举地得出结论,一条貌似具有普遍性的道德原则实际上是一个同一命题。举例而言,如果凡是被称为"好"的东西貌似都是令人快乐的,那么"快乐是好的"这一命题就并未在这两个不同的概念之间建立联系,而仅仅包含了快乐这一个概念,这很容易被认作一个独立的实体。但是,任何人在问出"快乐(或者无论什么东西)究竟是不是好"这个问题时,倘若仔细考虑一番浮现在其脑海中的究竟是什么,他就会相信,自己不仅仅在思考快乐是否令人快乐这件事情。如果他试图对每个提出的定义都进行一番实验,或许就会变得越发老练,从而在每个案例中,一说到它和任何其他对象的联系,他都能在脑海中浮现出一个独一无二的对象。

人们可以提出一个显著的问题。事实上，每个人都能理解"这好吗"这个问题，在想这一点时，他的思维状态与当他被问及"这令人快乐吗，或者这是值得期待的吗，或这是被认可的吗"这些问题时的思维状态是不同的。这对于他而言有着特别的意义，即便他或许尚未辨认出究竟在哪个方面与众不同。无论何时，只要他想到"内在重要性"或"内在价值"，或者说这是一件"应该存在"的东西，他的脑海中就会浮现一个独一无二的对象——事物的唯一特性——我所谓的"好"。每个人都时常意识到这个概念，尽管他或许从未意识到，它不同于任何别的他同样也意识到的概念。不过，为了进行正确的伦理学推理，他应当认识到这个事实是极为重要的，一旦我们充分理解了事实的本质，那么在目前分析的基础上更进一步也就不那么困难了。

那么，"好"是难以定义的。不过，据我所知，迄今为止只有一名伦理学作家——亨利·西季威克，已经明确认识并阐述了这个事实……

文摘2. A.J. 艾耶尔：伦理学的情绪主义理论[①]

首先，我们要承认一点，即根本的伦理概念是不可解析的，因为一旦出现道德判断，人们根本没有可以检测这些判断有效性的标准。迄今为止，我们在这一点上和绝对论者观点一致。[②] 然而，不同于绝对论者，我们能够就伦理概念的事实做出解释。我们说，它们之所以

[①] 《语言、真理与逻辑》，纽约：多佛出版公司，1952年，第107~112页。
[②] 伦理学的"绝对主义"观点："正如普通的经验命题那样，有关价值的陈述并不受控于观察，而仅仅受控于一种神秘的'智的直觉'"（同前，第140页）。

不可解析，是因为他们仅仅是虚伪的概念。在一个命题中出现一个道德象征并未给其增加任何实质性内容。因而，如果我对某人说，"你偷钱的行为是错的"，这和我只是说"你偷了钱"毫无二致。我在表述中附加说这个行为是错的并不是在做任何进一步的陈述。我只是表明我在道德上不赞成这一行为。这就如同我以厌恶的独特语气说"你偷了钱"，或者在句末加上一个特别的感叹号。这种语气，或者这个感叹号，并未增添这个句子的任何字面意义，它仅仅用来表明，这句表达伴随着说话者的某些感受。

如果我总结之前的陈述并说"偷钱是错的"，我其实说了一句没有实际意义的话——也就是说，他没有表达或为真或为假的任何命题。这就好比我写了一句话"偷钱！！"根据某种约定俗成的惯例，此处感叹号的形状和浓度表明，某种特别的道德异议就是这句话所表达的感受。显然，在这里我们并没有说哪句话是真的或假的。另外，某个人可能会不同意我有关偷盗是错误行为的观点，因为对于偷盗，他并没有和我相同的感受，他可能会反对我的道德情操，但严格意义上讲，他并不能反驳我。原因在于，当我说某类行为的是非对错时，我并非在做任何事实陈述，甚至这都算不上是对我自己思维状态的陈述。我仅仅是在表达某些道德情操。由此看来，要说我们之中究竟谁是对的，这简直毫无意义，因为我们谁都没有提出一个真正的命题。

我们刚才就"坏事"这个象征所说的一切也同样适用于所有的规范性道德象征。有的时候，它们会出现在某些句子中，这些句子在表达有关事实的伦理情感之外，也记录了普通的经验事实；有时它们也会出现在某些句子中，这些句子仅仅表达有关某类行为或情境的伦理情感而没有做出任何事实陈述。不过，任何一种情况，凡是人们普遍认为其做出道德判断的，那么其中相关的道德词汇就是纯"情绪的"。

这种陈述通常用来表达有关某些对象的感受,而并非对其做出任何断言。

值得一提的是,道德术语并不仅仅用来表达感受,它们还能起到引发感受并从而激发行为的作用。确实,人们会赋予某些句子命令的效果,并以这种方式使用它们。这样一来,"说真话是你的职责"这句话就会既被视为对于真诚的某种道德情感的表达,又会被视为"讲真话"这样一种命令的表达。"你应该讲真话"这个句子同样也包含了"讲真话"这条命令,只不过此处的命令语气不那么强烈。在"讲真话是好的"这个句子中,命令差不多变成了一种建议,于是从伦理学应用的角度看,"好"这个词的"含义"不同于"职责"或"应该"这些词的含义。事实上,就各式各样的道德词汇而言,我们既可以通过其通常意义上表达的不同感受,也可以通过其旨在唤起的不同反应来对其含义加以定义。

现在,我们就能明白,为何人们不可能找到一条用以确定道德判断有效性的标准。这并非因为它们拥有一种神秘的独立于普通感官体验的"绝对"有效性,而是因为它们根本就不具备任何客观的有效性。

如果一句话根本没有做出任何陈述,那么显然探究其说的是真或假就毫无意义了。而且我们已经看到,那些仅仅表达道德判断的句子其实什么都没有说,它们是纯粹的情感表达,就其本身而言并不属于真理与谬误的范畴。正如一声痛苦的号叫或一个命令的词汇一样,它们也是不可验证的——因为它们并没有表达真正的命题。

如此看来,或许我们的伦理学理论或可称为极端主观主义的,即便如此,在一个相当重要的方面,它依然有别于正统的主观主义理论①。因为，正如我们一样，正统的主观主义者并不会否认，说教者的句子表达了真正的命题，他所否认的不过是，这些句子表达了有关某个独一无二的非实证特征的命题。其自身的观点是，这些句子表达了有关说话者感受的命题。若是如此，显然道德判断就是能够为真或为假的。如果说话者拥有相关的感受，其就为真，反之为假。而且，原则上讲，这是可以通过经验得以验证的。此外，人们还可以对其进行强烈反驳。好比如果我说"宽容是一种美德"，而有人回应说"你并不赞同它"，他将根据普通的主观主义理论反驳我的话，但若依照我们的理论，他这样说并未在反驳我，因为当我说宽容是一种美德之时，我并没有对自己的感受或任何别的东西做出任何陈述。我仅仅是在呈现我的感受罢了，这并不完全等同于我就拥有它们。

对感受的表达和对感受的肯定，这两者间的差异相当复杂，因为事实上，肯定某个人拥有某种感受往往就伴随着这种感受的表达，其实这也就成为表达这个感受的一个因素。于是，当我说自己无聊的时候或许就在同时表达厌烦，这种情况下，我说"我很无聊"，这样的表达方式就说明我是真的在表达或呈现一种厌烦。不过，我也可以在没有实际说出我很无聊的情况下表达厌烦，我能通过自己的语气和手势来表达，或者陈述某些完全与之不相干的东西，或者通过一声激动的呼喊，再或者根本没有说出任何词汇。由此看来，即便肯定某人拥有某种感受往往涉及这种感受的表达，但某种感受的表达确实并不总是包含对某人拥有这种情感的肯定。在考虑我们的理论与普通的主观主义理论两者间差异的时候，这一点是极为重要的。因为，主观主义者主张，伦理陈述实际上就肯定了某些感受的存在，而我们却认为，

---

① 伦理学的"主观主义"观点：行为的正确以及目的的美善是依据"某个人或某群人对其拥有的赞同感"而加以定义的（同前，第138页）。

伦理陈述是感受的表达和刺激物,其中并不必然包含任何肯定。

我们已经注意到,针对普通主观主义理论提出的主要异议在于,伦理判断的有效性并不是由其作者感受的本质决定的,而在这一点上,我们的理论则能免受攻击。因为我们的理论并未暗示,任何感受的存在是某个伦理判断有效的一个必要且充分条件。恰恰相反,它意味着,伦理判断并不具备有效性。

然而,我们的理论并未逃脱另外一条针对主观主义理论的知名论点。摩尔曾经指出,如果伦理陈述仅仅是表达说话者感受的陈述,那就不可能就价值的问题进行争论。举一个典型案例:如果有人说,节俭是一种美德,而另一个人回应说,节俭是一种恶习,根据这个理论,他们两人之间并不会就此发生争论。一个人会说,他赞同节俭,而另一个人说他不赞同,而我们没有理由认为,这两条陈述都不是真的。现在,摩尔认为显而易见的,我们确实在争论有关价值的问题,并相应得出结论,他在讨论的这种主观主义的特定形式是假的。

显而易见,从我们的理论出发,也可以推断出这样一条结论,即争论有关价值的问题是不可能的。因为我们认为,诸如"节俭是一种美德"以及"节俭是一种恶习"这样的句子根本就没有表达命题,我们显然不能认为其表达了不相容的命题。正因如此,我们不得不承认,如果摩尔的论点确实甚至连普通的主观主义理论也予以了反驳,那么其也同样反驳了我们的理论。不过,事实上,我们否认它的论点甚至都驳倒了主观主义理论,因为我们觉得,一个人是永远无法真正就价值的问题进行争论的。

初看起来,这似乎是一条相当矛盾的论断,因为我们自然是参与到了某些通常被视为有关价值问题的争论之中。不过,在所有这些情况中,如果细想一下我们就会发现,这场争论并不是真正的关乎价值问题，而是关乎事实问题的争论。

　　如果有人就某项行为或某类行为的道德价值不同意我们的观点，无可否认，我们会诉诸于争辩，以便将其争取到我们的思维阵营中来。但是，我们并不打算通过呈现自己的论点而说明，他在正确理解某个情况本质的情况下拥有了一种"错误"的道德情感。我们试图要展示的是，他误解了这个情况的事实。我们会辩称，他错误地理解了代理人的动机；或者，他错误地判断了行为的效应或该行为鉴于代理人所拥有的知识而可能引发的效应，再或者，他没有考虑到代理人所处的特殊境况。要不然，我们就采纳更多的通用论点，它们论述的是某类行为易于引发的效应或在行为执行过程中通常会表现出来的品质。我们这样做是希望将反对者争取过来并认同我们有关经验事实之本质的观点，只有这样，他们才能在这方面采取和我们相同的道德态度。当我们与之争辩的对象逐渐接受了和我们一样的道德教育，并生活在和我们一样的社会秩序中，我们的期待往往就是合情合理的了。但假如我们的反对者碰巧经历了一种和我们所经历的不同的道德"条件反射作用"，那么，即便承认了所有的事实，就被讨论行为的道德价值而言，他依然不会同意我们的观点，那么我们就会放弃通过争辩来企图说服他的尝试。我们之所以认为无法和他进行争辩是因为，他拥有一种扭曲或者不成熟的道德观，这就仅仅表明，他采纳了一系列不同于我们的价值体系。我们认为自己所拥有的价值体系更为优越，并因此以如此贬义的措辞论述他的价值体系，但我们并不能提出任何论据证明自己的价值体系是更为优越的。因为我们判定其更为优越这本身就是一种价值判断，这也就相应地超出了论辩的范围。与事实问题不同，当我们探讨纯粹的价值问题时，由于论证的不成立，我们最终仅仅能诉诸于辱骂。

简言之，我们发现，只有在预先假定某些价值体系的情况下，才有可能就道德问题进行论辩。如果我们的反对者与我们意见一致，都在道德上反对所有 T 类的行为，那么如果我们能够向其论证 A 是 T 类行为的话，就能令其谴责 A 这一特定行为。

文摘 3. R.M. 黑尔：推荐和选择 [①]

当我们推荐一个对象时，我们并不是仅仅就某个特定的对象，而是不可避免地就所有与之类似的对象做出判断。由此看来，如果我说某辆汽车很好，我并不仅仅在评价这辆特定汽车的某些东西，如果说的仅仅是有关这辆特定汽车的某些东西，这是推荐，正如我们所见，推荐是引导选择。现在，我们已经拥有一种并非推荐的语言工具来引导人们做出某种特定的选择，即单一的祈使句。如果我希望仅仅告诉某人选择某辆特定的汽车，而不考虑这属于什么类别的车，我可以说"你要这辆车吧"，假如我没有这样说，而说"这是一辆好车"，那么我表达的内容更多，我在暗示，如有任何别的车；类似于此辆车，它同样也将是一辆好车。反之，如果我说的是"你要这辆车吧"，我并未暗示这一点，但如果听者看到了另外一辆与之类似的汽车，他也会想要它。不过进一步说，"这是一辆好车"这个判断的蕴意并不仅仅延伸到恰好与此辆汽车类似的其他汽车，若是如此，该判断的蕴意就毫无实际的用处了，因为没有一件事物是令其他任何一件事物完全相似的。这句判断的蕴意可以延伸到每一辆在相关细节中与之类似的汽车，而这些相关细节就是这辆车的优点——正是因为这辆车拥有了这

[①]《道德语言》，牛津：克拉伦登出版社，1952 年，第 127~130 页。

些特征，我才会推荐它，或者说对其大加美言。无论什么时候我们做出推荐，我们头脑中就能浮现有关被推荐对象的某些东西，这也成为我们推荐它的理由。正因如此，在某人说了"这是一辆好汽车"之后，我接着提出"它好在哪里呢"或"你为什么说它好呢"或"你推荐它的哪些特征呢"这样的问题总是有意义的。每次都要精准地回答这个问题可能并非易事，但它始终是合情合理的问题。如果我们不能明白其中原因，也就无法理解"好"这个词汇是以何种方式发挥作用的。

或许，我们可以通过以下两段对话的比较来阐明这一点……

（1）X：约翰的汽车是一辆好汽车

Y：是什么令你称其为好汽车呢？

X：哦，它就是好。

Y：可是你称其好总有一些理由的吧。我的意思是，它总应该有些被你称其为好的优质属性吧？

X：不，我称其为好的优质属性仅仅就是优秀，而并非别的任何东西。

Y：那么，你是说它的外形、速度、重量、操纵性等，这些都和你说的好坏没有关系吗？

X：是的，完全没有关系，与之相关的唯一属性就是优秀，正如我称其为黄，那么与之唯一相关的属性就是这种黄色。

（2）与上述对话完全相同，仅仅在通篇之中将"黄"替代"好"，将"黄色"替代"优秀"，并忽略其中最后一句话（"正如……黄色"）。

在上述第一段对话中，X的立场是非常古怪的，其理由在于，正如我们已经评述过的，"好"是一种"随后发生"或"作为结果"的表述词语，如果有人称某样东西好，那么人们完全可以合情合理地问他，"它究竟好在哪里？"现在，为了回答这个问题，我们就要给出我们之所以称其为好的一些优质属性。如此一来，如果我说"那是一辆好汽车"，接着有人问"为什么？它好在哪里？"我继而回答说"它速度非凡，而且驾驶在路上稳定性卓越"，我就指出，我称其为好是由于它拥有了这些优质属性，而这样做就等同于我也描述了一番其他拥有同样属性的汽车。如果我想保持自己言论的前后一致，那么无论什么汽车，但凡拥有这些属性，我都应当认同它以此为限是一辆好汽车。当然，尽管它拥有这些支持其成为一辆好汽车的优质属性，但它还有别的一些抵消其优点的缺点，并且由此从总体上讲，它并不是一辆好汽车。

要克服上面的最后一个问题，我们往往只需详细说明为何称第一辆汽车为好汽车即可。假设第二辆汽车在速度和稳定性方面类似于第一辆汽车，但无法为乘客防雨，而且事实证明很难进出车门，那么即便第二辆车同样拥有我称第一辆车为好车的那些特征，我也不应称其为一辆好车。这就表明，如果第一辆车也拥有第二辆车的那些不良特征，我就同样不应称第一辆车为好车，于是，为了阐明第一辆车好在哪里，我应该补充说明"……它能为乘客防雨，进出车门也很便利"。我们可以无限重复这一过程，直至罗列出我可以称第一辆车为好车的所有优质属性。这过程本身并未完全道出我评判汽车好坏的标准——因为确有可能还存在着一些别的汽车，尽管在某种程度上并不具备这些特征，但却拥有别的一些抵偿性的优良特征，比如说，柔软的内饰衬垫、宽敞的内部空间，或者较低的油耗。不过，无论如何，我说的这些有助于听者构建有关我对汽车评判标准的一个概念，而此类问答以及承认其相关性的重要就在于此，无论何时做出一种价值判断都是如此，因为此类判断的目的之一就是表明这种评判的标准。

当我推荐一辆车时，我不仅仅在向听者推荐这辆特定汽车，而是延伸及一般意义上的汽车。无论听者在未来自己选择购车，还是建议任何其他人选车，或者甚至自行设计一辆汽车（选择应当制作一辆怎样的汽车），再或者撰写一本有关汽车设计的概述著作（涉及建议他人如何选择汽车），我向这位听者诉说的内容都将对其有所裨益，而我为他提供帮助的方法是向其阐述评判汽车的某个标准。

在阐明某个含有"好"这一词汇的判断时，我们经常会提出以下两个问题，由此看来，我们不得不对其做出区分。假设有人说"这是好的"，我们就会接着问道：①"好的是什么——运动跑车、家庭轿车、出租车或是某本逻辑书中引用的案例？"或者我们会问道，②"是什么令你称其为好？"第一个问题询问的是所做评价性比较的门类是什么，不妨称其为比较的类别。第二个问题询问的是优点或"优良特征"是什么……

这就是"好"这个词汇以及其他价值词汇被用于讲授标准的目的，鉴于此，其逻辑和目的相互一致，也正因如此，我们最终又回到了我在研究之初就已指明的立场，就是解释"好"这个词汇拥有的特征。如果我拒绝描述另外一幅画为"好"，但认为另外这幅画在所有其他方面都与这幅画完全类似，那么我也就不能描述这幅画为"好"，其原因在于，一旦这么做，这个词最初被设计出来的目的就落空了。我应该给听者推荐某个对象，从而向其灌输一个标准，与此同时，我还拒绝向听者推荐某个与之类似的对象，这其实令我方才向其传授的内容不再有效。我力图传播两个前后矛盾的标准，其实根本没有传播任何标准。这样一种表达方式的效果类似于一种反驳，因为在反驳中，我会说出两个相互矛盾的东西，这样一来，听者就不知道我究竟想要说什么……

问题：元伦理学

1. 有人主张"食人是错误的"，请就此进行分析。这是一个道德事实吗？

2. "伦理自然主义是正确的，如果该假设不成立，那么教导孩子们区分是非对错就将是不可能的。"请就此进行讨论。

3. 如果什么是好的定义并不依赖于社会态度，这是否能说明少数派的信仰和偏见是合情合理的呢？若不是，原因何在？请就此给出具体案例。

4. 请说明"这是一张硬桌子"和"甘地是一个好人"这两句话之间的差异，这种差异有些什么元伦理学的暗示？

5. 反对伦理自然主义的主要批评有哪些？请将你的回答集中于事实和价值的区别，并请特别参考休谟的观点。

6. 何为"自然主义谬误"？

7. 摩尔认为好就是一种可凭直觉获知的简单属性，请分析他的这一主张。

8. 请概述伦理学的情绪主义理论，这种理论的主要缺陷是什么？

9. C.L.史蒂文森对非认知主义做了哪些修正？

10. 何为规范主义？它在什么方面包含有认知和非认知要素？

译后记

道德问题听上去是个非常形而上的概念，它似乎与我们的日常生活毫不沾边，而研究道德问题的理论——伦理学作为哲学的一门分支学科也与我们关心的柴米油盐相去甚远。然而，人可贵之处恰恰在于，我们在餐能果腹、衣能蔽体之后还会追求辨别善恶是非的能力，探寻道德生活的规律和原则。古往今来，各国各派的哲学大家前赴后继地对道德问题展开了深入广泛的研究，这便足以说明，道德问题在人类思想体系中占有极为重要的地位。

作为一本教学用书，本书作者迈克尔·帕尔默深入浅出地阐述了道德问题的基本概念和重要理论，脉络清晰，文笔流畅。每一章节都首先围绕核心理论进行概念综述，接着就该理论中的关键命题和分支理论进行重点阐述，进而以讨论的形式汇集各家之言，其中融合了各个时期各个派系重要伦理学家的思想精华，最后还结合实际案例设置了练习板块，旨在针对性地引导读者思考和复习所学内容。值得一提的是，本书还贯穿了许多哲学大家的生平简介和突出贡献，吸纳了大量社会与个人生活中的实际问题和生动案例，汇集了伦理学相关著作中的经典文摘，帮助读者在掌握伦理学理论的过程中也对西方哲学体系的脉络有了大致的了解，更启发读者学以致用，将伦理学理论应用于实际生活。

你或许听说过利己主义，但未曾思索过如何评价生命权和安乐死；你或许听说过功利主义，但并不知道边沁和密尔分别是如何对其进行诠释的；你或许听说过神命论，但并不了解伦理学和宗教间的关联；你或许也听说过康德以及他著名的纯理性批判，但并不清楚他对伦理学的重要贡献；你或许对美德伦理学、决定论、自由意志、元伦理学这些名词也略有耳闻，但并不明白其具体为何。阅读完本书，相信读者一定会对上述所有问题都有更详尽的理解。

哲学按照词源有"爱智慧"的意思，这种智慧不仅是意识形态上的存在，也体现和渗透在我们的日常生活中。本书对道德问题的探讨堪称理论结合实践的典范，不仅适用于将伦理学作为必修和选修课程的广大师生和社会科学研究者，也值得推荐给所有对道德问题及西方哲学颇有兴趣的读者朋友。

最后，我想对我的父亲李水根先生表达由衷的谢意，译文的顺利完稿离不开您认真细心的审读、校对与润色。

李一汀
2019 年 10 月 21 日